MOLCHE & SALAMANDER

halten und züchten

Frank Pasmans
Sergé Bogaerts
Henry Janssen
Max Sparreboom

Terrarien Bibliothek
Natur und Tier - Verlag

Inhaltsverzeichnis

Bildnachweise:
Coverbild: *Lyciasalamandra fazilae*. Selbst anspruchsvolle Schwanzlurche können bei guter Haltung und Ernährung in menschlicher Obhut erfolgreich gepflegt und nachgezüchtet werden. Dieses Tier hat über 16 Jahre im Terrarium gelebt. Foto: S. Bogaerts
Hintergrund: M. Schmidt
Backcover (von oben nach unten): *Salamandra salamandra bernardezi* ist eine auffallend gebänderte Unterart des Feuersalamanders Foto: F. Pasmans
Frisch abgelegtes Ei von *Paramesotriton deloustali*; man beachte die unterschiedlichen Gallerthüllenschichten Foto: H. Janssen
Männlicher *Cynops pyrrhogaster* Foto: F. Pasmans

ISBN 978-3-86659-266-7

An der Kleimannbrücke 39/41
48157 Münster
Geschäftsführung: Matthias Schmidt
Übersetzung: Hans - Dieter Philippen und Axel Kwet
Lektorat: Axel Kwet
Layout: Mirko Barts, GeitjeBooks Berlin
Druck: Alföldi, Debrecen

Vorwort

Salamander und Molche zählen nicht unbedingt zu den Tiergruppen, die bevorzugt in Terrarien gehalten werden. Da viele Schwanzlurche eher klein und unauffällig sind, bleiben sie bis heute oft Außenseiter, und der Personenkreis, der sich mit ihnen beschäftigt, ist recht überschaubar. Ein begrenzender Faktor ist auch die Tatsache, dass die Mehrzahl der Arten wegen ihrer Bedürfnisse nach eher niedrigen Haltungstemperaturen nicht so einfach im Wohnzimmer gepflegt werden kann. Außerdem werden im Handel oftmals nur nachtaktive Arten angeboten.

Dennoch ist die Pflege und Nachzucht von Schwanzlurchen ein äußerst sinnvolles und sehr spannendes Hobby, das regelmäßig Einblicke in die faszinierende Biologie dieser Tiere gewährt. Es ist eine bekannte Tatsache, dass zahlreiche Verhaltensweisen dieser wegen ihrer versteckten Lebensweise oft als weniger interessant eingestuften Amphibien erst durch Terrarienbeobachtungen dokumentiert werden konnten – und zwar sowohl von professionellen Herpetologen als auch von Hobbyterrarianern. Darüber hinaus ist für den Fortbestand einiger bedrohter Arten auch die Erhaltungsnachzucht von Amphibien im Terrarium ein wichtiges Schutzinstrument. Die meisten Kenntnisse und Nachzuchterfolge bei Amphibien verdanken wir tatsächlich engagierten Einzelpersonen!

Der Schlüssel für eine erfolgreiche Pflege von Molchen und Salamandern im Terrarium ist es, diesen Tieren die optimalen Lebensbedingungen zu bieten. Unter geeigneten Umständen sind Schwanzlurche dann sehr langlebige Tiere, viele Arten können leicht 20 Jahre oder länger in menschlicher Obhut leben. Dies bedeutet aber zugleich, dass sich ein Liebhaber und potenzieller Halter dieser Tiere bei der Anschaffung über ein entsprechend langfristiges Engagement bewusst sein muss.

Leider werden Molche und Salamander, insbesondere in Asien, auch heute noch in großer Zahl entweder direkt getötet oder als „exotische Konsumgüter“ – neben Schwertträgern, Guppys und Schmuckschildkröten – in Zoo-

Ein männliches Exemplar des Japanischen Feuerbauchmolches (*Cynops pyrrhogaster*). Dieses Tier wurde 1975 als adultes Tier gekauft und befindet sich fast 40 Jahre später, im März 2014, noch in bester Gesundheit! Foto: H. Janssen

handlungen angeboten. Oft sind hiervon Arten betroffen, über die in der Natur nur sehr wenig bekannt ist. Die Auswirkungen dieser Plünderung wildlebender Tierpopulationen durch den kommerziellen Handel können derzeit kaum abgeschätzt werden. So dürfte es gerade manchen Arten der Kurzfuß- und Warzenmolche (Gattungen *Pachytriton*, *Paramesotriton*) mit ihren sehr kleinen Verbreitungsgebieten kaum gelingen, starke Populationsverluste durch den dauerhaften Abfang von Tieren auszugleichen. Man stellt leider immer wieder fest, dass die Mehrzahl der importierten Schwanzlurche – speziell dieser empfindlichen Arten – beim Transport, in Zoohandlungen oder tropischen Zimmeraquarien offenbar zugrunde geht.

Verschiedene Arten wie dieser Krokodilmolch (*Tylototriton lizhenchangi*) wurden im Tierhandel schon Jahre vor ihrer offiziellen Beschreibung (hier im Jahr 2012) verkauft Foto: F. Pasmans

Umso wichtiger ist heute ein verantwortungsvoller Umgang des Halters mit diesen Tieren. Die Pflege exotischer Amphibien und Reptilien im eigenen Heim ist in der Öffentlichkeit mehr und mehr umstritten. Obwohl meist nur emotionale Scheinargumente von Personen verbreitet werden, die kaum wirkliches Wissen über die Biologie dieser Tiere besitzen, beeinträchtigen vielerlei Hindernisse derzeit die Zukunft der Terraristik. Das Überleben unseres faszinierenden Hobbys ist nur dann möglich (und auch gerechtfertigt), wenn seine Ausübung die natürlichen Populationen nicht schädigt und wenn das Wohlergehen jedes einzelnen Tieres im Terrarium möglichst lange gewährleistet werden kann.

Dieses Buch hat daher nicht zum Ziel, Menschen, die bislang vielleicht Aquarienfische im Wohnzimmeraquarium halten, nun davon zu überzeugen, sich alternativ auch einmal mit Molchen und Salamandern zu beschäftigen. Vielmehr ist es unsere Absicht, hier die grundlegenden Informationen für eine erfolgreiche, dauerhafte Haltung und Nachzucht vieler Schwanzlurcharten zu präsentieren – einschließlich der wenig bekannten Blindwühlen, die wir aufgrund ihrer verwandtschaftlichen Nähe hier ebenfalls behandeln. Zu diesem Zweck haben wir unsere eigenen Erfahrungen mit Angaben aus der Fachliteratur ergänzt und beides kombiniert. So können wir in diesem Buch die neuesten Erkenntnisse und wichtigsten Haltungstipps vorlegen, die es sowohl dem Anfänger als auch dem erfahrenen Liebhaber ermöglichen, auf verantwortungsvolle Art und Weise diese Tiere zu pflegen. Darüber hinaus sollen die Informationen als Orientierungshilfe für Institutionen und zoologische Einrichtungen dienen und deren Mitarbeiter motivieren, sich ihrer Verantwortung bei der Pflege und Erhaltung gerade seltener Arten stets bewusst zu bleiben.

Die Autoren, 2014

Taxonomie und Systematik

Derzeit (Stand 2014) sind etwa 670 Arten von Schwanzlurchen oder Urodelen (Ordnung Caudata bzw. Urodela; wir bevorzugen hier den Namen Urodela) sowie knapp 200 Arten von Blindwühlen (Ordnung Gymnophiona) beschrieben und wissenschaftlich anerkannt ((http://research.amnh.org/vz/herpetology/amphibia/). Die große Mehrzahl der weit über 7.000 bekannten Amphibienarten zählt allerdings zur dritten Ordnung der Froschlurche (Anura mit rund 6.200 Arten).

Die kleinste Amphibienordnung, die der Blindwühlen, umfasst bein- und schwanzlose, meist unterirdisch lebende, wurmartige Lurche der feucht-tropischen Regionen Afrikas, Asiens und Amerikas. Die kleinsten Vertreter sind etwa 10 cm lang, die größten erreichen mehr als 1 m Länge. Die Blindwühlen wurden bislang in drei Familien, nach der neuesten taxonomisch-systematischen Einteilung allerdings in bis zu zehn Familien unterteilt. Die Ichthyophiidae und die Caeciliidae (deren bisherige Unterfamilien Scolecomorphinae und Uraeotyphlinae nunmehr als eigene Familien betrachtet werden) bilden demnach die beiden größten Familien; andere wie die Dermophiidae, Herpelidae, Siphonopidae und Rhinatrematidae umfassen deutlich weniger Arten. Nur eine sehr begrenzte Zahl von Blindwühlenarten gelangt gelegentlich in den Besitz von Terrarianern. Meist handelt es um die im Wasser lebenden Schwimmwühlen der Art *Typhlonectes compressicauda* bzw. *T. natans* oder um Vertreter der landlebenden Gattungen *Ichthyophis* und *Geotrypetes.*

Die Amphibienordnung der Urodelen, also der Salamander und Molche, umfasst die Schwanzlurche mit zumeist vier Beinen und einem kräftig entwickelten Schwanz; ihre Vorderbeine tragen in der Regel vier Zehen, doch gibt es viele Ausnahmen. Schwanzlurche

Blindwühlen wie diese *Gymnophis multiplicata* aus Costa Rica sind durch ihr Leben im Bodengrund nur selten zu sehen und zählen daher zu den am wenigsten bekannten Amphibien Foto: F. Pasmans

Der Bergmolch (*Ichthyosaura alpestris*) ist ein typischer Vertreter der kontrastreich gezeichneten Wassermolche in der Familie Salamandridae; hier ein männliches Exemplar im Paarungskleid Foto: F. Pasmans

Japanische Riesensalamander (*Andrias japonicus*) können wie die eng verwandten Chinesischen Riesensalamander (*Andrias davidianus*) über 1 m Länge erreichen Foto: M. Sparreboom

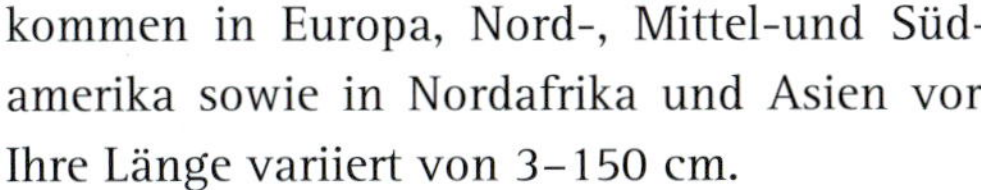

kommen in Europa, Nord-, Mittel-und Südamerika sowie in Nordafrika und Asien vor. Ihre Länge variiert von 3–150 cm.

Die Mehrzahl der Schwanzlurche gehört zur Familie der Lungenlosen Salamander (Plethodontidae) mit knapp 450 Arten, die hauptsächlich in Nord-, Mittel- und Südamerika zu Hause sind; nur acht Vertreter dieser Familie leben in Europa: die Europäischen Höhlensalamander der Gattung *Speleomantes* (manchmal auch in der Gattung *Hydromantes* geführt). Kürzlich, im Jahr 2005, überraschte die Entdeckung des ersten Lungenlosen Salamanders auf dem asiatischen Kontinent: *Karsenia koreana* in Südkorea.

Eine weitere große Familie der Urodelen, die vor allem in Europa und Asien, aber mit einigen Vertretern (*Taricha* und *Notophthalmus*) auch in Nordamerika vorkommt, sind mit über 100 Arten die Salamandriden oder Echten Sa-

Lungenlose Salamander (Familie Plethodontidae) bilden die größte Gruppe innerhalb der Schwanzlurche. Einige wurmähnliche Arten wie *Oedipina pacificensis* aus Costa Rica besitzen nur sehr kleine Beine und leben ebenfalls unterirdisch. Foto: F. Pasmans

Ambystoma laterale ist ein typischer Vertreter der Querzahnmolche (Familie Ambystomatidae) Foto: F. Pasmans

Eine artenreiche Gattung Lungenloser Salamander ist *Batrachoseps* (hier *B. attenuatus*, Kalifornien) Foto: F. Pasmans

lamander (Salamandridae). Dazu gehören die typischen europäischen Wassermolche, z. B. die Arten der Gattung *Triturus* (inklusive *Lissotriton, Ichthyosaura*), aber auch der Europäische Feuersalamander (*Salamandra salamandra*).

Eine dritte größere Urodelen-Familie mit fast 40 Arten, die ausschließlich Zentral- und Nordamerika bewohnt, sind die Querzahnmolche (Ambystomatidae) mit ihrem bekanntesten Vertreter, dem berühmten Axolotl (*Ambystoma mexicanum*). Eine weitere, aber mit vier Arten lediglich kleine Familie nordamerikanischer Salamander stellen die Rhyacotritonidae dar, die mit den Querzahnmolchen eng verwandt sind.

Die Familie der Winkelzahnmolche (Hynobiidae) kommt mit knapp 60 Arten in Asien vor, nur eine Art erreicht auch europäisches Territorium: *Salamandrella keyserlingii.* Im Gegensatz zu vielen anderen Familien erfolgt bei den Winkelzahnmolchen (wie auch bei den Riesensalamandern und vielleicht den Armmolchen) die Befruchtung der Eier extern, also außerhalb des mütterlichen Körpers. Die Eier der Winkelzahnmolche werden von den Weibchen in Eisäcken abgelegt, die die männlichen Tiere anschließend befruchten und teilweise auch bewachen.

Die Familie der Riesensalamander (Cryptobranchidae) besteht nur aus drei Arten: einer Art in Nordamerika, der sogenannte Schlammteufel oder Hellbender (*Cryptobranchus alleganiensis*), und zwei Arten in Asien, die Japanischen und Chinesischen Riesensalamander (*Andrias japonicus* und *A. davidianus*). Es sind sehr große Schwanzlurche (bei *Andrias* bis zu 1,5 m Gesamtlänge), die ihr ganzes Leben im Wasser verbringen und dabei teilweise die larvalen Merkmale beibehalten: Während die Kiemenspalte der Schlammteufel offen bleibt, ist die der asiatischen Riesensalamander bereits geschlossen.

Drei sehr kleine Familien der Schwanzlurche, die Aalmolche (Amphiumidae, drei Arten), Armmolche (Sirenidae, vier Arten) und Olme (Proteidae, sechs Arten), umfassen aquatisch lebende Dauerlarven, die ursprüngliche Merkmale wie die Kiemenatmung beibehalten haben (Neotenie). Die Aalmolche besitzen einen schlangenartigen Körperbau mit vier rudimentären Beinen und innere Kiemen, während Armmolche mit ihrem ebenfalls schlangenartigen Körper winzige Vorderbeine und gar keine Hinterbeine haben; außerdem besitzen sie äußere, gefiederte Kiemen. Die Olme oder Mudpuppys schließlich haben ebenfalls äußere Kiemen, aber vier gut entwickelte Beine. Der Grottenolm (*Proteus anguinus*), ein sehr spezieller, meist weißer, aalähnlicher Lurch, ist der einzige europäische Vertreter dieser Familie. Er lebt nur in Karsthöhlen entlang der Adria.

Obwohl Lanzas Salamander (*Salamandra lanzai*) dem Alpensalamander (*Salamandra atra*) sehr ähnlich sieht, sind beide nicht die nächsten Verwandten Foto: F. Pasmans

Biologie

Salamander und Molche sind Amphibien. Dies bedeutet, dass sie eine nackte, ungeschützte Haut und in der Regel aquatisch lebende Larvenstadien haben, die sich während der Metamorphose in die adulte land- oder wasserlebende Form umwandeln. In diesem Kapitel stellen wir eine Reihe von physiologischen, anatomischen und ökologischen Eigenschaften der Urodelen vor.

Hypomelanistischer, neotener Teichmolch (*Lissotriton vulgaris*) aus Belgien Foto: F. Pasmans

Metamorphose

Der Begriff „Amphibien" kommt aus dem Griechischen und bedeutet „Doppelleben". Der Name nimmt Bezug auf das freilebende, aquatile Larvenstadium (es entspricht dem Kaulquappenstadium bei Froschlurchen), welches die meisten Amphibien durchlaufen. Erst nach der Metamorphose erfolgt (zumeist) der Landgang, und das „eigentliche Leben" der Tiere beginnt. Dieser Übergang von der Larvenform zum adulten Stadium ist mit umwälzenden anatomischen und physiologischen Veränderungen verbunden. Anders als bei Fröschen und Kröten entwickeln sich bei Schwanzlurchen zuerst die vorderen und dann die hinteren Extremitäten. Während der Metamorphose verschwinden auch der Schwanzsaum und die äußeren Kiemen. Die Umstellung auf die Lungenatmung setzt ein, und das Landleben beginnt.

Ein zweiter wichtiger Begriff ist dabei die Bezeichnung „Neotenie". Sie beschreibt das Phänomen, dass die Metamorphose unvollständig ist, die Tiere also im Larvenstadium verbleiben und darin auch geschlechtsreif werden. Ein typisches Beispiel ist der Axolotl (*Ambystoma mexicanum*). In der Regel lässt sich bei dieser Art die Metamorphose nur noch künstlich durch die Gabe von Schilddrüsenhormonen einleiten. In diesem Fall reden wir

Während einige Molche als Dauerlarven permanent neoten leben, können andere Arten unter bestimmten Umständen ihre Metamorphose verzögern, so wie dieser adulte *Euproctus platycephalus* (Sardischer Gebirgsmolch) Foto: F. Pasmans

Teichmolch (*Lissotriton vulgaris*) im Wasser: Die Tiere müssen zum Luftholen regelmäßig an die Oberfläche kommen Foto: F. Pasmans

Lungenlose Salamander der Gattung *Bolitoglossa* (hier *B. dofleini*) besitzen ausgeprägte Schwimmhäute zwischen den Fingern und Zehen. Sie sind beim Klettern behilflich und vergrößern die zur Hautatmung dienende Oberfläche. Foto: F. Pasmans

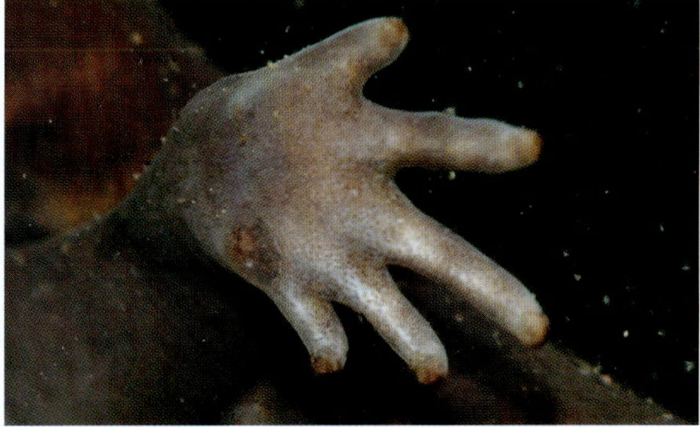

Viele Bachsalamander wie dieser *Pachyhynobius shangchengensis* besitzen verhornte Finger- und Zehenspitzen, um ihre Grifffähigkeit im turbulenten Wasser zu erhöhen Foto: F. Pasmans

Männliche Wassermolche (hier *Ommatotriton ophryticus*) entwickeln während der Paarungszeit oft Hautsäume an den Hinterfüßen Foto: F. Pasmans

von partieller Neotenie, denn die Metamorphose kann noch erfolgen, sofern sie eben von außen durch Hormongaben stimuliert wird. Wenn die Metamorphose, wie beim Grottenolm, selbst künstlich nicht mehr ausgelöst werden kann, handelt es sich um obligatorische Neotenie.

Die Haut

Die Haut der Schwanzlurche ist ein sehr wichtiges Organ, denn ein großer Teil der Atmung in und außerhalb des Wassers erfolgt über die Hautoberfläche. Alle Arten der Familie der Lungenlosen Salamander atmen sogar ausschließlich über die Haut und die Schleimhäute.

Salamander und Molche (hier *Paramesotriton hongkongensis*) häuten sich regelmäßig. Die alte Haut wird meist sofort verzehrt. Foto: F. Pasmans

Der Nachteil dabei ist, dass die nackte, ungeschützte Amphibienhaut besonders empfindlich gegenüber Austrocknung ist. Deshalb bevorzugen nahezu alle Amphibienarten eine hohe Luftfeuchtigkeit und ein feuchtes Substrat in der engeren Umgebung. Sonnenlicht wird in der Regel gemieden, und die meisten Amphibien sind daher auch nur in der Nacht aktiv. Länger anhaltende Trockenphasen überdauern viele Lurche im Zustand der Ästivation (Sommerruhe) in einem Versteck mit ausreichender Feuchtigkeit.

Die ungeschützte, dünne Haut macht Salamander auch sehr empfindlich gegenüber Veränderungen und Verunreinigungen in ihrer unmittelbaren Nähe. Hierdurch sind sie wiederum ausgezeichnete Bioindikatoren für Umweltverschmutzungen – dies bedeutet zugleich, dass

Während der Landphase wird die Haut von Wassermolchen, wie bei diesem Iberischen Wassermolch (*Lissotriton boscai*), dicker, trocken und körnig, um Wasserverluste zu vermeiden Foto: F. Pasmans

Wusssten Sie schon?

Je nach Art atmen Salamander und Molche in unterschiedlichem Maße über die Haut, Schleimhäute, Kiemen und/oder Lungen. Die Hautatmung hat bei allen Arten große Bedeutung und spielt vor allem bei in Gewässern lebenden (aquatilen) Arten und natürlich bei Lungenlosen Salamandern an Land eine überragende Rolle. Auch bei aquatisch überwinternden Tieren wird das Atmen durch die Haut zur einzigen Form des Gasaustausches. Salamanderlarven und neotene Salamander dagegen atmen sowohl über die äußeren Kiemen als auch die Haut.

Bildausschnitt oben: Molchlarven und neotene Schwanzlurche wie der Axolotl (*Ambystoma mexicanum*) atmen mit Hilfe federförmiger äußerer Kiemen. Die Größe dieser Kiemen kann variieren, generell sind sie in sauerstoffreichem Wasser kleiner als in sauerstoffarmem. Foto: F. Pasmans

Viele Lungenlose Salamander wie *Bolitoglossa dofleini* weisen eine charakteristische Einbuchtung zwischen Nase und Oberlippe auf, die sogenannte Nasolabialfalte. Diese Struktur dient der besseren Wahrnehmung von chemischen Substanzen wie Pheromonen.
Foto: F. Pasmans

Hygiene beim Umgang mit diesen Tieren auch im Terrarium äußerst wichtig ist. Hygiene bedeutet hierbei vor allem, dass die Anhäufung von Abfallstoffen wie Ammoniak, Nitrit und Nitrat im Terrarium strikt zu vermeiden ist (siehe hierzu das Kapitel „Die Umgebungsbedingungen“).

Bei dieser Fischwühle (*Ichthyophis kohtaoensis*) sind kleine Tentakel vor und unter dem Auge deutlich sichtbar
Foto: H. Wallays

Verteidigung gegenüber Fressfeinden

Die meisten Salamander und Molche sind, zumindest von außen betrachtet, wehrlose Tiere, doch besitzen sie tatsächlich ein umfangreiches Repertoire an Abwehrmaßnahmen, um Feinde abzuschrecken. Diese Fähigkeiten müssen bei der Terrarienhaltung und beim Handling von Schwanzlurchen angemessen berücksichtigt werden.

Die rasante Flucht wird bei flinken, beweglichen Arten oft als erstes Mittel der Wahl eingesetzt. Nur sehr wenige Arten wehren sich aktiv durch Beißen (wie Riesensalamander oder Arm- und Aalmolche). Eine weitaus effektivere Schutzmaßnahme bildet die versteckte Lebensweise der Tiere. Einige Urodelen sind zeitlich schon so früh im Jahr aktiv, dass sie die Hauptaktivitätsphasen ihrer Feinde wie Schlangen weitestgehend vermeiden, z. B. manche *Hynobius*- und *Ambystoma*-Arten.

Während viele Schwanzlurche sehr gut getarnt sind, zeigen andere Arten eine aposematische Färbung, also leuchtend gelbe, orange oder rote Warnfarben, wie es z. B. bei der Gattung *Salamandra* der Fall ist. Gewöhnlich signalisieren diese Farben das Vorhandensein eines Giftes. Manchmal jedoch ahmen auch ungiftige Arten giftige Vertreter nach, was man als Mimikry bezeichnet. Ein bekanntes Beispiel sind die giftigen „Red Efts“, also die roten Jungtiere des Grünlichen Wassermolches (*Notophthalmus viridescens*), und ihre ungiftigen Nachahmer, die Rotsalamander (*Pseudotriton ruber*).

Die meisten Salamander und Molche sind allerdings in der Lage, Feinde zu warnen und zugleich giftige Hautsubstanzen abzugeben, die in der Regel auch äußerlich sichtbar sind; der Körper ist dann teilweise mit einem weißen, klebrigen Sekret bedeckt. Bei vielen Arten befinden sich an bestimmten Orten des Körpers auch Giftdrüsen in starker Konzentration, zum Beispiel am Kopf – oft in den

Schlangen wie diese junge Ringelnatter (*Natrix natrix*) sind die natürlichen Feinde vieler Schwanzlurche
Foto: F. Pasmans

Die grellen Farben der Feuersalamander (hier *Salamandra salamandra crespoi*) warnen Feinde vor ihren Hautgiften Foto: F. Pasmans

Ohrdrüsen (Parotoiden) hinter dem Auge. Bei einigen Arten wie dem Feuersalamander (*Salamandra salamandra*) kann das Gift sogar aktiv ausgespritzt werden.

Sind Warnfarben nur am Bauch vorhanden, z. B. bei Feuerbauchmolchen (*Cynops*) oder anderen Gattungen wie *Taricha*, *Salamandrina*, *Paramesotriton* und *Pachytriton*, dann nehmen diese Urodelen bei Bedrohung oft eine besondere Haltung an, damit diese Warnfarben auch sichtbar werden. Die Warnhaltung wird oft als „Unkenreflex" bezeichnet,

Dieser Höhlensalamander (*Speleomantes imperialis*) scheidet Giftsekrete in Form einer weißen, klebrigen Flüssigkeit am Schwanz aus. Darüber hinaus kann er bei Bedrohung auch einen penetranten Geruch abgeben. Foto: F. Pasmans

Manche ungiftigen Vertreter wie der Rotsalamander, *Pseudotriton ruber*, imitieren die Warnfarben giftiger Arten Foto: S. Bogaerts

Ein Grünlicher Wassermolch, *Notophthalmus viridescens*, in Abwehrhaltung Foto: F. Pasmans

Abwehrstellung eines Türkischen Bergbachmolchs (*Neurergus strauchii barani*) Foto: F. Pasmans

weil sie erstmals an Unken beschrieben wurde, doch zeigen eben auch viele Salamander und Molche dieses Abwehrverhalten, bei dem zusätzlich meist deutliche Giftmengen abgesondert werden. Für den Menschen bleiben die Symptome nach einem Kontakt mit diesen Giften im Allgemeinen auf lokale Reizungen der Schleimhäute (Mund, Augen und Nase sind besonders empfindlich) beschränkt. Einige Angehörige der Gattung *Taricha* besitzen allerdings ein solch starkes Gift, dass es bei Säugetieren zu schweren Vergiftungserscheinungen kommen kann.

Eine andere Taktik ist, sich bei Gefahr einfach tot zu stellen (z. B. viele *Bolitoglossa*-Arten). Manche Schwanzlurche wie *Speleomantes imperialis* verströmen auch einen abschreckenden, penetranten Geruch. Eine weniger häufig eingesetzte Defensivtechnik ist die Autotomie, also das aktive Abwerfen des Schwanzes, wie es unter anderem bei *Bolitoglossa*, *Ensatina* und *Chioglossa* beobachtet worden ist.

Dieser Bergmolch (*Ichthyosaura alpestris*) präsentiert zur Abwehr seine Schwanzunterseite und scheidet giftige Hautsekrete aus; man beachte die „nassen" Hautstellen Foto: F. Pasmans

Ein Lykischer Salamander (*Lyciasalamandra antalyana*), der sich bedroht fühlt, richtet sich mit seinen Ohrdrüsen (Parotoiden) gegen den Angreifer und wölbt den Körper mit vielen Hautdrüsen in der Rückenmitte nach oben
Foto: F. Pasmans

Dieser Rauhäutige Molch (*Taricha granulosa*) gehört zu den giftigsten Schwanzlurchen der Erde Foto: F. Pasmans

Wenn sie bedroht werden, pressen Rippenmolche (*Pleurodeles waltl*) ihre Rippenenden durch die Haut
Foto: S. Bogaerts

Der Goldstreifensalamander (*Chioglossa lusitanica*) ist in der Lage, seinen Schwanz abzuwerfen. Darüber hinaus kann er bei Gefahr relativ schnell flüchten. Foto: S. Bogaerts

Farben, Muster und Farbvarianten

Die Zusammensetzung der Farben einer bestimmten Molch- oder Salamanderart kann in Abhängigkeit von der geografischen Verbreitung sehr stark variieren. Eine Einteilung in Unterarten basiert bei manchen Arten, wie den Europäischen Feuersalamandern (*Salamandra salamandra*), sogar weitgehend auf den spezifischen Farbmustern unterschiedlicher Populationen. Die zugrundeliegenden genetischen Unterschiede zwischen solchen Unterarten sind aber oft viel weniger ausgeprägt.

Wenn das Farbmuster eines Individuums einer Population stark von der Norm innerhalb seiner Gruppe abweicht, spricht man von einer Farbvariante oder Farbabweichung. Solche Abweichungen sind bei Salamandern und Molchen regelmäßig zu beobachten. In der Natur überleben viele dieser Varianten nicht allzu lange – ungünstige Auffälligkeiten in der Färbung zeigen zum Beispiel Albinos (weiße Tiere) oder flavistische (gelbliche) Tiere, die aus genetischen Gründen zu wenig oder gar kein Melanin (schwarzes Pigment) in der Haut bilden können. Auch wenn angeborene Färbungsunterschiede in der Natur bei anderen Wirbeltieren oft mit einer geringeren Lebenserwartung einhergehen, ist dieses Phänomen bei Urodelen bisher noch zu wenig erforscht, um sichere Aussagen treffen zu können.

Der Mensch neigt bei der Tierzucht oft dazu, bestimmte Eigenschaften einer Art zu verstärken, wodurch er die Nachzuchten einfacher von der Wildform unterscheiden kann. In der Terraristik ist eine solche Zuchtauslese besonders bei den Liebhabern von Echsen und Schlangen verbreitet, während bei Schwanzlurchen bislang nur wenige Farbvarianten in menschlicher Obhut gepflegt werden – hauptsächlich bekannt wurden sie vom Axolotl

***Salamandra salamandra bernardezi* ist eine auffallend gebänderte Unterart des Feuersalamanders** Foto: F. Pasmans

Salamandra salamandra alfredschmidti kommt im Norden von Spanien vor und ist extrem variabel in Färbung und Zeichnung Foto: F. Pasmans

Ein einfarbig braunes Exemplar von *Salamandra salamandra alfredschmidti* Foto: F. Pasmans

Salamandra salamandra almanzoris lebt in Bergregionen Zentralspaniens und weist eine stark reduzierte gelbe Zeichnung auf Foto: F. Pasmans

Die italienische Unterart *Salamandra salamandra gigliolii* wartet hingegen mit einem sehr hohen Gelbanteil in der Zeichnung auf Foto: F. Pasmans

Salamandra salamandra longirostris aus Südspanien wird von einigen Herpetologen auch als eigenständige Art angesehen Foto: F. Pasmans

Salamandra salamandra morenica hat kleine gelbe und rote Flecken und kommt im Süden von Portugal und Spanien vor Foto: F. Pasmans

Die Unterart *Salamandra salamandra werneri* lebt im südlichen Griechenland Foto: F. Pasmans

Die Bauchseite dieses Männchens von *Paramesotriton deloustali* zeigt kleine dunkle Flecken, die sich altersbedingt innerhalb der hellen Teile des Bauchmusters bilden Foto: H. Janssen

(*Ambystoma mexicanum*) sowie vom Italienischen Kammmolch (*Triturus carnifex*) und von *Salamandra salamandra*.

Auch wenn sogenannte chromatische Aberrationen eine natürliche Erscheinung sind, sollte man sich stets daran erinnern, dass solche Farbabweichungen in der Terrarienhaltung viel häufiger als in der Natur auftreten und dass diese Farbformen meist durch Inzucht bedingt sind. Folglich wird die Zucht dieser durch eine gene-

Fortschreitende Verdunklung des Bauchmusters bei einem adulten Weibchen von *Paramesotriton deloustali* Foto: H. Janssen

Viele Molche und Salamander wie dieser *Cynops orientalis* sind in der Lage, in der Nacht oder auf einem hellen Untergrund hellere Farben anzunehmen Foto: H. Janssen

Auch in der Natur kommen bei vielen Arten gelegentlich abweichend gezeichnete Exemplare vor wie dieser *Paramesotriton fuzhongensis* Foto: H. Wallays

Eine seltene Albino-Zuchtform von *Paramesotriton hongkongensis* Foto: H. Janssen

Zwei unterschiedliche Farbformen des Axolotls (*Ambystoma mexicanum*), eines neotenen Querzahnmolches Foto: H. Wallays

Eine seltene Farbvariante des Anatolischen Bergbachmolches (*Neurergus strauchii*), die bisher nur in menschlicher Obhut aufgetaucht ist und als „Goldstaub-Form" bezeichnet wird Foto: H. Janssen

Melanistisches Exemplar von *Salamandra algira tingitana* Foto: S. Bogaerts

Salamandra atra aurorae ist eine Unterart des Alpensalamanders mit gelben Färbungsanteilen Foto: F. Pasmans

Diesem Rotrücken-Waldsalamander, *Plethodon cinereus*, aus Wisconsin, USA, fehlt weitgehend das Melanin, das für die dunkle Färbung verantwortlich ist
Foto: F. Pasmans

tische Verarmung hervorgerufenen Farbvarianten oft auch mit einer erhöhten Anfälligkeit gegenüber Krankheiten „erkauft". Aus diesem Grund sollen zum Beispiel in Terrarienhaltung gezüchtete Albino-Feuersalamander (*Salamandra salamandra terrestris*), besonders ihre Larven und juvenile Exemplare, anfälliger für Krankheiten und Infektionen sein als ihre normalfarbenen Artgenossen. Tiere mit Farbabweichungen sind somit für Schutzprojekte, die auf die Erhaltung einer Art abzielen, völlig wertlos.

Thermoregulation

Wie alle Amphibien sind Molche und Salamander wechselwarm (ihre Körpertemperatur ist nicht konstant) und ektotherm (ihr Körper produziert keine eigene Wärme, sondern nimmt sie über die Umgebung auf). Weil die Mehrzahl der Schwanzlurche hauptsächlich nachtaktiv ist, sind die Tiere in der Regel auch der direkten Sonneneinstrahlung viel weniger ausgesetzt als z. B. Reptilien. Aktives Sonnen wurde bisher nur bei wenigen Hochgebirgsarten wie dem Alpensalamander (*Salamandra atra*) beobachtet.

Sinkt die Umgebungstemperatur unter einen bestimmten Wert, begeben sich die Molche und Salamander gemäßigter Breiten in die Winterruhe (Hibernation). An einem frostfreien Ort verbleiben sie solange, bis die Außentemperaturen es wieder ermöglichen, normale Aktivitäten aufzunehmen. Einige wenige Urodelenarten, wie der Sibirische Winkelzahnmolch (*Salamandrella keyserlingii*), können sogar das Einfrieren extrazellulärer Körperflüssigkeit über mehrere Jahre ertragen – sie überleben diese Zeit schadlos!

Im Allgemeinen bevorzugen Molche und Salamander relativ niedrige Umgebungstemperaturen im Bereich von 10–20 °C. Das müssen Urodelenhalter entsprechend berücksichtigen, wenn sie diese Tiere zuhause halten wollen. Temperaturen über 25 °C werden von den meisten Arten schlecht vertragen und führen sehr schnell zum Tod. Eines der größten Probleme bei der Haltung von Schwanzlurchen ist tatsächlich eine zu warme Haltung der Tiere. Urodelen, die in Höhlen, Bergbächen oder sonstigen kühlen Habitaten leben, sind in der Regel besonders anfällig und müssen entsprechend kalt gehalten werden, zum Beispiel in einem ungeheizten Keller oder in Terrarien mit Kühlsystemen.

Der Sibirische Winkelzahnmolch, *Salamandrella keyserlingii*, soll bis zu 90 Jahre in gefrorenem Untergrund überleben können Foto: F. Pasmans

Nahrung

Salamander, Molche und Blindwühlen sind allesamt Fleischfresser und damit „Raubtiere", deren Nahrung hauptsächlich aus (lebenden) tierischen Bestandteilen besteht. Sie gehen dabei nicht wählerisch vor: In der Regel wird jedes Beutetier gefressen, das nur in den Mund passt. Von einigen Blindwühlen (*Typhlonectes*-Arten) ist sogar bekannt, dass sie in der Natur auch Aas nicht verschmähen.

Beutetiere werden mittels Riechen, Sehen und/oder Fühlen aufgespürt, wobei für Schwanzlurche der Geruchs- und Tastsinn besonders wichtig sind. Der Tastsinn ist bei Larven und aquatilen Lurchen oft in Form eines Seitenlinienorgans entwickelt, das wie bei Fischen Bewegungsreize wahrnimmt. Einzigartig bei Blindwühlen sind auch die unter dem Auge befindlichen Tentakel. Viele landlebende Amphibien nutzen beim Beutefang hauptsächlich ihre Sehfähigkeit, in geringerem Maße auch den Geruchssinn. Die Augen werden besonders eingesetzt, wenn es gilt, Bewegungen der Beute wahrzunehmen.

Der Sehsinn ist bei den meisten Urodelen der wichtigste Sinn, um Beutetiere aufzuspüren (hier *Ensatina escholtzii oregonensis*, Kalifornien) Foto: F. Pasmans

Landsalamander fangen ihre Beute mit der Zunge oder durch direktes Zupacken mit den Kiefern. Einige Arten (z. B. Europäische Höhlensalamander der Gattung *Speleomantes*) setzen ihre lange Zunge so als Fangapparat ein, dass sie beim Beutefang – ähnlich der Chamäleonzunge – mehr als eine Körperlänge weit herausgeschleudert wird. Aquatile Amphibien hingegen saugen ihre Beute oft in den Rachen ein, indem sie durch schnelles Senken des Mundbodens einen plötzlichen Unterdruck in der Mundhöhle erzeugen.

Im Wasser lebende Molche, wie dieser Zwerg-Marmormolch (*Triturus pygmaeus*), besitzen an den Lippenrändern oft Hautsäume (Lippenfalten), mit deren Hilfe sie ihre Beute leichter in die Mundhöhle einsaugen können Foto: F. Pasmans

Fortpflanzung

Die Vermehrung von Salamandern und Molchen wird weitgehend extern (also von außen) stimuliert und ist in der Regel saisonabhängig. In den gemäßigten Zonen geben die Erwärmung und eine zunehmende Tageslichtdauer wichtige Anreize, die das Paarungsverhalten auslösen. In tropischem und mediterranem Klima hängt die Vermehrung vor allem von ausreichenden Niederschlagsmengen ab.

Während der Paarungszeit reagieren die Männchen auf die optischen und/oder olfaktorischen (geruchlichen) Signale der Weibchen. Nur männliche Froschlurche sind in der Lage, die zum Anlocken der Weibchen eingesetzten artspezifischen Anzeigerufe abzugeben, die oft noch durch eine oder zwei Schallblasen verstärkt werden. Molche und Salamander hingegen sind generell stumm. Immerhin gibt es einige Arten, die bei Gefahr Laute ausstoßen können: So sind manche Blindwühlen, einige *Dicamptodon*-Arten oder *Lyciasalamandra luschani* in der Lage, durch Zusammendrücken der Luft im Körper ein quietschendes Geräusch zu produzieren, wenn sie grob angefasst werden.

Manche Schwanzlurche entwickeln während der Fortpflanzungszeit arttypische Körper- bzw. Paarungsanhänge, wie Rückenkämme und Flossensäume, oder auch leuchtende Farben, wie die europäischen Wassermolche der Gattungen *Lissotriton* und *Triturus*.

Die Männchen der Höhlensalamander (hier *Speleomantes imperialis*) besitzen eine deutlich erkennbare Verdickung entlang der Kinnleiste, die sogenannte Kinndrüse. Während der Balz reiben die Männchen mit dieser Struktur an den Weibchen. Foto: F. Pasmans

Die Paarung erfolgt bei vielen Molchen und Salamandern, ohne dass die Partner einander berühren; bei anderen hingegen kommt es zur Paarungsumklammerung des Weibchens durch das Männchen, was Amplexus genannt wird. Für den besseren Halt an ihren weib-

Viele männliche Wassermolche entwickeln zur Paarungszeit ein prächtiges Paarungskleid: Dieser Teichmolch (*Lissotriton vulgaris*) zeigt hellere Farben und hat einen erhöhten Schwanzsaum und Rückenkamm sowie Schwimmhäute zwischen den Zehen Foto: F. Pasmans

Verschiedenen Phasen der Balz bei Molchen (hier *Ommatotriton vittatus vittatus*): Zunächst wedelt das Männchen (rechts) mit dem Schwanz Pheromone aus der Kloake in Richtung Weibchen Foto: F. Pasmans

Sobald das Weibchen Interesse zeigt, presst es seine Schnauze an den Schwanzansatz des Männchens Foto: F. Pasmans

Zum Schluss (hier bei *Cynops ensicauda popei*) setzt das Männchen ein Samenpaket ab, das vom Weibchen mit der Kloake aufgenommen wird Foto: M. Sparreboom

lichen Partnern entwickeln die Männchen einiger Schwanzlurcharten wie der Grüne Wassermolch (*Notophthalmus viridescens*) oder Rippenmolche (*Pleurodeles*-Arten) während der Paarungszeit verhornte, dunkle Hautflächen an den Vorder- und/oder Hinterbeinen, sogenannte Brunftschwielen.

Die meisten Urodelen zeigen ein überaus komplexes Balzverhalten, wobei das Weibchen, wie erwähnt, oft kaum berührt wird. Beim Paarungsritual spielen spezielle Drüsenhormone, sogenannte Pheromone, eine wich-

Auch bei der Paarung des Feuersalamanders umklammert das Männchen das Weibchen von unten. Hier befindet sich ein Männchen von *Salamandra salamandra bernardezi* aus Asturien (Spanien) unter dem Weibchen und reibt mit Kopf und Schwanz an dessen Kinn und Kloake. Anschließend setzt das Männchen ein Samenpaket am Boden ab und winkelt seinen Körper seitlich so ab, dass das Weibchen diese Spermatophore mit seiner Kloake aufnehmen kann. Foto: F. Pasmans

Das Balzverhalten von Molchen ist artspezifisch sehr unterschiedlich, hier z. B. legt ein Männchen von *Cynops pyrrhogaster* (das obere Tier) sein Hinterbein auf das Weibchen und beginnt mit dem Schwanz zu fächeln Foto: M. Sparreboom

Bei der Paarung des Algerischen Rippenmolches (*Pleurodeles nebulosus*) umfasst das Männchen (unteres Tier) das Weibchen mit seinen Vorderbeinen von unten Foto: S. Bogaerts

Bei *Euproctus platycephalus* umschlingt das Männchen mithilfe seines Schwanzes das Weibchen und beißt sich an der Partnerin fest. Im Gegensatz zu den meisten anderen Molchen wird das Samenpaket bei dieser Art durch den direkten Kloakenkontakt der beiden Tiere übertragen. Foto: F. Pasmans

Der Querzahnmolch *Ambystoma gracile* legt sein Eigelege in großen Ballen ab Foto: H. Wallays

Frisch abgelegtes Ei von *Paramesotriton deloustali*; man beachte die unterschiedlichen Gallerthüllenschichten Foto: H. Janssen

Der Laich des Axolotls (*Ambystoma mexicanum*) wird dagegen in kleinen Eiklumpen an Pflanzen befestigt Foto: S. Bogaerts

Frisch abgesetzte Eigelege von *Ambystoma andersoni* Foto: F. Pasmans

tige Rolle. Pheromone sind Substanzen, die sowohl vom Männchen als auch Weibchen abgesondert werden. Viele Lungenlose Salamander haben besondere pheromonproduzierende Drüsen unter dem Kinn. Die Männchen dieser Arten reiben sich mit ihren Kinndrüsen an der Haut des Weibchens; bei einer Reihe von Arten verursacht das Männchen zusätzlich mithilfe spezieller Zähne im Mund Kratzer und kleine Wunden in der weiblichen Haut,

Viele Wassermolche wie dieses Weibchen von *Cynops ensicauda popei* kleben ihre Eier einzeln an die Blätter von Wasserpflanzen Foto: M. Sparreboom

Die Eier vieler aquatisch lebender Molche, hier eines Feuerbauchmolches (*Cynops cyanurus*), werden einzeln an die Blätter von Wasserpflanzen geheftet Foto: F. Pasmans

Laotriton laoensis legt, ähnlich wie auch einige Arten der Gattung *Paramesotriton*, seine Eier häufig in Reihen zwischen Pflanzenblättern ab Foto: H. Janssen

Die Eisäcke von *Hynobius dunni* werden in der Regel an Ästen im Wasser aufgehängt Foto: H. Wallays

Winkelzahnmolche, wie hier der Shangcheng-Winkelzahnmolch (*Pachyhynobius shangchengensis*), setzen ihre Gelege in arttypisch geformten Eisäcken unter Wasser an der Unterseite von Steinen ab Foto: F. Pasmans

in die es seine Pheromone sozusagen „hineinreibt".

Die Befruchtung erfolgt bei Urodelenarten in den Familien Hynobiidae, Cryptobranchidae und vielleicht Sirenidae extern, also äußerlich, indem das Männchen die Eier erst dann befruchtet, nachdem sie die Kloake des Weibchens verlassen haben. Bei den meisten Schwanzlurchen und auch Blindwühlen erfolgt hingegen eine innere Befruchtung. Die Spermien werden in diesem Fall entweder vom Männchen in einer Spermatophore (wörtlich „Samengefäß"; eine Art kleiner Gallertkegel

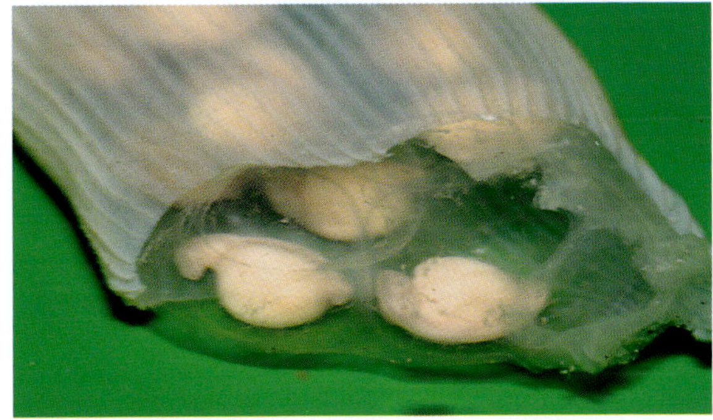

Die Eier von Winkelzahnmolchen (hier *Pachyhynobius shangchengensis*) entwickeln sich innerhalb der Eisäcke Foto: F. Pasmans

Große Kammmolchlarve (*Triturus cristatus*) mit gut entwickelten Beinchen. Diese Art bewohnt Gewässer mit geringer oder ohne Strömung, was man am Vorhandensein ausgeprägter Hautsäume und kräftiger Kiemenbüschel erkennen kann. Foto: F. Pasmans

Die Form und Zeichnung von Molchlarven ist artspezifisch meist recht unterschiedlich; hier die Larve von *Paramesotriton caudopunctatus* Foto: H. Janssen

Frisch geschlüpfte Larve des Shangcheng-Winkelzahnmolches (*Pachyhynobius shangchengensis*). Die Larven haben zu Beginn noch einen großen Dottervorrat. Foto: F. Pasmans

Eine Larve von *Paramesotriton deloustali* Foto: H. Janssen

Kurz vor der Metamorphose beginnt sich die Bauchfärbung deutlich auszuprägen, wie bei dieser Larve von *Paramesotriton caudopunctatus* Foto: H. Janssen

Diese Larve des Kaukasus-Salamanders (*Mertensiella caucasica*) zeigt die typischen Merkmale für ein Leben in Fließgewässern: niedrige Hautsäume, ein langgestreckter Körper und kleine, nach hinten hervorstehende Kiemenbüschel Foto: F. Pasmans

Diese Larve des Bergmolches (*Ichthyosaura alpestris*) steht unmittelbar vor der Metamorphose. Ihre Kiemen werden kleiner, die Hautsäume verschwinden, und das Tier entwickelt bereits seine Adultzeichnung. Foto: F. Pasmans

als Trägersubstanz, mit dem Sperma an der Spitze) auf dem Substrat abgesetzt, von wo das weibliche Tier das Sperma in seine Kloake aufnimmt, oder der Samen wird durch direkten Kloakenkontakt übertragen (z. B. *Euproctus*, *Calotriton*). Echte Kopulationsorgane sind nur bei Blindwühlen entwickelt.

Salamander und Molche sind in der Regel eierlegend, wobei die Eier im Wasser oder – wie bei vielen Arten der Familie Plethodontidae – an feuchten, kühlen Orten an Land abgelegt werden. Im Wasser werden die Eier entweder einzeln und separat abgesetzt (z. B. *Pleurodeles*) oder in Form von Eipaketen (*Am-*

Laotriton laoensis direkt nach der Metamorphose. Seine Haut ist noch glatt, die Kiemenreste sind erkennbar. Foto: H. Janssen

Einige Zeit nach der Metamorphose wird die Haut von *Laotriton laoensis* matt und körnig Foto: F. Pasmans

bystoma). Manchmal werden die Eier auch einzeln an die Blätter von Wasserpflanzen (*Triturus*, *Cynops*) oder an die Unterseite von Steinen wie bei den Bach- und Bergbachmolchen (*Euproctus*, *Neurergus*) geklebt; seltener sind sie in Eisäcken „verpackt" (Hynobiidae) oder werden in Form von Schnüren abgelegt (Cryptobranchidae).

Unmittelbar nach dem Ablegen der Eier verlassen die Eltern in der Regel ihre Nachkommenschaft. Brutpflege ist nur von Lungenlosen Salamandern, Furchenmolchen (*Necturus*), Armmolchen (*Siren*), einigen Salamandriden (*Pachytriton*, *Paramesotriton caudopunctatus*) und den Riesensalamandern (*Andrias*) bekannt. Auch die Weibchen einiger

Juvenile Winkelzahnmolche, hier *Pachyhynobius shangchengensis*, zeigen oftmals eine besondere Jugendzeichnung aus kleinen hellen Flecken Foto: F. Pasmans

Nur sehr wenige Salamanderarten sind lebendgebärend. Diese Besonderheit tritt gehäuft bei Arten auf, die aus Gebieten mit nur wenigen offenen Gewässern stammen, wie bei der hier abgebildeten *Lyciasalamandra billae* („*irfani*"-Morphe) mit Jungtier aus anatolischen Karstgebieten. Foto: F. Pasmans

Juvenile Exemplare der meisten Molche und Salamander lassen sich an ihrer typischen Zeichnung erkennen. Das obere Tier ist ein juveniler *Paramesotriton fuzhongensis*, das untere ein juveniler *P. chinensis*. Foto: H. Janssen

Frischgeborene Jungtiere der lebendgebärenden Form des Nordafrikanischen Feuersalamanders (*Salamandra algira tingitana*) Foto: S. Bogaerts

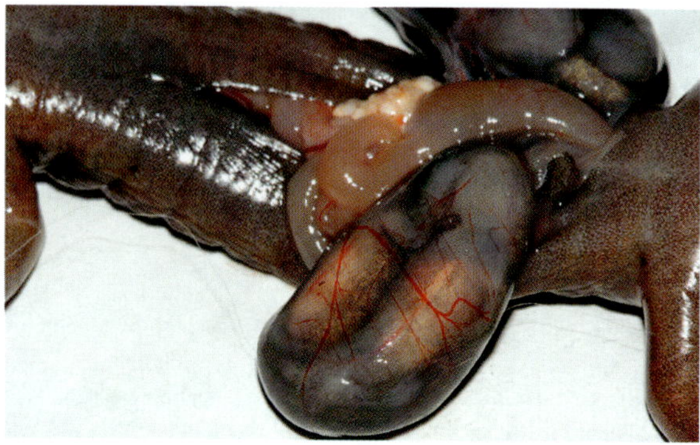

Salamander der Gattung *Salamandra* bringen Larven oder fertig metamorphosierte Jungtiere zur Welt. Auf diesem Foto sind die weit entwickelten Larven im Eileiter eines Feuersalamanders (*Salamandra salamandra alfredschmidti*) zu sehen. Foto: F. Pasmans

Dieses Weibchen von *Speleomantes strinatii* bewacht sein Gelege Foto: F. Pasmans

„*Triturus blasii*" ist keine echte Art, sondern eine Hybridform zwischen *Triturus cristatus* und *T. marmoratus* Foto: S. Bogaerts

Blindwühlen sind oft eierlegend, wobei die Weibchen nicht selten ein Brutpflegeverhalten zeigen und sich um ihre Gelege winden, bis die Jungtiere schlüpfen. Andererseits gibt es auch lebendgebärende Formen wie die hier abgebildete *Typhlonectes natans*. Die Jungtiere dieser Art werden mit großen, sackförmigen Kiemen geboren, die auf dem Bild als weißlich rosa Struktur am Kopf des Jungtieres (rechts) erkennbar sind. Foto: F. Pasmans

Weibchen von *Aneides lugubris*, das seine Eier bewacht Foto: A. Jamin

Lungenloser Salamander schlingen sich bei der Brutpflege eng um ihre Eier.

In der Regel schlüpfen aus den Eigelegen freilebende, aquatische Larven, die sich während der Metamorphose zur adulten Form weiterentwickeln. Bei vielen Arten Lungenloser Salamander wird das Larvalstadium auch übergangen, und es schlüpfen kleine, bereits vollständig entwickelte Lurche aus dem Ei. Bei vielen Blindwühlen und einigen Urodelen, z. B. *Salamandra*, *Lyciasalamandra*, *Typhlonectes*, kommt es auch zur Geburt einer geringen Anzahl weit entwickelter Larven (Ovoviviparie) oder bereits fertig verwandelter Jungtiere (Viviparie). Einige Blindwühlen ernähren ihre Jungtiere nach der Geburt sogar mit ihrer eigenen elterlichen Haut, die von den Jungen mit speziellen Zähnchen vorsichtig abgeschabt wird.

Lebensräume der Schwanzlurche

Allgemein leben Salamander und Molche nur in Lebensräumen, in denen genügend Feuchtigkeit vorhanden ist – was sicherstellt, dass die Tiere nicht austrocknen. Außerdem müssen die Temperaturen dort ausreichen, um zumindest während eines Teils des Jahres ihre Aktivität und die Fortpflanzung zu ermöglichen. In Gebieten mit längeren Dürreperioden ist es wichtig, dass die Schwanzlurche sich zurückziehen können, um Trockenphasen in geeigneten Verstecken zu überdauern. Aus diesem Grund sind viele Arten trocken-warmer Regionen vor allem in zerklüfteten Karstgebieten anzutreffen, denn diese bieten besseren Zugang zu tiefer liegenden, feuchten Versteckplätzen.

Waldtümpel bieten hervorragende Reproduktionsmöglichkeiten für Molche und Salamander, wie hier in Wisconsin für *Notophthalmus viridescens*, *Ambystoma laterale* und *Ambystoma maculatum* Foto: F. Pasmans

Schattenreiche Wälder bieten ausgezeichnete Lebensbedingungen für Schwanzlurche und beherbergen daher eine reiche Salamanderfauna. Dies ist das Habitat von *Plethodon cinereus*. Foto: F. Pasmans

Arten mit frei schwimmenden, aquatischen Larven benötigen für ihre Fortpflanzung natürlich Wasser, entweder temporäre (zeitweilige) oder auch permanente (dauerhafte) Gewässer. Auch alle neotenen Arten sind ans Wasser gebunden, allerdings können einige Schwanzlurche Dürreperioden überleben, indem sie sich im Schlamm vergraben und aushärtende Schleimkokons bilden (z. B. Armmolche).

Im Allgemeinen gehen aquatile Molche und Salamander der direkten Konkurrenz durch Fische aus dem Weg, indem sie z. B. unzugängliche Quellgebiete oder fischfreie Tümpel besiedeln. Viele Arten, die während eines Teils des Jahres in Bächen und Flüssen leben, besiedeln dort jene Bereiche, in denen die Strömung geringer ist und sich ruhigere Zonen bilden (Kolke).

Beschattete Bergbäche sind essentiell für viele Salamanderarten. In diesem Bach in den italienischen Apenninen pflanzen sich Brillensalamander (*Salamandrina perspicillata*) und Feuersalamander (*Salamandra salamandra gigliolii*) fort. In unmittelbarer Nähe des Baches lebt außerdem *Speleomantes strinatii*. Foto: F. Pasmans

Nebelwälder in Zentral- und Südamerika (hier in Costa Rica) herbergen eine große Vielfalt an Lungenlosen Salamandern. Aktuell sind jedoch viele dieser Arten vom Aussterben bedroht. Die Pilzerkrankung Chytridiomykose spielt hierbei eine wesentliche Rolle. Foto: F. Pasmans

Quellbereiche in Trockenlandschaften wie hier in Griechenland werden meist intensiv vom Menschen genutzt. Das bedeutet aber nicht zwangsläufig, dass dies auf Kosten der Molche und Salamander geht, die diese Quellen ebenfalls geschickt zu nutzen wissen. In solchen Feuchtgebieten pflanzt sich z. B. der Griechische Bergmolch (*Ichthyosaura alpestris veluchiensis*) erfolgreich fort. Foto: F. Pasmans

Viele Molcharten pflanzen sich während längerer Regenperioden in den dann entstehenden Temporärgewässern fort, wie in diesem überfluteten Weideland in der Türkei, wo sich *Lissotriton vulgaris schmidtlerorum* vermehrt Foto: F. Pasmans

Permanente Bäche oder Kanäle sind für die Fortpflanzung von Schwanzlurchen nur dann geeignet, wenn nicht zu viele Prädatoren wie Fische darin leben. In diesem Bach in Syrien pflanzt sich *Ommatotriton vittatus vittatus* fort. Foto: F. Pasmans

Ein Feuersalamander (*Salamandra salamandra gallaica*) in der spanischen Extremadura nutzt eine Wassertränke aus Beton, um seine Larven abzusetzen Foto: F. Pasmans

Seeufer bestehen oft aus Fels- und Steinstrukturen, die wie hier in Wisconsin ausgezeichnete Verstecke für Salamander wie den Furchenmolch (*Necturus maculosus*) darstellen Foto: F. Pasmans

Einige Molch- und Salamanderarten erweisen sich als Kulturfolger, wie dieser Höhlensalamander (*Speleomantes italicus*), der sich an einer feuchten Wand inmitten eines Gebäudes in einem italienischen Dorf versteckt Foto: F. Pasmans

Diese Höhlensalamander (*Speleomantes sarrabusensis*) bewohnen einen künstlichen Lebensraum in einem Brunnen Foto: F. Pasmans

Schwanzlurche, die in großer Höhe leben, müssen sich bei Kälte jederzeit in tiefe, geschützte und frostfreie unterirdische Schutzbereiche zurückziehen können. Dieser Geröllhang in der Schweiz ist der Lebensraum von Alpensalamandern (*Salamandra atra*). Foto: F. Pasmans

In Gebieten mit geringen Niederschlägen sind Lebensräume für Schwanzlurche an kühle, feuchte Versteckmöglichkeiten gebunden, die es den Tieren erlauben, sich zurückzuziehen. Ideale Bedingungen bieten höhlenreiche Karstgebiete. In diesem Karstgebiet in Sardinien leben zahlreiche Höhlensalamander (*Speleomantes supramontis*). Foto: F. Pasmans

Flüsse können eine Vielzahl an Molchen und Salamandern beherbergen. Dieser Fluss wird von *Necturus* cf. *lodingi*, *Siren intermedia* und *Amphiuma means* bewohnt. Foto: J. Nerz

„Red wood"-Wälder in Kalifornien sind ein wichtiger Lebensraum für viele Urodelen, wie hier für *Ensatina escholtzii*, *Taricha granulosa*, *Dicamptodon ensatus* und *Batrachoseps attenuatus* Foto: F. Pasmans

Habitat von *Paramesotriton deloustali* in Vietnam Foto: F. Pasmans

Zahlreiche Schwanzlurche leben allerdings überwiegend an Land – auch jene Arten, die für ihre Fortpflanzung Gewässer benötigen. Diese Arten suchen außerhalb der Paarungszeit geeignete Landlebensräume auf, die ausreichend Nahrung und Feuchtigkeit bieten und in denen die Tiere vor Hitze oder Frost geschützt sind. Sie reagieren oft besonders empfindlich auf Störungen im Lebensraum.

Nicht alle Urodelen und Blindwühlen benötigen offene Gewässer bei der Fortpflanzung, da bei vielen Arten wie oben geschildert (siehe Abschnitt „Fortpflanzung") eine direkte Larvalentwicklung im Ei erfolgt und manche auch lebendgebärend sind. Terrestrische Schwanzlurche leben meistens auf oder im Boden, der eine relativ konstante Temperatur und Feuchtigkeit aufweist.

Die meisten Blindwühlen, aber auch einige Schwanzlurche mit reduzierten Beinen (z. B. manche *Oedipina*-Arten) führen ein fast komplett unterirdisches Leben in teils selbstgegrabenen Gängen und Höhlen. Viele Lungenlose Salamander in Mittel- und Südamerika leben andererseits auch hoch auf Bäumen, wo sie hauptsächlich Moospolster und Epiphyten besiedeln. Einige spezialisierte Schwanzlurcharten wie der Grottenolm sind ferner an das Leben in Höhlen angepasst. Normalerweise besitzen diese Arten keine funktionsfähigen Augen mehr, die Tiere sind pigmentlos und weiß oder rosa gefärbt.

Die Pflege von Salamandern und Molchen

Ausgewachsene aquatile Schwanzlurche sowie aquatisch lebende Molch- und Salamanderlarven können generell in Aquarien, terrestrische Schwanzlurche hingegen in Landterrarien gepflegt werden. Viele Arten benötigen auch beides, also einen Wasser- und einen Landteil bzw. eine entsprechende Kombination das Aquaterrarium.

Die meisten Salamander und Molche schaffen es problemlos, selbst glatte Scheiben und Wände (vor allem in den Ecken der Terrarien) emporzuklettern. Ihre Flucht muss durch eine dicht schließende Abdeckung oder zumindest durch einen durchgehenden oberen Rahmen mit innen überstehenden Rändern von mindestens 5 cm Breite verhindert werden. Eine vollständige Terrarienabdeckung mit Gaze verdient den Vorzug, denn einige Arten können selbst solche überstehenden Ränder noch überwinden. In jedem Fall ist es wichtig, dass die Pflege und Reinigung des Terrariums trotz der Abdeckung einfach und schnell zu bewerkstelligen sind.

Aquarienhaltung

Aquatisch lebende adulte Molche und Salamander sowie ihre Larven müssen in geräumigen Aquarien untergebracht werden, wobei die Grundfläche des Beckens so groß wie möglich sein sollte. Ein Wasserstand von 15–20 cm reicht in der Regel völlig aus.

Aquarium für Feuerbauchmolche (*Cynops pyrrhogaster*). Man beachte den tiefen Sandboden mit üppiger *Vallisneria*-Bepflanzung, Versteckplätze und den mit *Ficus pumila* bewachsenen Landteil. Die Schnecken (*Planorbarius corneus*) dienen zur Beseitigung von Futterresten und Abfällen. Foto: H. Janssen

Beispiel für ein Bachaquarium, hier für die Unterbringung von Warzenmolchen (*Paramesotriton fuzhongensis*). Eine gesunde Bakterienflora im sandigen Bodengrund verarbeitet die ständig anfallenden großen Mengen der Ausscheidungsprodukte der Molche zu Nitrat, welches die Pflanzen als Dünger aufnehmen. Übereinandergeschichtete, flache Steine bilden Versteckplätze für die Tiere, die auf diese Weise unterschiedliche Bereiche des Aquariums nutzen können. Ein kräftiger Innenfilter sorgt für die gewünschte Wasserströmung und eine ausreichende Filtration. Posthornschnecken reinigen das Becken zusätzlich. Dieses Becken ist mit einer Glasplatte abgedeckt, sodass die Luftfeuchtigkeit im Inneren meist bei etwa 100 % liegt (erkennbar an der Kondensation auf dem Scheibenglas). Die Beleuchtung erfolgt mittels einer handelsüblichen TL-Lampe und durch einfallendes Tageslicht. Foto: H. Janssen

Um zu vermeiden, dass zu viel Wasser verdunstet, kann das Aquarium teilweise mit einer Glasplatte abgedeckt werden, doch ist stets auf eine ausreichende Belüftung zu achten. Eine hohe Sauerstoffsättigung des Wassers kann man tagsüber durch eine dichte Bepflanzung mit Wasserpflanzen erreichen, wobei hierbei die nächtliche Sauerstoffzehrung durch die Pflanzen zu berücksichtigen ist.

Aquarien für Urodelen können ähnlich wie entsprechende Behälter für Aquarienfische eingerichtet werden. Allerdings ist es zwingend notwendig, dass genügend Versteckplätze vorhanden sind, was man z. B. durch Tontopfscherben, Stücke von Dachziegeln, PVC-Rohre oder aufgeschichtete, flache Steine erreichen kann. Scharfe Kanten und Gegenstände im Becken sollten vermieden werden. Um das Wasser sauber zu halten, können die in der Aquaristik üblichen Filtersysteme eingesetzt werden.

Man unterscheidet bei der aquatischen Haltung von Schwanzlurchen grundsätzlich zwei Arten von Behältnissen: das Bachaquarium und das Tümpelaquarium.

Das Bachaquarium ist geeignet für Molche und Salamander aus Fließgewässern (Flüsse, Bäche, Quellen etc.). Es sollte Felsstruk-

Ein PVC-Rohr bietet gute Versteckmöglichkeiten, in diesem Fall für *Necturus* cf. *beyeri* (*N. lodingi*)
Foto: F. Pasmans

turen aus aufgeschichteten Steinplatten und einen Bodengrund aus grobem Flusssand, feinem Kies oder Kieselsteinen aufweisen. Die Höhe des Wasserstands muss nicht mehr als 10–20 cm betragen. Obwohl die meisten Bachmolche eine kräftige Wasserbewegung bevorzugen, bedeutet dies nicht, dass sie kontinuierlich einer starken Strömung ausgesetzt sein müssen, denn in der Natur leben sie meist im Bereich der ruhigeren Bachabschnitte. Da aber die meisten dieser Tiere aus Gebieten mit sehr reinem Wasser stammen, ist eine hohe Wasserqualität von großer Bedeutung. Darüber hinaus reagieren die meisten Bach- und Flussmolche äußerst empfindlich gegenüber Temperaturen über 20 °C.

Achtung!

In vielen Ländern ist das Aussetzen exotischer Tiere per Gesetz verboten. Bringen Sie daher **niemals** Salamander oder Molche aus einer Zoohandlung in Ihren Gartenteich! Die meisten Tiere verlassen nicht nur innerhalb kürzester Zeit den Teich und werden nie wieder gesehen, sondern größer noch ist die Gefahr, dass sich einige dieser Exoten bei uns problemlos ansiedeln und möglicherweise heimische Arten verdrängen könnten. Zusätzlich besteht die Gefahr, dass sich allerlei Infektionskrankheiten auf einheimische Amphibien übertragen, z. B. die gefürchtete Chytridiomykose oder gefährliche Viruserkrankungen wie *Ranavirus*.

Wenn Sie also Molche in Ihrem Gartenteich beobachten wollen, sollten Sie einfach den einheimischen Arten ein geeignetes Gewässer anbieten und darauf warten, dass die Tiere von selbst anwandern. Mit etwas Geduld stellen Sie oft fest, dass einheimische Arten Ihren Teich spontan entdecken und als Lebensraum annehmen. Es sei aber daran erinnert, dass die einheimischen Molche die Konkurrenz der meisten Fische scheuen. Ein Teich für Koi-Karpfen ist also völlig ungeeignet für Molche!

Das Tümpelaquarium eignet sich hauptsächlich für Molche und Salamander aus stehenden Gewässern wie Teichen, Tümpeln oder Seen. Gerade solche Aquarien können wie die klassischen Behälter für Zierfische eingerichtet werden, allerdings sollte auch hier die Wassertemperatur nicht wesentlich über 20 °C ansteigen (mit Ausnahme einiger weniger Arten wie Schwertschwanzmolchen, *Cynops ensicauda*).

Terrarienhaltung

Die meisten terrestischen (landlebenden) Salamander und Molche lassen sich am besten in gut strukturierten Feuchtterrarien halten. Zumindest ein kleines Wasserbecken sollte immer vorhanden sein, allerdings können manche Schwanzlurche in einem zu tiefen Becken mit Steilwänden auch ertrinken.

In diesem Beispiel wird ein Bachufer nachgeahmt. Die Grundfläche des Landteils ist durch einen Glasstreifen vom Wasserteil abgetrennt. Der untere Bereich des Bodensubstrats wird von Tongranulat und einer darauf liegenden Schaumgummimatte gebildet; als oberste Schicht finden sich Falllaub, Rinde, Zweige und Moos. Das Wasser im aquatischen Bereich wird mit einer Filterpumpe in Bewegung gehalten. Foto: F. Pasmans

Effizient zu reinigen und daher gut geeignet sind Terrarien mit einem separaten kleinen Wasserteil, der einen unterhalb des Wasserspiegels liegenden Auslass aufweist. Da der Wasserteil nach kurzer Zeit oft stark durch Kot und tote Futtertiere verunreinigt ist, sind eine häufige gründliche Reinigung und ein möglichst täglicher Wasserwechsel sehr zu empfehlen. Ein separater, ablassbarer Wasserteil ist dabei sehr hilfreich.

Eine gute Möglichkeit, um Probleme durch übermäßiges Bakterienwachstum oder die Ansammlung von Parasiten und toxischen Abbauprodukten im Wasser zu vermeiden, ist auch der Einsatz von zwei Sätzen austauschbarer Wasserschalen. Eine Schale wird jeweils verwendet, während die andere in der Zwischenzeit nach einer gründlichen Reinigung vollständig abtrocknen kann.

Die meisten Schwanzlurche schätzen einen Feuchtigkeitsgradienten im Terrarium. Dies bedeutet, dass die Tiere selbst wählen können, wie feucht ihre nächste Umgebung ist. Die unterste Ebene im Terrarium kann zum Beispiel aus aufgeschichteten Rindenstücken oder einer Schicht Falllaub aus einem Eichen- oder Buchenwald bestehen. Die Gerbstoffe der Blätter sorgen dafür, dass ein leicht saures Milieu ensteht, welches zusätzlich die Vermehrung vieler Krankheitserreger und Pilze hemmt. Dieses Substrat sollte aber regelmäßig ausgewechselt werden, denn es besteht die Gefahr eines plötzlichen „Umkippens“ des Bodens, mit dem Ergebnis eines Massensterbens

Ein Terrarium für Landsalamander, in diesem Fall für den Krokodilmolch *Tylototriton wenxianensis*. Der Boden besteht aus Tongranulat, das eine gute Drainage und Lüftung des Untergrunds garantiert. Die Oberschicht besteht aus Waldboden, auf dem zusätzlich Moos und Buchenblättern platziert sind. Kork und Rindenstücke wurden in mehreren Schichten übereinandergestapelt. Eine ausreichende Luftfeuchtigkeit wird durch ein gefülltes Wassergefäß aus Keramikglas gewährleistet. Einige Buchenblätter in der Wasserschale schützen ins Wasser gefallene Grillen vor dem Ertrinken. Foto: F. Pasmans

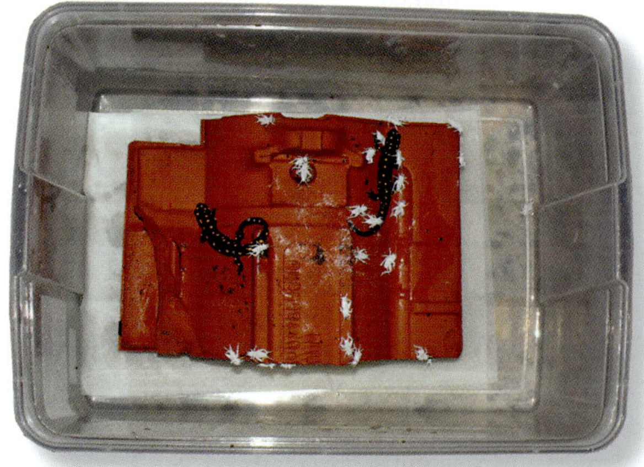

Ein „hygienisches" Aufzuchtterrarium für *Neurergus strauchii*. Als Substrat werden Haushaltstücher verwendet, die wöchentlich gewechselt werden. Zwei übereinandergelegte Dachziegel sorgen für einen gewissen Feuchtigkeitsgradienten. Foto: F. Pasmans

der darauf lebenden Salamander. Bitte beachten Sie beim Sammeln von Falllaub im Wald genau die gesetzlichen Bestimmungen.

Sehr gut hat sich auch Lehm als Bodensubstrat bewährt. Dieses Substrat ist übersichtlich, bindet lange die Feuchtigkeit, und Kotreste können einfach entfernt werden. Als künstliches Substrat haben sich außerdem Schaumstoffmatten (z. B. Filtermatten für Teichfilter) bestens bewährt.

Auf die Dauer ist für die Haut der meisten Landsalamander ein ständig nasser Bodengrund schädlich – besonders organische Böden, in denen sich über einen längeren Zeitraum der Kot der Tiere anhäufen konnte. Es ist daher ratsam, eine Drainageschicht unter

Terrarium für terrestrische Schwanzlurche wie *Salamandra* oder landlebende *Neurergus*-Arten. Der Bodengrund besteht aus Lehm, als weitere Einrichtung finden sich Rindenstücke, ein Ziegelstein mit Versteckmöglichkeiten und ein kleiner Wasserbehälter. Foto: S. Bogaerts

dem eigentlichen Bodensubstrat einzubringen, z. B. aus Blähtonkugeln oder Schaumstoffmatten. Dies verhindert Staunässe.

Saubere Höhlen und Versteckplätze müssen stets in ausreichender Zahl im Terrarium vorhanden und leicht zu reinigen sein. Am besten ist es, den Tieren mehrere Versteckmöglichkeiten mit unterschiedlichen Feuchtigkeitsgraden anzubieten, beispielsweise in Form eines aufgeschichteten Rindenstapels. Individuen, die sich in der untersten Ebene aufhalten, befinden sich dort in einer deutlich feuchteren Umgebung als Tiere in den höher gelegenen Schichten. Auch wenn das Terrarium natürlich üppig bepflanzt werden kann, ist dies für Schwanzlurche nicht zwingend nötig. Wenn Moospolster verwendet werden, müssen diese bei Verschmutzungen rechtzeitig ausgewechselt werden.

Viele Schwanzlurche verbringen nur die Paarungszeit im Wasser – den Rest des Jahres leben sie an Land. Solche Urodelenarten können das ganze Jahr über in einem Aquaterrarium gehalten werden, also in einem großen Terrarium, in das ein größerer Wasserteil integriert ist. Sehr wichtig ist dabei, dass die Tiere den Wasserbereich jederzeit problemlos verlassen können und die Landfläche niemals dauerhaft staunass ist.

Ein einfaches Aquaterrarium, das sich für nur zeitweise im Wasser lebende Salamander und Molche bestens bewährt hat, könnte folgendermaßen aussehen: Der Wasserteil wird vom Landteil durch Ziegel abgetrennt, die

Einige Arten können selbst überstehende Ränder überwinden wie *Speleomantes strinatii* Foto: F. Pasmans

so aufgeschichtet sind, dass sie jederzeit einen leichten Ausstieg aus dem Wasser ermöglichen. Eine Wasserhöhe von 10–15 cm genügt in den meisten Fällen, d. h., man stapelt einfach 2–3 Ziegel aufeinander. Der Landteil wird innen zum größten Teil mit Blähtonkugeln aufgefüllt. Auf diese Blähtonschicht wird eine passende Filtermatte gelegt, und darauf folgt schließlich eine Schicht Fallaub mit dem Rindenstapel. Im Wasserteil kann man als Bodengrund eine Sandschicht einbringen, aus Gründen der besseren Hygiene ist dies aber nicht notwendig. Der Landteil kann mit Pflanzen bestückt werden, die relativ niedrige Temperaturen ertragen (z. B. kleinblättrige *Ficus*-Arten). Wenn das Terrarium bepflanzt wird, muss es aber auch ausreichend beleuchtet werden.

Ein Freilandterrarium stellt für einige terrestrische Salamanderarten eine exzellente Alternative dar. Dabei ist es jedoch absolut notwendig, dass keinerlei Ausbruchsmöglichkeiten vorhanden sind. Es muss sichergestellt sein, dass das Terrarium im Freien an einem schattigen Ort steht und die Tiere immer eine Möglichkeit finden, sich gegen drohende Austrocknung zu schützen. Dies kann zum Beispiel eine feuchte Stelle oder Vertiefung im Bodengrund sein, die mit Steinen, Tonscherben, Blättern, Holz o. Ä. gefüllt ist, sodass sich die Tiere im Falle einer längeren Trockenphase dorthin zurückziehen können.

Der Hauptnachteil eines solchen Freilandterrariums ist, dass man kaum Kontrolle über das Wohlergehen seiner Tiere hat und ihr Verhalten kaum oder gar nicht beobachten kann. Darüber hinaus besteht die Gefahr, dass Beutegreifer wie Ratten, Mäuse, Igel oder räuberische Vögel in das Terrarium eindringen und die Insassen töten oder verschleppen. Aus diesem Grund ist es unbedingt nötig, das Freilandterrarium so gut es geht gegen Feinde von außen zu schützen.

Der Winter kann ebenfalls zu Problemen führen, wenn Tiere im Freiland überwintert werden und dort nicht in der Lage sind, sich dem Frost zu entziehen. Kurz gesagt: Im Freien gestaltet sich die Pflege von Molchen und Salamandern kaum einfacher als im Zimmerterrarium.

Worauf ist beim Kauf zu achten?

Molche und Salamander müssen beim Kauf einen lebendigen Gesamteindruck hinterlassen. Gesunde Schwanzlurche versuchen stets zu fliehen, wenn sie in die Hand genommen werden.

Ein guter Gesundheitszustand äußert sich auch in einem runden, prallen Schwanz. Wenn die Beckenknochen durch die Haut hindurch erkennbar sind, sind die Tiere in der Regel definitiv zu dünn; es gibt andererseits einige Salamanderarten (*Echinotriton*, *Salamandrina*), die von Natur aus abgemagert aussehen und bei denen die Rippen durch die Haut sichtbar sind.

Am wichtigsten ist: Niemals dürfen Salamander und Molche kleine Wunden oder pilzartige Flecken (sehr oft auf dem Kopf, an den Füßen und/oder am Schwanz) aufweisen. Dies scheint auf den ersten Blick oft harmlos, doch müssen solche Wunden unbedingt sofort behandelt werden, sonst führt dieser Zustand unweigerlich zum Tode. Leider treten solche Infektionen bei vielen Salamander- und Molchimporten auf und verursachen schnell hohe Mortalitätsraten.

Daneben gibt es bei frisch importierten Schwanzlurchen auch diverse Infektionserkrankungen, die ebenfalls äußerst gefährlich sind und über Ansteckung durch fremde Tiere schon ganze Zuchtanlagen vernichtet haben. Daher sollte bei jedem Neuankömmling eine Quarantänezeit von mindestens sechs Wochen eingehalten werden. Vermeiden Sie in dieser Zeit jeden Kontakt der neuen Tiere mit den anderen Bewohnern ihrer Anlage, sowohl direkt (Tier-Tier-Kontakt) als auch indirekt (z. B. durch die Verwendung derselben Utensilien wie Fangnetze etc.).

Die Desinfektion der Gebrauchsmaterialien kann mit Hilfe von Bleichmitteln (wie Natriumhypochlorit, NaClO) erfolgen. Anschließendes gründliches Abspülen mit Wasser ist zwingend notwendig, um alle Rückstände zu entfernen. Waschalkohole oder Waschbenzin, wie Dettol, sollten besser nicht eingesetzt werden, da sie die Amphibienhaut dauerhaft schädigen können.

Bedenken Sie auch, dass sich die allermeisten Urodelenarten definitiv nicht für eine gemeinsame Haltung mit tropischen Zierfischen eignen; nur ganz wenige Arten tolerieren die dauerhaft hohen Temperaturen eines Wohnzimmeraquariums.

Generell ist es ratsam, nur Salamander und Molche aus Nachzuchten zu erwerben. Das Risiko, möglicherweise kranke Tiere zu erhalten, ist dann geringer, denn diese Amphibien wurden nicht direkt aus der Natur entnommen. Außerdem kann der Züchter meist noch nützliche Pflegehinweise geben.

Die Umgebungsbedingungen

Das Wohlergehen von Molchen und Salamandern hängt sehr stark von ihrer äußeren Umwelt ab. Eine Pauschalbeschreibung der adäquaten Haltungsbedingungen für alle Schwanzlurcharten zu geben, ist unmöglich. Die vier wichtigsten Faktoren für eine erfolgreiche Pflege in menschlicher Obhut sind Feuchtigkeit, Wasserqualität, Temperatur und Licht. Diese Faktoren sind natürlich artspezifisch teils unterschiedlich, einige grundlegende Parameter besitzen aber auch allgemeine Gültigkeit.

Substrat- und Luftfeuchtigkeit

Während bei aquatilen Urodelen die Wasserqualität im Vordergrund steht, spielen bei landlebenden Schwanzlurchen die Substrat- und Luftfeuchtigkeit eine besonders wichtige Rolle. Terrestrische Amphibien benötigen unter allen Umständen eine Mindestluft- und

-bodenfeuchtigkeit, um ihrer drohenden Austrocknung (Dehydratation) zu entgehen. Eine ausreichende Bodenfeuchtigkeit bedeutet nun aber keinesfalls, dass terrestrische Salamander auf einer ständig nassen Fläche untergebracht werden sollen. Dies führt in kürzester Zeit zu Erkrankungen sowohl durch Bakterien als auch durch Pilze. Wenn die Größe des Terrariums es zulässt, ist es vorteilhaft, mit einem Feuchtigkeitsgradienten zu arbeiten, d. h., einen allmählichen Übergang von feuchtem zu trockenem Substrat (bzw. einer trockenen Oberfläche) zu gestalten.

Die relative Luftfeuchtigkeit im Terrarium hängt von der Herkunft der Tiere ab, doch ist im Allgemeinen eine hohe Luftfeuchtigkeit von 80 % und mehr erwünscht. Dies muss vor allem an jenen Stellen gewährleistet sein, wo sich die Amphibien regelmäßig aufhalten.

Eine hohe Luftfeuchtigkeit im Terrarium erreicht man am besten durch regelmäßiges Sprühen (mit einem Pflanzenhandsprüher) oder durch automatisches Zerstäuben von Wasser. Entsprechende Sprüher, Zerstäuber und Vernebler sind in Zoofachgeschäften erhältlich. Die Luftfeuchtigkeit kann auch durch eine reduzierte Belüftung des Terrariums erhöht werden, zum Beispiel durch zeitweiliges Abdecken des Beckens mit einer Glasplatte, doch ist dies nicht ohne Risiko, denn ein geringer Luftaustausch fördert die Schimmelbildung im Behälter und die Ansammlung schädlicher Gase wie CO_2 und H_2S. Solche Gase werden freigesetzt, sobald es zum Umkippen eines Bodens durch Staunässe kommt – und dies führt schnell zu hohen Verlusten unter den Insassen.

Wasserqualität

Für aquatile Schwanzlurche steht natürlich die Wasserqualität im Vordergrund. Die Empfindlichkeit gegenüber Verunreinigungen ist recht unterschiedlich und hängt stark von der gepflegten Art ab. Während einige Amphibien sehr hohe Anforderungen an die Wasserqualität stellen (z. B. *Necturus*-Arten), sind eine Reihe neotener Arten (z. B. *Siren*, *Amphiuma*) durchaus in der Lage, auch in stärker verschmutzten Gewässern zu überleben. Dennoch ist der regelmäßige, kräftige Wasserwechsel das A und O der Pflege von Schwanzlurchen im Aquarium.

Praxistipp

Die biologische Selbstreinigung im Aquarium

Um im Aquarium möglichst langfristig ein annäherndes biologisches Gleichgewicht zu erhalten, sind – neben dem regelmäßigen Wasserwechsel – folgende Punkte zu beachten:

- Eine möglichst große Oberfläche für Ammoniak und Nitrit verarbeitende Bakterien, die sich z. B. auf Schaumstoffblöcken oder in Keramikröhrchen ansiedeln, die als Medium in einem Filter verwendet werden, aber auch direkt im Kies- oder Sandboden des Aquariums.
- Dringend ist zu empfehlen, ein neu eingerichtetes Aquarium zunächst ohne Insassen so lange „reifen“ zu lassen, bis sich genügend nitrifizierende Bakterien angesiedelt haben. Dieser Vorgang dauert ca. sechs Wochen. Wenn Sie schon andere, gut eingefahrene Aquarien im Bestand haben, können Sie versuchen, einen Teil des alten Filtermaterials in den Filter des neu eingerichteten Aquariums zu übertragen. Dies beschleunigt den Besiedlungsprozess durch die Bakterien.
- Wasserpflanzen nutzen Nitrat für ihr Wachstum und entnehmen dieses permanent dem Wasser. Für die relativ geringen Wassertemperaturen in den meisten Molchaquarien sind tropische Aquarienpflanzen weniger geeignet, aber zum Beispiel manche Arten von Vallisnerien, Laichkraut, Javamoos oder Wasserlinsen.
- Im Prinzip kann Nitrat auch durch die Verwendung anaerober Filter (ohne Sauerstoff) oder durch nitratresorbierende Harze aus dem Wasser entfernt werden.
- Einige größere im Wasser lebende Schneckenarten wie die Posthornschnecke (*Planorbarius corneus*) sind ideal als Gesundheitspolizei im Aquarium. Sie fressen Futterreste, bevor sie verderben oder verschimmeln können.

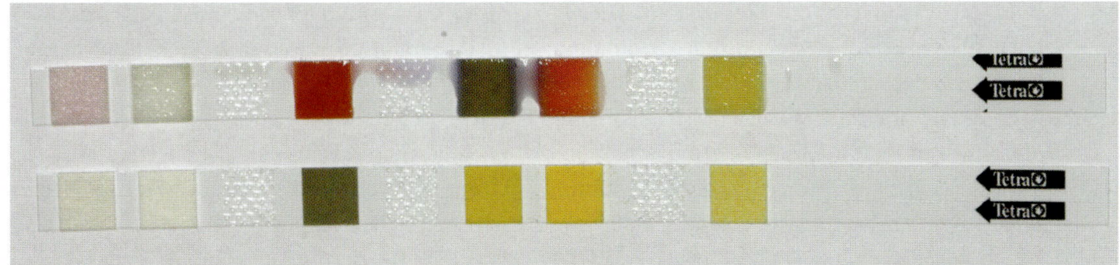

Einfache Teststreifen, um schnell die Wasserqualität zu testen, sind in jedem Zoogeschäft und Gartencenter erhältlich Foto: F. Pasmans

Wichtige Faktoren für die optimale Haltung sind ein möglichst geringer Stickstoffgehalt im Wasser und der Erhalt eines annähernden biologischen Gleichgewichts. In einem Aquarium fällt kontinuierlich Ammoniak an, zum einen durch die Ausscheidungsprodukte der Tiere (Ammoniak ist ein Stickstoff-Abfallprodukt ihres Metabolismus [Stoffwechsels]) und zum anderen durch die allgemeine Zersetzung von organischem Material im Becken.

Ammoniak wirkt auf Amphibien extrem giftig, wenn er nicht rechtzeitig abgebaut wird. Der Abbau und die Umwandlung des Ammoniaks zu Nitrit erfolgen durch Bakterien (*Nitrosomonas*). Nitrit in höheren Konzentrationen ist allerdings ebenfalls toxisch für Wirbeltiere und muss daher in einem weiteren Schritt durch andere Bakterien (*Nitrobacter*) zu Nitrat umgewandelt werden. Nitrat ist nur wenig giftig und dient Pflanzen als natürlicher Dünger.

Während Nitrit und Ammoniak (bzw. das im Wasser im Säure-Basen-Gleichgewicht vorliegende Ammonium) für Urodelen also hochtoxische Substanzen sind, ist das Endprodukt Nitrat dieses Abbau-/Umwandlungszyklus ein relativ harmloser Stoff im Aquarium, der allerdings zu intensivem Algenwachstum im Wasser führen kann.

In einem gut eingefahrenen Aquarium findet durch die ständige Freisetzung von Ammoniak und seine schnelle Umwandlung über Nitrit zu Nitrat (Nitrifikation) sowie die anschließende Nitrat-Aufnahme durch Pflanzen eine ständige biologische Selbstreinigung statt.

Schnecken wie diese Posthornschnecke (*Planorbarius corneus*) sind hervorragend geeignet, um organische Abfälle im Aquarium zu beseitigen Foto: H. Janssen

Eine solche Situation des biologischen Gleichgewichts dauerhaft im Aquarium zu erhalten, ist der Idealzustand. Störungen in diesem sogenannten Stickstoffzyklus (N-Zyklus) oder Stickstoffkreislauf kommen allerdings häufiger vor und sind sehr oft die Ursachen für Krankheiten aller Art bei aquatilen Organismen, einschließlich Salamandern und Molchen.

Die Fähigkeit eines Aquariums, sein biologisches Gleichgewicht stabil zu halten, ist begrenzt. Durch Überlastung des aquatischen Systems können immer wieder Probleme auftreten. In frisch eingerichteten Aquarien entstehen solche Probleme sehr oft: das „neue Aquarium"-Syndrom. Dies ist eine der gefährlichsten Situationen, hervorgerufen durch zu schnellen Besatz eines neu eingerichteten Aquariums. Sie tritt dann ein, wenn ein Becken schon mit Schwanzlurchen besetzt wird, bevor sich eine ausreichend große Bakterienpopulation für die schnelle Umsetzung von Ammoniak zu Nitrit/Nitrat entwickeln konnte – zum Beispiel wenn man am selben Tag, an dem Kies, Pflanzen und Tiere gekauft und das Aquarium einrichtet werden, die Insassen auch schon zu füttern beginnt.

Die Molche und Salamander produzieren in diesem Fall zu viele Ausscheidungen, die nicht mehr bakteriell verarbeitet werden können, und es sammeln sich giftige Substanzen im Wasser an – dies geschieht auch bei einer übermäßigen Fütterung mit lebenden Futtertieren, die zu schnell absterben (z. B. mit *Artemia* oder Roten Mückenlarven). Die Schwanzlurche erkranken dann und sterben bald; dies gilt besonders in Aquarien für die Larvenaufzucht. Aber auch ein generell zu hoher Tierbesatz im Becken kann zu Problemen führen, wenn die Insassen ständig mehr Abfallstoffe produzieren als Bakterien verarbeiten können.

Wichtig ist in jedem Fall, ein neues Aquarium zunächst reifen bzw. einfahren zu lassen, bevor es mit Tieren bestückt wird. Regelmäßig (z. B. einmal pro Monat) sollte außerdem eine Prüfung der Wasserqualität auf Nitrit und Nitrat durchgeführt werden. Es gibt hierfür in zoologischen Fachgeschäften fertige Aquarien- und Teich-Testkits zu kaufen, mit denen man einfach z. B. Nitrit, Nitrat, pH-Wert und Wasserhärte bestimmen kann. Sehr praktisch sind auch simple Teststreifen; die Ammoniakbestimmung ist mit solchen Streifen allerdings nicht möglich.

Im Prinzip sind die der Fischhaltung entlehnten Vorgaben für eine geeignete Wasserqualität auch auf Amphibien übertragbar. Die wichtigsten Parameter seien im Folgenden kurz diskutiert.

Chlor

Leitungswasser enthält oft Chlor als Desinfektionsmittel. Chlor aber ist giftig für die Haut und Kiemen aquatiler Amphibien und muss daher aus dem Wasser entfernt werden. Der einfachste Weg, dies zu erreichen, ist es, das einzusetzende Wasser über 24 Stunden offen in einem Eimer stehen zu lassen. Eine Belüftung mittels Luftpumpe beschleunigt das Austreiben des Chlors. Diese simple Methode ist jedoch kaum einsetzbar, wenn größere Mengen an Wasser benötigt werden oder wenn eine kontinuierliche Wasserzufuhr, z. B. durch ständig frisches Leitungswasser, gewährleistet werden soll. In diesem Fall kann das Wasser auch über Aktivkohle geleitet oder gegebenenfalls mithilfe chemischer Substanzen (z. B. Thiosulfat in einer Dosierung, abhängig vom Chlorgehalt des Wassers, von 6–8 mg/l Wasser) vom Chlor befreit werden.

Wasserhärte

Die Wasserhärte ist in der Praxis das Maß für die Menge an gelöstem Kalzium und Magnesium, die in einer wässrigen Lösung vorliegt. Indirekt ist es auch ein Maß für die Alkalität des Wassers, also für die Menge an gelöstem Karbonat- und Bicarbonat. Die Menge an Kalziumkarbonat und Natriumbicarbonat wird in Grad deutsche Härte (°dH) angezeigt. Je weicher das Wasser, desto geringer ist seine Pufferkapazität; dies wiederum bedeutet, dass die Acidität (der Säuregehalt oder pH-Wert) des Wassers schnell und sehr stark schwanken kann. Viele Urodelen bevorzugen mittelhartes Wasser (8–18 °dH). Die Härte des Wassers kann leicht mit kommerziellen Kits aus einem Aquariengeschäft getestet und das Wasser bei Bedarf aufgehärtet werden. Einige Arten (z. B. *Hemidactylium scutatum*) bevorzugen aber auch weiches und eher leicht saures Wasser. Hinzugefügtes Regen-, Osmose- oder destilliertes Wasser kann in diesen Fällen helfen, die Wasserhärte im Becken zu verringern.

pH-Wert

Der Säuregehalt des Wassers wird durch den pH-Wert angegeben. Je niedriger der pH-Wert, desto saurer ist das Wasser. Leitungswasser schwankt in der Regel zwischen einem pH-Wert von 6,5 und 8. Für die meisten Molchaquarien ist ein pH-Bereich von 6,5–8,5 geeignet. Ein pH-Wert unterhalb von 4 oder über 11 ist tödlich und muss strikt vermieden werden. Auch der pH-Wert ist leicht mit Hilfe kommerzieller Testkits zu bestimmen.

Nitrat, Nitrit und Ammoniak

Anfallende Ausscheidungsprodukte aus dem Stickstoffstoffwechsel der Tiere und Pflanzen sammeln sich, wie oben beschrieben, im Wasser an und können – vor allem Ammoniak und Nitrit – zu akuten Vergiftungserscheinungen führen. Diese Substanzen sind oft die Ursache für eine schlechte Wasserqualität und können, direkt oder indirekt, zu vielerlei Problemen im Aquarium führen. Um die Anhäufung von Ammoniak und Nitrit im Wasser zu vermeiden, ist es daher wichtig, dass sich das Aquarium in einem stabilen Stickstoff-Zyklus befindet, bevor die Bewohner in das Becken gesetzt werden.

Die oberen Grenzwerte für Stickstoffabbauprodukte im Wasser betragen:

- Ammoniak: 0,012 mg/l
- Nitrit: 0,1 mg/l
- Nitrat: 50 mg/l

Diese Grenzwerte sollten regelmäßig (monatlich oder besser noch wöchentlich) überprüft werden. Einfache Testkits für Nitrit und Nitrat

Dieser Krokodilmolch (*Tylototriton yangi*) benötigt neben einem großen Landteil auch einen Wasserteil von etwa 10 cm Tiefe, der die Fortpflanzung ermöglicht Foto F. Pasmans

sind wie erwähnt in Zoogeschäften erhältlich. Als Faustregel gilt, dass die im Aquarienwasser befindliche Menge an Nitrit und Ammoniak immer geringer sein sollte als der Schwellenwert, der beim Test gemessen werden kann. So sollte auf einem Teststreifen für Nitrit also keinerlei Verfärbung auftreten – sonst muss unverzüglich das Wasser gewechselt werden!

Sauerstoff

Genügend Sauerstoff im Wasser ist besonders wichtig für Schwanzlurche, die vorwiegend durch Kiemen und die Haut atmen. Aber auch um das Wachstum aerober Bakterien zu fördern und die Anhäufung schädlicher Metabolite (Stoffwechselprodukte) zu vermeiden, ist ein ausreichend hoher Sauerstoffgehalt im Wasser unbedingt erforderlich. Sonst kann es zum Umkippen des Wassers unter Bildung großer Mengen an NH_3, H_2S und ähnlichen giftigen Substanzen kommen (alles Stoffe, die für Schwanzlurche äußerst toxisch wirken).
Die gelöste Menge an Sauerstoff im Wasser sollte niemals weniger als 5 mg/l betragen. Eine Übersättigung mit Sauerstoff ist allerdings auch nicht anzuraten, denn in diesem Fall könnte es zur „Gasblasenkrankheit" durch die Bildung kleiner Gasbläschen im Gewebe der Tiere kommen.

Die Menge des im Wasser gelösten Sauerstoffs hängt stark von der Wassertemperatur ab: Je kälter das Wasser ist, desto mehr Sauerstoff enthält es auch. Aus diesem Grund sind viele bachbewohnende Salamander und Molche empfindlich gegenüber hohen Temperaturen – doch nicht nur die hohe Temperatur ist das Problem, sondern entscheidend ist, dass das Wasser, in dem die Tiere leben, dann nicht mehr genügend Sauerstoff enthält.

Der Sauerstoffgehalt des Wassers kann durch Wasserbewegung, z. B. mithilfe einer Aquarienluftpumpe, einfach erhöht werden. Die richtige (kräftige) Bepflanzung des Aquariums erhöht zwar auch die Menge an gelöstem Sauerstoff, allerdings nur während des Tages; nachts hingegen atmen Pflanzen ebenfalls Sauerstoff und reduzieren so dessen Gehalt im Wasser noch weiter.

Schwermetalle

Zink und Kupfer aus galvanisierten Kupferrohren können zu Vergiftungen führen. Sie sollten daher in Aquariensystemen, die für Amphibien gedacht sind, keine Verwendung finden. Besser sind Kunststoffrohre aus Polyethylen, Polypropylen oder Nylon.

Bleivergiftungen kommen heute nur noch selten vor. Eine Quelle hierfür können z. B. Bleigewichte an den Wurzelstöcken von Wasserpflanzen sein, die im Bund im Zoofachgeschäft gekauft werden. Solche Bleiklammern sollten daher immer entfernt werden. Blei ist besonders gefährlich in saurem Wasser.

In Aquariengeschäften gibt es auch verschiedene Produkte zu kaufen, die Schwermetalle binden. So kann man EDTA, einen der am häufigsten verwendeten Komplexbildner, verwenden (50 mg/l Wasser), um Schwermetalle aus dem Wasser zu entfernen.

Kunststoffe

Aquarienschläuche für die Wasserzu- und -abfuhr sind oft aus Kunststoff. Ungeeignete Kunststoffe können ebenfalls Giftstoffe ins Wasser abgeben, z. B. die dioxinähnlichen PCBs in Phenol- und Acryl-Kunststoffen oder Phtalatester aus Kunststoffweichmachern. Daher ist es am sichersten, in Aquarien (dies gilt auch für Terrarien!) nur kommerzielle Produkte, die speziell für die Aquakultur hergestellt wurden, zu verwenden. Natürlich sind Produkte für den Menschen, die zum Zwecke der Lebensmittelaufbewahrung oder -verarbeitung entwickelt worden sind, im Prinzip ebenfalls sicher.

Temperatur

Die Temperatur in einem Molch- oder Salamanderterrarium muss natürlich auf die Bedürfnisse der gepflegten Art angepasst sein. Viele Schwanzlurche reagieren besonders empfindlich gegenüber hohen Temperaturen. Für die überwiegende Zahl der Arten schwanken die optimalen Temperaturbereiche zwischen 10 und 20 °C – was bedeutet, dass für die erfolgreiche Haltung vieler Urodelen eher eine Kühlvorrichtung als eine Heizung vorhanden sein muss.

Kaltes Wasser zu erhalten, ist mit Hilfe von speziellen Kühlaggregaten für Aquarien heutzutage einfach möglich. Solche Kühlaggregate sind allerdings recht teuer und verbrauchen viel Strom. Man sollte außerdem wissen, dass die Außenseiten der Glasscheiben eines gekühlten Aquariums in der Regel durch Kondensation nass sind. Es gibt heute allerdings auch spezielle Aquarien mit Thermopane-Glas (Mehrscheiben-Isolierglas), die eine solche Kondensation weitgehend verhindern.

Kleine Terrarien können auch einfach in einen Weinkühler gestellt werden. Relativ billige Weinkühler mit transparenten Türen sind überall erhältlich. Die Temperatur dieser Weinkühler lässt sich meist sehr gut zwischen 8 und 18 °C regulieren. Aber auch ein kühler Kellerraum mit entsprechenden Temperaturen entspricht den Bedürfnissen vieler Urodelenarten.

Die meisten Molch- und Salamanderarten benötigen relativ niedrige Umgebungstemperaturen und können bei normaler Zimmertemperatur nicht gehalten werden. Eine der wenigen Ausnahmen sind Schwertschwanzmolche, hier *Cynops ensicauda popei*. Foto: M. Sparreboom

Ein Kühlschrank bietet eine gute Alternative bei der Überwinterung vieler Urodelen Foto: S. Bogaerts

Im Gegensatz zu Reptilienterrarien wird in einem (Aqua-)Terrarium für Molche oder Salamander fast nie mit Temperaturgradienten gearbeitet, denn Schwanzlurche regulieren ihre Körpertemperatur viel weniger aktiv als zum Beispiel tagaktive Echsen durch Sonnen.

Salamander und Molche der gemäßigten Zonen Nordamerikas, Europas und Asiens sollten für 2–4 Monate im Jahr eine Überwinterungsphase bei geringen Temperaturen von 2–5 °C durchleben. Im Idealfall findet ein allmählicher Übergang zwischen der Ruhe- und Aktivitätsphase statt, indem die Tiere z. B. in einem Keller gehalten und dort einfach im eigenen Terrarium überwintert werden.

Alternativ können die Lurche in kleine Überwinterungsbehälter mit feuchter Erde (bei terrestrischen Salamandern) oder Wasser (bei aquatilen Arten) überführt und anschließend in einem Kühlschrank überwintert werden. Dies ist allerdings eine eher umstrittene Methode, denn die Sterblichkeitsrate kann unter diesen Umständen höher sein, z. B. durch Austrocknung des Substrats oder eine Vergiftung durch die Anhäufung schädlicher Stoffwechselprodukte in hoher Konzentration – was in kleinen Überwinterungsgefäßen besonders schnell geschieht. Andere ungünstige Faktoren sind Schimmeln des Substrats, Stress durch häufiges Bewegen (Öffnen des Kühlschranks) und Mangel an geeigneten Versteckplätzen in der kleinen Box. Es ist während einer solchen Winterruhe in jedem Fall wichtig, die Tiere und ihr Behältnis regelmäßig auf Austrocknung und Verschmutzung zu überprüfen, ohne die Insassen dabei zu sehr zu stören.

In Mittel- und Südamerika findet sich eine sehr große Artenvielfalt der Lungenlosen Salamander (Familie Plethodontidae). Manche

Arten kommen in Bergregionen mit Nebelwäldern vor und müssen auch im Terrarium dauerhaft bei relativ niedrigen Temperaturen (12–18 °C) gehalten werden. Arten derselben Familie aus tropischen Tieflandwäldern hingegen (wie manche *Oedipina*- und *Bolitoglossa*-Arten) haben deutlich höhere Temperaturansprüche (23–28 °C), wobei auch diese Werte möglichst konstant eingehalten werden sollten. Bei solchen Arten, die im Tiefland nahe dem Äquator leben, ist natürlich keine Winterruhe angebracht. Leider ist bislang nur sehr wenig über eine erfolgreiche Pflege dieser neotropischen Salamander bekannt. Asiatische Arten, die höhere Temperaturen vertragen, sind zum Beispiel der Schwertschwanzmolch (*Cynops ensicauda*) oder der Mandarin-Krokodilmolch (*Tylototriton shanjing*).

Licht

Für viele Molche und Salamander spielt auch das richtige Licht im Terrarium eine wichtige Rolle. Von Bedeutung sind hierbei das Lichtspektrum, vor allem aber die Intensität und die Dauer der täglichen Lichteinstrahlung.

Spektrum und Intensität

Im Gegensatz zu vielen Reptilien und auch einigen Fröschen scheint für die erfolgreiche Haltung von Schwanzlurchen eine UV-Strahlungsquelle nicht notwendig zu sein – das normale Lichtspektrum einer Terrarienbeleuchtung genügt völlig. Urodelen sind zumeist nachtaktiv und werden seit Generationen ohne jegliche Form von UV-Bestrahlung erfolgreich nachgezüchtet.

Praxistipp

Terrarien mit Schwanzlurchen dürfen in keinem Fall dem direkten Sonnenlicht oder plötzlich ansteigenden Temperaturen ausgesetzt werden!

Die meisten Schwanzlurcharten im Terrarium bevorzugen generell eine geringe Lichtintensität. Eine höhere Lichteinstrahlung ist nur angebracht bei tagaktiven Arten (besonders bei einigen Molchen während der Paarungszeit), doch sind die meisten Schwanzlurche sogar regelrecht lichtscheu, z. B. Olme und Furchenmolche (*Necturus*). Eine gedimmte Beleuchtung oder dunkle Versteckplätze sind somit nötig, um Stress bei diesen Tieren zu vermeiden. Die zusätzliche Beleuchtung eines Salamander- oder Molchbeckens ist also nur für die Bepflanzung wichtig – kaum für die Insassen.

Beleuchtungsdauer

Generell sollten Salamander und Molche einem regelmäßigen Tag/Nacht-Rhythmus ausgesetzt werden, z. B. täglich zehn Stunden Licht und 14 Stunden Dunkelheit. Für Tiere aus gemäßigten Zonen sind eine Reduzierung der Beleuchtungsdauer und das Absenken der Umgebungstemperatur untrügliche Anzeichen des nahenden Winters. Ein Anstieg der Temperatur und eine täglich zunehmende Lichtdauer hingegen sind Anzeichen des bevorstehenden Frühlings.

Auf diese Weise sind viele Arten der gemäßigten Regionen auch recht einfach durch die künstlich vorgegebene Beleuchtungsdauer im Terrarium zu „steuern“: z. B. 14 Stunden Licht im Sommer, zehn Stunden im Frühjahr und Herbst – und nur sechs Stunden in den Wintermonaten. Auch das natürliche Tageslicht kann als Stimulanz genutzt werden – wobei die Sonnenstrahlen die Terrarien wie erwähnt nicht direkt erreichen dürfen.

Bei einigen asiatischen Arten (*Cynops*, *Paramesotriton*) erreicht man mit diesem Lichtregime allerdings das Gegenteil wie bei mitteleuropäischen Schwanzlurchen: Diese Tiere geraten mit sinkenden Temperaturen und abnehmender Lichtdauer im Herbst, etwa ab November, in Balzstimmung!

Obwohl *Cynops cyanurus* nicht zu den aggressiven Schwanzlurcharten zählt und daher auch in einer Gruppe zusammengehalten werden kann, kommt es während der Fütterung gelegentlich zu Beißereien Foto: F. Pasmans

Besatzdichte

Viele Schwanzlurche reagieren relativ tolerant gegenüber gleichaltrigen, etwa gleichgroßen Artgenossen. Notorische Ausnahmen sind Vertreter der Cryptobranchidae (Riesensalamander) sowie viele Arten der Gattungen *Pachytriton*, *Pachyhynobius*, *Paramesotriton*, *Ommatotriton*, aber auch viele Lungenlose Salamander (Plethodontidae). Diese Arten sollten möglichst einzeln oder paarweise untergebracht werden. Leider sind es oft genau jene Arten, die importiert werden und sich im Terrarium dann als außerordentlich aggressiv gegenüber ihresgleichen erweisen, etwa die Chinesischen Kurzfußsalamander (*Pachytriton*).

Schwanzlurche sollten nie mit Exemplaren, die deutlich kleiner als sie selbst sind, zusammen untergebracht werden, auch wenn sie gleichaltrig sind – denn Kannibalismus ist unter diesen Umständen bei den meisten Arten eher die Regel als die Ausnahme. Wir emp-

Zwei imponierende, kämpfende Männchen des Südlichen Bandmolches (*Ommatotriton vittatus vittatus*) Foto: F. Pasmans

Die meisten Schwanzlurche, wie diese *Neurergus crocatus*, sind nicht aggressiv untereinander und können daher in einer größeren Gruppe gehalten werden Foto: H. Janssen

Territorial lebende aquatische Molche wie diese *Paramesotriton chinensis* dagegen können äußerst aggressiv gegeneinander auftreten. Aggressionen enden nicht selten in heftigen Kämpfen; hier windet sich das attackierte Tier um den Kopf des Angreifers. Foto: H. Janssen

Einige Arten von Blindwühlen wie diese aquatischen *Typhlonectes natans* suchen gezielt die Nähe und Gesellschaft von Artgenossen Foto: H. Wallays

Automutilation (Selbstverletzung) bei *Pachyhynobius shangchengensis* Foto: F. Pasmans

fehlen außerdem, auch unterschiedliche Schwanzlurcharten nicht gemeinsam im selben Aquarium/Terrarium zu halten. Richtlinien zur Terrariengröße für erwachsene Salamander und Molche finden sich in den jeweiligen Artbeschreibungen.

Viele Lungenlose Salamander wie *Plethodon dorsalis* sind stark territorial Foto: H. Wallays

Auch unter den Larven der Schwanzlurche ist Kannibalismus weit verbreitet, vor allem wenn die Tiere etwas unterernährt sind. Oft sind es einzelne Gliedmaßen oder der Schwanz, die in Stücken oder auch vollständig abgebissen werden. Den Larven von Schwanzlurchen sollte zur Aufzucht ein Wasservolumen von mindestens 0,2–1 Liter pro Larve (abhängig von ihre Größe) zur Verfügung stehen.

Handling

Der Kontakt von Amphibien mit der warmen, salzigen menschlichen Haut sollte generell auf ein Minimum beschränkt bleiben. Besonders kleine Schwanzlurche zeigen sonst schnell Anzeichen von Hitzestress und in der Folge starke Absonderungen von Hautsekreten, Krämpfe bis hin zum raschen Tod. Um Schäden zu vermeiden, sollten die Hände immer zuerst angefeuchtet werden, bevor man einen Schwanzlurch in die Hand nimmt.

Die meisten Salamander und Molche sind recht einfach auf der offenen Handfläche zu tragen. Glatthäutige Molche kann man auch mit einem feuchten Tuch oder einem Kescher vorsichtig festhalten. Manche Salamander und Blindwühlen sind erst nach einer schwachen Betäubung richtig zu handeln.

Vorsicht!

Das Handling von Amphibien führt häufig dazu, dass die Tiere ein Hautgift absondern. Kommen Sie mit diesem Gift in Kontakt, z. B. durch offene Wunden, Kratzer oder über die Schleimhäute, führt dies in der Regel zu lokalen Hautreizungen. Bei einigen Arten, insbesondere bei den Vertretern der Gattung *Taricha*, kann es sogar zu schweren Vergiftungserscheinungen kommen! Um dies zu vermeiden, sind beim Handling von Schwanzlurchen das Tragen von Handschuhen und regelmäßiges Händewaschen stets angebracht. Beim Einsatz von Schutzhandschuhen ist allerdings auf das Material zu achten. Keinesfalls sind Latexhandschuhe empfehlenswert, die bei Fröschen schon zu Überempfindlichkeitsreaktionen führten.

Pachyhynobius shangchengensis ist eine der wenigen Urodelenarten, die beim Menschen blutende Bisswunden verursachen kann Foto: F. Pasmans

Das richtige Futter

Mit wenigen Ausnahmen, z. B. terrestrische Salamander, die auch Futter von der Pinzette akzeptieren, müssen Schwanzlurche mit lebenden Beutetieren gefüttert werden. Unbewegte Nahrung wird in der Regel ignoriert, was bedeutet, dass auch in der Terrarienhaltung nur sich bewegende, lebende Beute angeboten werden kann, z. B. Insekten und ihre Larven (Grillen und Heimchen, Buffalo- und Mehlwürmer, Raupen, Fliegenmaden, Mükkenlarven, Wachsmotten u. Ä.), Krebstiere (Wasserflöhe, Asseln, Bachflohkrebse, *Artemia*), Würmer (Regenwürmer, *Tubifex*) und/ oder (Nackt-)Schnecken (siehe hierzu auch das Kapitel „Nahrung").

Es ist wichtig, dass allen Urodelen bei der Fütterung genügend Abwechslung zuteil wird (also Molche und Salamander nicht ein ganzes Leben lang nur mit Mückenlarven ernährt werden) und dass die Futtertiere, besonders bei jungen heranwachsenden Schwanzlurchen, mit Kalziumpräparaten angereichert werden. Die Bestäubung der Futtertiere mit einem kalziumreichen Futterzusatzstoff (Supplementierung) ist hierbei eine gute Methode.

Grillen und Heimchen sollten vor der Verfütterung stets mit Kalziumpulver bestäubt werden Foto: F. Pasmans

Grillen und Heimchen bilden eine ausgezeichnete Nahrung für Salamander, wenn sie selbst zuvor gut gefüttert und mit Zusatzstoffen angereichert wurden Foto: F. Pasmans

Springschwänze sind ein hervorragendes Futter für kleine Salamander und Molche Foto: F. Pasmans

Auch Fruchtfliegen (*Drosophila* sp.) sind ein geeignetes Futter für kleine Schwanzlurche, sollten aber immer mit einem Kalzium- und Vitaminpräparat bestäubt werden Foto: H. Janssen

Obwohl viele Schwanzlurche relativ große Beutetiere überwältigen können, sollte besser eine größere Zahl kleiner Beutetiere anstatt nur eines großen Brockens gereicht werden. Auch das Anbieten kleinerer Futtermengen, mehrfach über die Woche verteilt, ist immer besser, als nur einmal wöchentlich ein übergroßes Futterangebot anzubieten.

Eine Reihe überwiegend aquatiler Urodelen (z. B. *Cynops*, *Ambystoma*, *Pachyhynobius*) ist sogar in der Lage, totes Futter wie Fleisch- und Muschelstückchen oder Futterpellets für Krallenfrösche, Störe, Buntbarsche und Forellen anzunehmen. Es gibt auf dem Markt außerdem kommerzielles Molch- und Salamanderfutter in Dosen. Es lohnt sich durchaus, solche Produkte auszuprobieren, denn diese Pellets sind in der Regel sinnvoll mit Vitaminen und Mineralstoffen angereichert. Vor allem bei aquatilen Schwanzlurchen ist es sonst schwierig, die Tiere ausreichend mit Kalzium zu versorgen. Gerade Fleischstückchen, die gelegentlich durchaus einmal an die Tiere verfüttert werden können, bilden kein gutes Grundnahrungsmittel, da Fleisch kaum genügend Kalzium enthält. Dies sollte nun aber keinesfalls zu einer ausschließlich einseitigen Verfütterung kommerziell erhältlicher Futtersorten verführen, denn es ist noch nicht genügend bekannt, ob das dauerhafte Anbieten von Fertigfutter den tatsächlichen Bedürfnissen der Salamander und Molche wirklich gerecht wird.

Praxistipp

Vor dem Verfüttern sollten *Tubifex*-Würmer in jedem Fall mehrfach unter dem Wasserhahn kurz durchgespült werden. Man wartet mit dem Ausgießen des überstehenden Wassers jeweils, bis sich die lebenden, sich ringelnden und kräftig rot gefärbten Würmer nach wenigen Sekunden am Boden zusammenballen. Die toten gräulichen Würmer können dann einfach abgegossen werden. Dieser Vorgang muss mehrfach so oft wiederholt werden, bis keine toten Würmer mehr zu erkennen sind. Wenn *Tubifex* auf diese Weise zweimal pro Woche durchspült werden, können sie über zwei Monate im Kühlschrank aufbewahrt werden.

Schwanzlurchlarven müssen nach dem Schlupf zunächst ein sehr feines Aufzuchtfutter erhalten, das man in geeigneten Tümpeln und Gräben selbst keschern kann. Es ist hierbei unbedingt darauf zu achten, dass der Fang nur Wasserflöhe (*Daphnia*) und ähnliche, wenig wehrhafte Kleinkrebse enthält, nicht aber Hüpferlinge (*Cyclops*), die kleinste Molchlarven attackieren können. Foto: F. Pasmans

Viele Molche fressen mit Vorliebe die Eier und Larven von Fröschen und Kröten; hierzu gehören auch Bergmolch (*Ichthyosaura alpestris*) und Teichmolch (*Lissotriton vulgaris*), die auf dem Bild gerade die Eier eines Grasfroschgeleges (*Rana temporaria*) vertilgen Foto: F. Pasmans

Kleine Regenwurmstücke bilden ein ausgezeichnetes Futter für Molche und Salamander, wie für diesen jungen *Tylototriton wenxianensis*. Nicht gefressene Futterstücke müssen jedoch sofort entfernt werden. Foto: F. Pasmans

Regenwürmer wie *Lumbricus terrestris* sind für viele Salamander und Molche ein beliebtes Futter. Allerdings werden manche Wurmarten wie die oft im Angelsport eingesetzte *Dendrobaena* sp. von vielen Schwanzlurchen nicht angenommen. Foto: H. Janssen

Grillen und Heimchen hingegen sind für eine Vielzahl landlebender Salamander ein hervorragendes Grundnahrungsmittel. Vor dem Verfüttern dieser Insekten ist zu beachten, dass sie nach dem Kauf in einem Zoofachgeschäft während der nächsten drei Tage angefüttert werden, z. B. mit hochwertigen Futterpellets für Legehühner. Eine solche Anreicherung der Insekten wird als „Gut Loading" bezeichnet. Dies bedeutet, dass das Verdauungssystem des Futterinsekts mit geeigneten Inhaltsstoffen versehen wird, die somit indirekt den Molchen und Salamander zugutekommen. Das Gut Loading ist wichtig im Hinblick auf mögliche Mängel an Mineralstoffen und Vitaminen, die in diesen Insekten oft nur in begrenztem Umfang vorhanden sind – das gilt besonders für Kalzium und Vitamin A. Beim Verfüttern sollten die Insekten außerdem zusätzlich, wie oben schon erwähnt, mit Mineralstoffpulver bestäubt werden, um den Lur-

Rote Mückenlarven werden oft in Zeitungspapier verpackt verkauft. Dieser „Futterbrei" enthält auch eine Menge toter Larven und anderen Schmutz, der vor dem Verfüttern erst entfernt werden muss. Foto: F. Pasmans

Die Mückenlarven werden hierzu in ein Küchensieb gesetzt, das in einen mit Wasser gefüllten Eimer gehängt wird. Nur die lebenden Larven kriechen durch das Sieb in den Wassereimer. Foto: F. Pasmans

Nach dem „Siebvorgang" finden sich nur lebende Mückenlarven im Eimer Foto: F. Pasmans

Die Mückenlarven werden nun in einem feinen Netz unter fließendem Wasser mehrfach gespült Foto: F. Pasmans

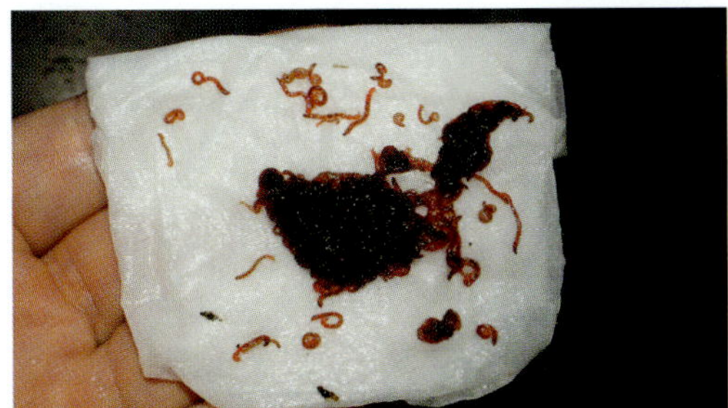

Zum Schluss können die gesäuberten Mückenlarven, auf feuchtem Haushaltspapier verteilt, den Molchen als Nahrung gereicht werden Foto: F. Pasmans

chen stets eine hochwertige Nahrung mit hohem Kalziumgehalt zu bieten.

Diese Empfehlung gilt im Übrigen nicht nur für Grillen und Heimchen, sondern auch für die meisten anderen kommerziell erhältlichen Insekten und Insektenlarven wie Mehl- oder Buffalowürmer. Denn ein dauerhafter Mangel an Kalzium in der Nahrung führt sonst unweigerlich zur „metabolischen Knochenerkrankung" (siehe Kapitel „Erkrankungen"). Dieser Zustand, bei dem die Knochen nicht genügend Kalk zum Aufbau des Skeletts erhalten, tritt bei Salamandern und Molchen gar nicht so selten auf.

Ein Problem bei der Futtergabe lebender Grillen und Heimchen ist manchmal, dass diese Tiere für Schwanzlurche zu schnell sind und daher nicht gefressen werden können – auch wenn man immer wieder erstaunt ist, wie flink sich selbst langsam erscheinende Tiere wie *Tylototriton wenxianensis* beim Fangen der Insekten gebärden. Es gilt unbedingt zu vermei-

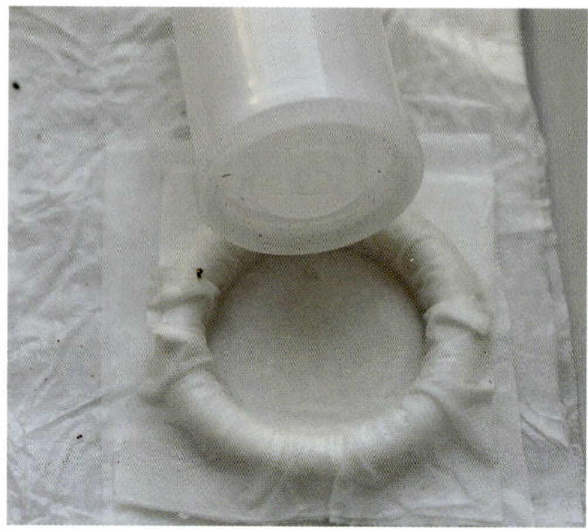

Verfütterung von Roten Mückenlarven an terrestrische Schwanzlurche. Der selbst gemachte Futternapf besteht aus einem Plastik-Vorhangring und feuchtem Küchenpapier. Die Mückenlarven werden leicht mit einem handelsüblichen Kalzium-Pulver bestäubt. Fotos: H. Janssen

den, dass nicht gefressene Futterinsekten mit den Molchen und Salamandern im Terrarium konkurrieren oder sie gar schädigen können. Um dies zu verhindern, sollte für überlebende Grillen und Heimchen stets etwas Futter im Terrarium vorhanden sein, z. B. in Form trockener Hunde- oder Katzen-Pellets.

Ein anderes Problem ist, dass Grillen und Heimchen zu geringe Temperaturen meist nicht tolerieren, sich bei Kälte nur wenig bewegen und schnell absterben. Dies erschwert eine Verfütterung dieser Insekten bei Urodelen, die bei niedrigen Temperaturen gehalten werden müssen.

In fast jedem Fachbuch ist zu lesen, dass das Verfüttern von *Tubifex* (Bachröhrenwürmer) problematisch sei und vermieden werden sollte, um keine erhöhte Sterblichkeit unter den Molchen und Salamandern zu riskieren. Diese Befürchtung gilt aber nach unserer Erfahrung nur für große Mengen *Tubifex*, die im Zooladen gekauft und ohne Abspülen direkt ins Wasser zu den Schwanzlurchen geworfen werden. Ein solcher *Tubifex*-Klumpen enthält in der Tat meist eine große Menge an toten Würmern, was sich natürlich negativ auswirkt. Wenn *Tubifex* vor der Verfütterung

Mitunter kommt es zu Kannibalismus unter Schwanzlurchen. Hier versucht ein juveniler Feuersalamander (*Salamandra algira*), einen Artgenossen zu verspeisen. Foto: F. Pasmans

Tubifex Foto: F. Pasmans

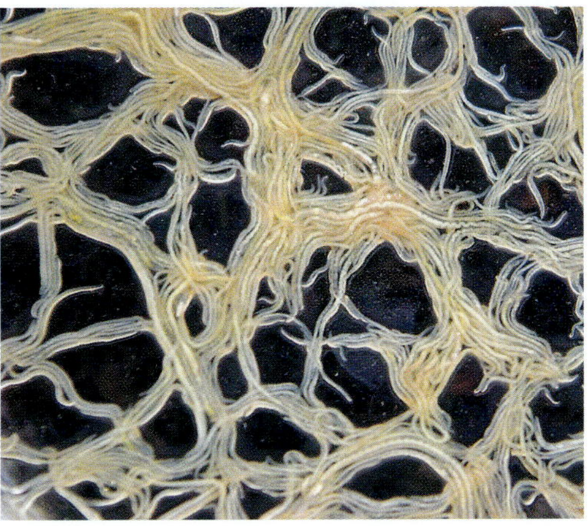

Enchyträen bilden ein hervorragendes Futter für kleine Urodelen Foto: S. Bogaerts

Kaulquappenzucht für Schwanzlurche

Kaulquappen sind ein wichtiger Bestandteil der natürlichen Nahrung vieler aquatiler Salamander und Molche. Allerdings ist ein Verfüttern im Freiland gefangener Quappen an Schwanzlurche strikt abzulehnen, denn dies ist nicht nur in vielen Teilen der Welt illegal (z. B. in Europa), sondern wildlebende Kaulquappen bilden für Terrarientiere auch eine potenzielle Quelle von Erkrankungen. Einige Froschlurcharten wie der Marokkanische Scheibenzüngler (*Discoglossus scovazzi*) können aber recht einfach und in großer Zahl nachgezüchtet werden.

Die Scheibenzüngler werden hierzu in großen Plastikcontainern mit einem größeren Wassergefäß und Versteckplätzen (z. B. mehrere Korkrindenstücke) zusammen gehalten; für Gruppen von sechs adulten Fröschen eignen sich 80 x 40 x 40 cm große Plastikbehälter, die einfach zu reinigen sind (wöchentliche Wasserwechsel), z. B. handelsübliche Boxen der Marke „Really Useful". Die Temperaturen können zwischen 10 °C im Winter und bis zu 25 °C im Sommer schwanken; das reichhaltige Futter sollte aus vitaminisierten und entsprechend supplementierten Heimchen und Grillen bestehen. Unter diesen Bedingungen beginnen sich die Tiere meist fortzupflanzen, sobald die Temperaturen auf etwa 15 °C ansteigen: Im Frühjahr und Sommer laichen die Weibchen in 2–4-wöchigen Intervallen mehrfach ab (rund 200–300 Eier pro Ablage). Die Eier sollten zum Schlupf entfernt werden, die Kaulquappen können mit handelsüblichem Fischtrockenfutter leicht aufgezogen werden.

Männchen des Marokkanischen Scheibenzünglers, *Discoglossus scovazzi* Foto: F. Pasmans

Einfaches Zuchtbecken für *Discoglossus scovazzi* Foto: F. Pasmans

aber gründlich gespült und gewässert werden, muss man sich dieser Sorge nicht stellen; dann sind Bachröhrenwürmer im Gegenteil sogar ein hervorragendes Futtermittel! Auch wenn *Tubifex*-Würmer Träger mancher Fischparasiten sein können, ist bisher nicht nachgewiesen, dass diese Parasiten auch auf Urodelen übertragen werden.

Die Molchen und Salamandern mit am häufigsten angebotene Nahrung sind Rote Mückenlarven (Larven der Zuckmücken, Gattung *Chironomus*), die in nahezu jedem Zoofachgeschäft zu kaufen sind. Allerdings gibt es sehr große Unterschiede in der Qualität dieser Larven. Qualitativ hochwertige Mückenlarven zeichnen sich dadurch aus, dass sie nach dem Überführen aus der Verpackung, in der Regel feuchtes Zeitungspapier, im Wasser schnell zu schwimmen beginnen und sich im Bodensubstrat einzugraben versuchen.

Mückenlarven sollten so bald wie möglich verfüttert werden; in der Verpackung überleben sie selbst im Kühlschrank nur wenige Tage. Kleinere Mengen Mückenlarven können in einer flachen Wasserschale bis zu drei Wochen im Kühlschrank gehältert werden, vorausgesetzt das Wasser wird zweimal pro Woche gewechselt. In größeren Wassermengen (über 100 Liter) können entsprechend größere Mengen von Mückenlarven auch über einen längeren Zeitraum aufbewahrt werden.

Leider ist die Qualität handelsüblicher Mückenlarven meist nur gering. Wenn sie an die Schwanzlurche verfüttert werden, bewegen sie sich oft nur für kurze Zeit, um dann tot zu Boden zu sinken. Abgestorbene Mückenlarven verwesen schnell und sind als Futter absolut ungeeignet. Wir empfehlen deshalb, von einer ausschließlichen Verfütterung von Mückenlarven abzusehen – aber auch, weil diese Nahrung ein monotones und unausgewogenes Futter darstellt. Außerdem können Mückenlarven mit toxischen Substanzen wie z. B. Schwermetallen belastet sein, wie unsere eigenen Untersuchungen ergaben.

Regenwürmer nehmen viele Arten von Schwanzlurchen sehr gerne an. Manche fressen sogar die vermeintlich ungenießbaren Mistwürmer (*Eisenia*) und *Dendrobaena*-Arten. Ein einfacher Test, um festzustellen, ob eine bestimmte Wurmart vermutlich angenommen wird, besteht darin, dass man das Hinterende des Wurmkörpers zusammenpresst. Wenn der Wurm eine übel riechende Substanz absondert, sollte man diese Art besser nicht verfüttern.

Viele Urodelen fressen auch gerne die Kaulquappen von Fröschen und Kröten. Obwohl diese Anurenlarven grundsätzlich eine sehr gute Nahrung darstellen, können bei der Verfütterung ebenfalls Schwierigkeiten auftreten. Das erste Problem ist, dass eine Reihe von Frosch- und Krötenkaulquappen giftig ist. Die zweite Hürde ist, dass Kaulquappen selbst gezüchtet werden müssen, denn das Verfüttern von Larven aus der Natur ist schon aus Naturschutzgründen nicht erlaubt; darüber hinaus bilden freilebende Kaulquappen eine potenzielle Quelle von Amphibienkrankheiten. Einige Froscharten, z. B. die Vertreter der Gattung *Discoglossus*, lassen sich aber recht einfach nachzüchten, und die anfallenden großen Mengen an Kaulquappen bilden eine exzellente Ergänzung zum üblichen Wurmfutter für Schwanzlurche (siehe Kasten auf S. 74).

Große Schwanzlurche kann man gelegentlich auch mit anderen Wirbeltieren, z. B. jungen Mäusen oder Fischen, füttern. Solche Futtertiere bilden in der Regel eine sehr ausgewogene Nahrung. Allerdings kann das Verfüttern behaarter Mäuse Probleme verursachen, weil das Fell von Säugetieren zu Darmerkrankungen führen kann. Fische wiederum können Parasiten tragen, die auf die Amphibien übertragen werden könnten. Um dies auszuschließen, sollten besser grundsätzlich nur tiefgefrorene Fische verfüttert werden. Das bei Reptilien bekannte Problem eines Vitamin-B_1-Mangels durch regelmäßiges Verfüttern von Fisch ist bei Schwanzlurchen bisher nicht beschrieben worden, aber auch nicht

Praxistipp

Für ein gesundes Wachstum der Larven von Molchen und Salamandern gilt als Faustregel, dass die Tiere bei der Aufzucht im Futter „stehen" müssen. Dies bedeutet, dass jederzeit und kontinuierlich in ausreichendem Maße geeignete Nahrungstiere zur Verfügung stehen sollten!

Tubifex aus dem Zoofachhandel enthalten meist große Mengen an toten Würmern und Abfallstoffen Foto: F. Pasmans

Die toten Bachröhrenwürmer sinken langsamer zu Boden und können daher gut abgegossen werden Foto: F. Pasmans

Tubifex sollten so lange unter fließendem Wasser gespült werden, bis keine toten Würmer und Abfallstoffe mehr vorhanden sind Foto: F. Pasmans

Bachröhrenwürmer müssen daher immer gründlich gespült werden, bevor sie verfüttert werden Foto: F. Pasmans

undenkbar. Wenn große Schwanzlurche, z. B. *Amphiuma, Necturus* oder *Andrias*, hauptsächlich mit gefrorenen Fischen gefüttert werden, sollte diese Nahrung daher am besten mit Vitaminen der B-Gruppe supplementiert werden.

Bis etwa eine Woche nach dem Schlupf leben die Larven der Schwanzlurche von ihrem Dottersack. Dann fangen sie an, lebende, sich bewegende Beute aufzunehmen. In den ersten Wochen können z. B. kleine Artemia-Nauplien und Pantoffeltierchen als Nahrung gereicht werden, bis die Larven groß genug sind, um auch größere Daphnien (Wasserflöhe) zu bewältigen. *Cyclops* (Hüpferlinge) sollten – zumindest anfangs – nicht verfüttert werden, denn einige räuberische *Cyclops*-Arten können unter den Larven Todesfälle verursachen. Das Problem kann auch beim Verfüttern frisch gefangener Daphnien auftreten, denn oft werden damit unbeabsichtigt Hüpferlinge eingeschleppt!

Bei Molch- und Salamanderlarven gilt als Faustregel, dass die Beutegröße den Durchmesser des Larvenauges nicht überschreiten sollte. In Abhängigkeit von der Larvengröße können später auch größere Beutetiere gereicht werden, z. B. Mückenlarven, *Tubifex*, große *Artemia* usw. Ein Nachteil speziell der Fütterung mit *Artemia* ist, dass diese Salzwasserkrebschen im Süßwasser meist schnell absterben und dann am Boden zu schimmeln beginnen. Tote *Artemia* müssen daher so schnell wie möglich aus dem Becken entfernt werden.

Ein häufiges Problem bei der Aufzucht junger Schwanzlurche, speziell von Arten mit einer leuchtend orangen oder roten Bauchfarbe wie *Paramesotriton, Cynops* oder *Triturus*, ist die nach dem Heranwachsen oft nur noch schwach gelbliche Ventralfärbung. Dies hängt in der Regel mit dem Fehlen von Karotinoiden im Futter zusammen. Um bei der Aufzucht die rote Bauchfärbung zu garantieren, ist es notwendig, die Larven mit entsprechend karotinoidhaltigen Krebstieren wie Wasserflöhen o. Ä. zu füttern.

Nach der Metamorphose können die jungen Salamander und Molche mit Springschwänzen, Mikrogrillen und -heimchen oder mit Blattläusen (hierbei werden einfach Pflanzenstängel mit Blattlausbefall ins Terrarium gelegt) sowie mit gehackten Regenwürmern, Fruchtfliegen und Roten Mückenlarven gefüttert werden. Die Mückenlarven reicht man am besten auf einem kleinen Stück feuchten Küchentuchs; anschließend kann man die nicht gefressenen Futtereste einfach wieder entfernen, ohne dass das Bodensubstrat verunreinigt wird.

Praxistipp

Generell empfehlen wir für alle Salamander und Molche das Verfüttern lebender Futtertiere, doch müssen Herkunft und Qualität der Nahrung immer wieder überprüft und kontrolliert werden. Dies gilt gerade für Rote Mückenlarven, die nicht selten in stark verschmutzten Gewässern gefangen und unkontrolliert an Angler und Aquarianer verkauft werden.

Für die meisten ausgewachsenen Salamander und Molche reicht es aus, wenn sie zweimal in der Woche gefüttert werden. Larven und juvenile Tiere sollten allerdings möglichst täglich frische Nahrung erhalten. Adulte und ältere Jungtiere nach der Metamorphose können je nach Art auch mal mehrere Tage bis Wochen ohne Nahrung auskommen. Tiere in der Winterruhe oder während der Ästivation (Trockenruhe) benötigen ebenfalls kein Futter.

Adulte Schwanzlurche sollten kurz vor und während der Balz- und Paarungszeit intensiver gefüttert werden, denn sie benötigen in dieser Phase mehr Energie – die Weibchen für die Eireifung, und auch die Männchen müssen erst noch ihre Hochzeitsfärbung und Hautkämme (z. B. bei *Triturus*) entwickeln. Wenn die Männchen während der Paarungszeit nicht ausreichend gefüttert werden, bleiben sie nur kurz in Fortpflanzungsstimmung und bauen ihre Hautsäume schnell wieder ab. Weibchen, die vor und während der Paarungszeit nicht ausreichend gefüttert werden, entwickeln meist nur wenige oder gar keine Eier.

Wenn Urodelen lebende Beute angeboten wird, muss diese immer von einwandfreier Qualität sein. Neben einem ausreichenden Mineralstoffgehalt müssen Futtertiere auch frei von toxischen Substanzen wie Pestiziden, Schwermetallen oder schädlichen Mikroorganismen sein. Derzeit gibt es leider keine einfache und zuverlässige Kontrollmethode, obwohl eine regelmäßige Überprüfung wichtig wäre.

Die Nachzucht

Verschiedene Faktoren spielen eine Rolle, um Schwanzlurche im Terrarium bzw. Aquarium erfolgreich zur Nachzucht zu bewegen. Zunächst müssen natürlich beide Geschlechter vorhanden sein, doch wichtig für die Fortpflanzung ist auch eine zeitliche Einstimmung und Synchronisation der Tiere auf das Reproduktionsgeschehen durch äußere Faktoren wie Temperatur- und Lichtverhältnisse.

Geschlechtsbestimmung

Während der Paarungszeit sind die Geschlechter bei Schwanzlurchen in der Regel recht einfach anhand der äußeren sekundären Geschlechtsmerkmale zu erkennen. Viele männliche Tiere weisen dann eine artspezifische Balzfärbung (z. B. ein weißes Band am Schwanz) oder schmückende Hautsäume wie Rücken- und Schwanzkämme auf, oft aber auch verdickte Oberarme (z. B. *Chioglossa lusitanica, Mertensiella caucasica*), dunkle Brunftschwielen an den Innenseiten der Oberarme (*Pleurodeles*), eine raue Haut (*Lyciasalamandra*) oder spezielle Kinndrüsen und Schnauzenfortsätze, sogenannte Cirri (sehr viele Plethodontidae).

Darüber hinaus ist die Kloake der Männchen bei den meisten Arten zur Paarungszeit kräftig

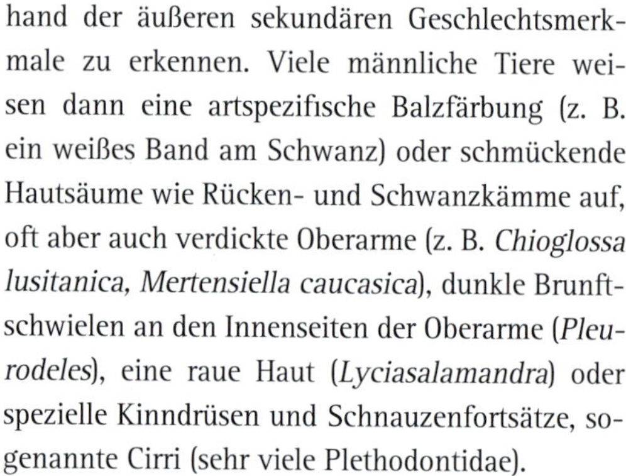

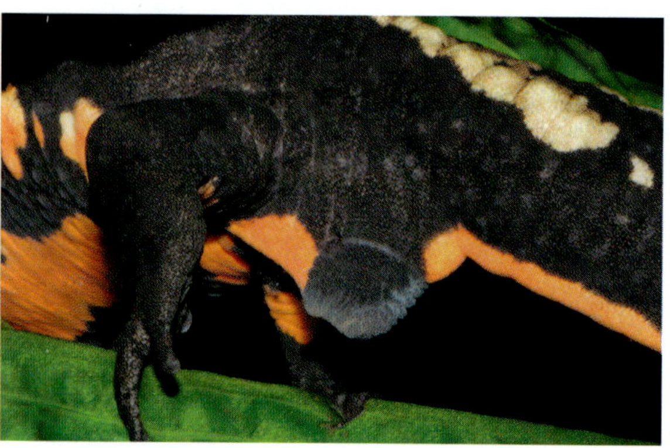

Geschlechtsunterschiede am Beispiel von *Laotriton laoensis*: hier die beim Ablaichen verlängerte kegelförmige Kloake eines Weibchens ...

... und hier die Kloake eines Männchens Fotos: H. Janssen

Das Weibchen von *Euproctus platycephalus* hat eine kegelförmige Kloakenform, ...

... die Männchen hingegen besitzen eine hakenartig gekrümmte Kloake Fotos: F. Pasmans

Nur männliche Exemplare der Lykischen Salamander (hier *Lyciasalamandra billae*) besitzen den charakteristischen, weichen Sporn oberhalb des Schwanzansatzes. Während der Paarungszeit bilden sich beim Männchen zusätzlich viele kleine Hornstacheln auf der rauen Haut. Foto: F. Pasmans

Die Weibchen von *L. billae* besitzen keinen Sporn am Schwanzansatz, sondern es besteht dort bestenfalls eine kleine, beulenartige Erhebung Foto: F. Pasmans

Männchen von Arten, die ihre Weibchen im Paarungsamplexus umklammern, wie *Mertensiella caucasica*, haben meist kräftige, deutlich verdickte Oberarme Foto: F. Pasmans

Bei den Männchen der Rippenmolche (*Pleurodeles waltl*) sind an den Oberarmen deutlich erkennbare dunkle Brunftschwielen vorhanden Foto: F. Pasmans

Viele männliche Wassermolche wie dieser Marmormolch (*Triturus marmoratus*) zeigen während der Paarungszeit ein leuchtend weißes Band seitlich am Schwanz Foto: S. Bogaerts

Der Kopf eines weiblichen Shangcheng-Winkelzahnmolches, *Pachyhynobius shangchengensis* Foto: F. Pasmans

Die Männchen dieser Art haben einen viel kräftigeren Kopf als weibliche Tiere Foto: F. Pasmans

angeschwollen oder hat eine andere Form als die der Weibchen (*Euproctus, Calotriton*). Außerhalb der Brutzeit und bei den Jungtieren hingegen sind die Geschlechter oft nur schwer oder gar nicht an der Kloakenform unterscheidbar (z. B. *Hynobius, Pseudotriton*). Die Größe und Form der Kloake ist also meist nur ein zeitweilig auftretendes, mehr oder weniger zuverlässiges Merkmal.

Bei territorialen Schwanzlurchen kann manchmal auch das Verhalten Aufschluss über das Geschlecht geben, denn die Männchen einiger Arten treten während der Paarungszeit deutlich aggressiver gegeneinander auf.

Viele männliche Lungenlose Salamander (hier *Speleomantes supramontis*) haben eine charakteristisch geformte Drüsenregion unter dem Kinn: die sogenannte Kinndrüse Foto: F. Pasmans

Bei *Ambystoma opacum* ist das Männchen (oben) heller gefärbt als das Weibchen Foto: F. Pasmans

Paarungsauslöser

Bei der Fortpflanzung der Schwanzlurche spielt die zeitliche Synchronisation (das Einstimmen auf die Paarungszeit durch äußere Reize) eine sehr wichtige Rolle. Die meisten Arten pflanzen sich nicht fort, wenn sie nicht von außen die richtigen Stimuli erhalten. Welche Anreize hierfür nötig sind, hängt auch von der direkten Umgebung ab (Mikrohabitat), in der das Tier lebt.

Die beiden wichtigsten Faktoren, die bei den meisten Schwanzlurchen die Reproduktion auslösen, sind die ausreichende Umgebungstemperatur und -feuchtigkeit. Bei niedrigen Temperaturen befinden sich Molche und Salamander in der Regel in der Winterruhe, während bei geringer Feuchtigkeit meist auch kein Wasser für die Fortpflanzung vorhanden ist und die Tiere sogar Gefahr laufen, zu vertrocknen.

Urodelen lassen sich auch im Terrarium vor allem durch ansteigende Temperatur- und Feuchtigkeitswerte zur Paarung anregen, wogegen kalte und/oder trockene Perioden die Fortpflanzungsaktivitäten hemmen. Eine Temperaturerhöhung erfolgt in der Natur in der Regel parallel mit der zunehmenden Tageslichtdauer, die somit ebenfalls ein wichtiger Anreiz ist.

Bei einigen Schwanzlurcharten ist die Synchronisation der beiden Geschlechter eine schwierige Aufgabe, z. B. bei vielen Salamandriden wie *Neurergus kaiseri*. Das Hauptproblem bei der Nachzucht ist hierbei oft, dass sich entweder nur eines der beiden Geschlechter in Fortpflanzungsstimmung befindet oder dass beide Geschlechter zu unterschiedlichen Zeitpunkten in Stimmung geraten. Bei den meisten Arten kann die Synchronisation durch eine möglichst naturgetreue Simulation der Bedingungen in der Natur durch Verändern der Temperatur- und Feuchtigkeitsparameter im Terrarium erfolgen.

Nachzuchtversuche sind bei Schwanzlurchen immer dann erfolgversprechend, wenn die Paare gemeinsam stimuliert und synchronisiert werden können. Entsprechend dem Klima im natürlichen Lebensraum lassen sich, grob vereinfacht, fünf Großgruppen unterscheiden.

1. Arten gemäßigter und kalter Klimazonen

Für Schwanzlurche der gemäßigten und kühlen Klimazonen mit einer kalten Winterperiode und einer mehr oder weniger gleichmäßigen Verteilung der Niederschläge über das gesamte Jahr ist unbedingt eine Überwinterung angezeigt. Diese Arten sollten also auch im Terrarium eine Winterruhe halten, die je nach Herkunft 2–6 Monate dauern kann.

Die Winterruhe wird am besten eingeleitet, indem man die Temperatur allmählich auf 2–6 °C absenkt und die Beleuchtungsdauer auf acht Stunden reduziert. Ideal ist ein Kellerraum, möglichst ohne Heizkörper. Ein unbeheizter Dachraum, ein Schuppen oder eine Scheune können sich ebenfalls eignen; allerdings besteht die Gefahr, dass dort zu große Temperaturschwankungen auftreten. In einem unbeheizten Keller geraten die Tiere automatisch in die Winterruhe, wenn die Temperaturen tief genug liegen. Sollte kein Raum zur Verfügung stehen, in dem die Wintertemperaturen niedrig genug sind (weniger als 8 °C), kann man die Tiere auch in einem Kühlschrank überwintern.

Je nach Art überwintern Schwanzlurche an Land oder im Wasser. Für die terrestrische Überwinterung kann lockeres Waldbodensubstrat (vorzugsweise Eichen/Buchenwald) verwendet werden; geeignete Versteckplätze können durch Schichten aus Baumrinde angelegt werden. Es gilt unbedingt zu vermeiden, dass die Tiere austrocknen können oder das Substrat zu stark verschmutzt. Überprüfen Sie den Überwinterungsbehälter regelmäßig – dies ist ein absolutes Muss!

Die aquatische Überwinterung kann im Kühlschrank in einer flachen, geschlossenen (mit Luftlöchern versehenen) Wasserschale (mit bis 5 cm Wasserhöhe) erfolgen. Das Gefäß sollte ausreichend mit Versteckmöglichkeiten wie Tontopfscherben ausgestattet sein. Auch hier ist es wichtig, dass das Wasser stets sauber bleibt und nicht „verdirbt". Selbst in klarem Wasser können sich hohe Konzentrationen an Stickstoffprodukten angesammelt haben. Daher ist auch im Winter das regelmäßige Überprüfen der Wasserqualität zu empfehlen, wie im Kapitel „Die Umgebungsbedingungen" (im Abschnitt „Wasserqualität") beschrieben.

Das Aufwachen nach der Winterruhe wird eingeleitet durch eine schrittweise Erhöhung der Temperatur (z. B. ein Grad pro Woche) und der Beleuchtungsdauer (langsame Zunahme von acht Stunden Licht im Winter auf bis zu 16 Stunden während des Sommers). Obwohl die Übergänge so schonend wie möglich gestaltet werden sollten, zeigt die Erfahrung, dass auch ein starker Temperaturanstieg um 10 °C innerhalb kurzer Zeit in der Regel keine negativen Auswirkungen auf die Tiere hat. Dies bedeutet, dass auch Schwanzlurche, die im Kühlschrank überwintern und im Frühjahr in ihr Aquarium oder Terrarium überführt werden, meist keine Probleme haben. Es gilt hierbei aber zu beachten, dass die Tiere keinem sehr starken, zu plötzlichen Temperaturschock ausgesetzt werden – dass sie also z. B. nicht von 5 °C kaltem direkt in 15 °C warmes Wasser überführt werden, sondern dass sich ihr Körper allmählich und zumindest über mehrere Stunden entsprechend der langsam ansteigenden Umgebungstemperatur erwärmen kann.

Viele Schwanzlurche wie die europäischen Wassermolche (*Triturus*) paaren sich im Wasser und setzen dort ihre Eier ab, um sich anschließend wieder an Land zu begeben. Für diese Arten muss während der Paarungszeit, sobald sie im Frühjahr im Wasser leben, ein Aquarium oder ausreichend großer Wasserbehälter zur Verfügung stehen. Im Sommer, Herbst und Winter hingegen bewohnen sie als überwiegend terrestrische Tiere das Land. Die Hautstruktur verändert sich bei den meisten dieser Arten im Jahreszyklus sehr stark – abhängig davon, ob sich die Molche im Wasser oder an Land aufhalten.

Idealerweise sollte diesen Urodelen die Möglichkeit gegeben werden, „selbst zu entscheiden", wann sie das Wasser verlassen wollen. Hierzu eignet sich am besten ein Aquaterrarium mit einem allmählichen Übergang vom Land- zum Wasserteil. Eine praktische Alternative ist auch ein Aquarium mit einem geringen Wasserstand von etwa 5 cm, das am Rand dicht mit Moos und geeigneten kleinen Sumpfpflanzen bewachsen ist. Einen Landteil kann man mit Hilfe flacher Steine oder Ziegel gestalten, auf die einige Schichten Baumrinde gelegt werden. So entsteht ein problemloser Übergang, der den Molchen jederzeit die Möglichkeit bietet, sowohl im Wasser als auch an Land zu bleiben. Wenn die Tiere im Frühjahr dauerhaft ins Wasser gehen, können die Ziegel auch entfernt und das Wasserniveau einfach angehoben werden.

Einige Arten (z. B. Feuersalamander, manche Lungenlose Salamander) paaren sich an Land und setzen nur ihre Eier bzw. Larven im Wasser ab. Für solche Arten reicht es in der Regel, wenn das Terrarium ein kleines künstliches Gewässer in Form einer flachen Wasserschale mit geringem Wasserstand aufweist.

2. Arten aus mediterranen Klimazonen

Bei Arten aus dem mediterranen Klimaraum mit heißen, trockenen Sommern und kühlen, nassen Wintern gibt es keine echte Winterruhe, selbst bei niedrigen Temperaturen. Diese

Amphibien sind oft schon in den Herbstmonaten aktiv, wenn die ersten Niederschläge einsetzen, in der Regel aber im Winter und Frühjahr. Dazu gehören Arten aus dem Mittelmeergebiet wie *Triturus pygmaeus, Ommatotriton vittatus, Pleurodeles waltl* und *Salamandra algira*, aber auch einige asiatische *Cynops*- und *Hynobius*-Arten. Solche Schwanzlurche sind im Winter am besten bei Temperaturen von 10–15 °C im Aquarium zu halten (*Pleurodeles, Triturus, Ommatotriton, Cynops*), andere auch in einem Terrarium (*Salamandra*), das zu dieser Zeit deutlich feuchter gehalten wird (z. B. durch tägliches Besprühen mit einer Sprühflasche).

Hynobius-Arten, die ihre Eier im Winter ablegen, tun dies oft bei sehr geringen Temperaturen um den Gefrierpunkt. Im Sommer sind diese Urodelen relativ trocken im Terrarium zu halten – etwas Wasser sollte aber immer verfügbar sein! Der Übergang zur Aquarienhaltung im Herbst kann dann wie oben beschrieben erfolgen.

Einige Urodelen-Arten (*Pleurodeles, Cynops ensicauda*) können auch das ganze Jahr über im Wasser bleiben; sie pflanzen sich in der Regel fort, wenn die Temperatur im Herbst zu fallen beginnt oder wenn das Wasser gewechselt wird.

3. Arten der subtropischen Klimazone

Bei Schwanzlurchen aus subtropischen Gebieten mit einer warm-feuchten und einer kühltrockenen Klimaperiode (wie einige *Tylototriton*/*Echinotriton*-Arten) ist der Beginn der Fortpflanzung im Allgemeinen mit der Regenzeit verbunden. Diese Arten können während der Wintermonate in einem relativ trockenen Terrarium bei geringen Temperaturen (10–15 °C) untergebracht werden. Auch hier sollte ein Wassergefäß stets vorhanden sein.

Im Frühjahr werden die Paarungsaktivitäten durch ansteigende Temperaturen und eine erhöhte (Luft-)Feuchtigkeit ausgelöst. Nun sollte auch die Wasserfläche im Terrarium vergrößert bzw. der Wasserstand erhöht werden. Außerdem darf das Wasser auf ca. 22 °C erwärmt werden. Wenn das Terrarium mit einer Glasplatte abgedeckt wird, erzielt man im Inneren eine hohe Luftfeuchtigkeit von nahezu 100 %.

4. Arten aus tropisch-warmen Klimagebieten

Arten aus warmen und tropischen Klimazonen mögen es in der Regel ständig feucht. Dies gilt für sehr viele mittel- und südamerikanische Lungenlose Salamander (z. B. viele *Bolitoglossa*-Arten), die das ganze Jahr über aktiv sind und sich wahrscheinlich auch während des gesamten Jahres fortpflanzen. Was die Erfahrungen mit solchen Arten in der Terrarienhaltung betrifft, ist bisher leider nicht allzu viel bekannt. Grundsätzlich kann man davon ausgehen, dass diese Salamander das ganze Jahr über bei dauerhaft hohen Temperaturen und einer sehr hoher Luftfeuchtigkeit gehalten werden müssen.

5. Arten mit speziellen Paarungsauslösern

Einige Arten benötigen besondere Anreize, damit ihre Fortpflanzung ausgelöst wird. So beginnen die Balz und Paarung der Axolotl (*Ambystoma mexicanum*) in der Natur, sobald die Wassertemperatur im Gewässer durch Schmelzwasser aus den umliegenden Bergen stark abfällt. Dies kann man durch einen plötzlichen Temperaturabfall im Aquarium und eine Abkühlung auf 10 °C simulieren (z. B. durch das Umsetzen der Tiere in einen Kühlschrank oder durch Hinzufügen von Eis ins Aquarienwasser).

Andere Urodelen-Arten reagieren hingegen sensibel auf eine zunehmende Strömungsgeschwindigkeit des Wassers (*Paramesotriton*) und beginnen im Aquarium zu balzen, sobald dies durch entsprechende Filterpumpen simuliert wird.

Ablage und Entwicklung der Eier

Bei vielen Schwanzlurchen legen die Weibchen ihre Eier einfach nur ab und kümmern sich nicht weiter um den Nachwuchs. Die meisten Arten (mit Ausnahme der Lungenlosen Salamander, hier nur einzelne Arten) deponieren ihre Eigelege im Wasser – je nach Art werden die Eier entweder an Pflanzen (in Gruppen oder einzeln zwischen Blättern) oder auch unter und zwischen Steinen (viele bachbewohnende Molche) bzw. an Wurzeln oder Zweigen geheftet (Eisäcke vieler Winkelzahnmolche).

Manche Arten deponieren ihre Eier auch an Land, wie die Marmor-Querzahnmolche (*Ambystoma opacum*) oder *Echinotriton*-Arten. Die Larven schlüpfen, sobald das Gelege überflutet wird, und schlängeln oder springen (*Tylototriton wenxianensis*) anschließend ins nächste Gewässer. Die Eier solcher Arten müssen feucht inkubiert werden – und zwar so lange, bis die Larven durch die Eihülle sichtbar werden. Anschließend können die Gelege in eine flache Wasserschale überführt werden.

Bei einigen Arten wie *Tylototriton shanjing*, die ihre Eier an Land oder im Wasser ablegen können, sollten die Eier besser im Wasser inkubiert werden.

Lungenlose Salamander verstecken ihre Gelege meist ebenfalls an einem feuchten Ort an Land; aus den Eiern schlüpfen aber oft bereits vollentwickelte, fertig umgewandelte Salamander.

Nach der Eiablage ist es generell ratsam, die Gelege von den Eltern zu trennen, denn sie werden sonst oft von den Eltern gefressen – es sei denn, es handelt sich um Arten mit Brutpflege (*Pachytriton*, viele Lungenlose Salamander).

Molche der Gattung *Echinotriton* und auch einige Arten der Gattung *Tylototriton* legen ihre Eier an Land ab. Die Larven, die aus diesen Eigelegen schlüpfen, bewegen sich aktiv ins Wasser. Hier ein Weibchen von *Tylototriton wenxianensis* mit seinen Eiern. Foto: F. Pasmans

Manche aquatile Bachsalamander heften ihre Eigelege im Wasser an oder unter Steinen fest (oder auch an der Aquarienwand). In diesem Fall sollten die Steine mit den angeklebten Eiern aus dem Aquarium genommen werden, oder man versucht, die Eier vorsichtig von den Steinen bzw. von der Aquarienscheibe abzulösen – am besten mit einem scharfen Messer (z. B. mittels Rasier- oder Teppichmesser). Dieses Vorgehen hat in der Regel keine nachteiligen Auswirkungen auf die Entwicklung der Eier.

Eier, die zwischen den Blättern von Wasserpflanzen kleben und dort nicht abgelöst werden können, sollten mit dem ganzen Blatt entfernt werden. Wenn die Eier in den Pflanzen verbleiben, besteht die Gefahr, dass sie von den dort lebenden Organismen wie Wassermilben in ihrer Entwicklung gestört werden; diese sind manchmal in der Lage, frisch geschlüpfte Molchlarven anzugreifen. Ein weiterer Nachteil von pflanzlichem Material ist, dass es abstirbt und verrotten kann. Dies führt häufig ebenfalls zum Absterben der Eier.

Viele Lungenlose Salamander setzen ihre Eigelege an Land einfach nur locker am Boden ab. Das Entfernen dieser Gelege hat oft ein Absterben der Eier zur Folge, auch wenn dies nicht zwingend der Fall sein muss (*Bolitoglossa mexicana*). Gesunde Eier werden während ihrer Entwicklung in der Regel nicht verschimmeln; dennoch sollten unbefruchtete Eier so bald wie möglich entfernt werden, da der Schimmel teilweise eben doch auf lebensfähige Eier übergreift. Bei Winkelzahnmolchen kann dies auch bedeuten, dass man den Eisack öffnen muss, um gezielt verschimmelte Eier zu entfernen, zum Beispiel mithilfe eines kleinen Wattestäbchens (Tupfer).

Aquatische Eigelege können in Kunststoffbehältern inkubiert werden – vorzugsweise in solchen, die als Verpackung von Lebensmitteln verwendet werden, denn diese enthalten keine giftigen Inhaltsstoffe. Das Wasser in diesen Behältern wird am besten dem Aquarium der Elterntiere entnommen, auch wenn dies nicht unbedingt nötig ist. Wichtig ist allerdings, dass das Wasser im Aufzuchtbecken die gleiche Temperatur aufweist wie im Aquarium, aus dem die Eier entnommen wurden. Ein geringer Wasserstand von ca. 2 cm sorgt für einen guten Gasaustausch. Eine zusätzliche Belüftung ist zwar hilfreich (auch um das Chlor zu entfernen), in der Regel aber nicht erforderlich – selbst für Salamander- und Molchgelege aus sauerstoffreichen Gebirgsbächen. Wir haben auf diese Weise, also ohne Wasserbewegung bei geringem Wasserstand, erfolgreich die Eier von Bacharten wie *Neurergus kaiseri*, *N. crocatus*, *Pachyhynobius shangchengensis*, *Euproctus platycephalus* und *Salamandrina perspicillata* zum Schlupf gebracht. Entscheidend ist die optimale Wasserqualität.

***Salamandrina perspicillata* klebt ihre Eier an einen Ast im Wasser** Foto: F. Pasmans

Ein Entfernen der Gelege ist nur erforderlich, wenn die Eier an möglicherweise verrottenden Pflanzenteilen haften, mit denen zusammen sie besser nicht inkubiert werden sollten.

In jedem Fall sollten Sie verhindern, dass die Gelege der vollen Sonne oder starken Temperaturschwankungen ausgesetzt sind. Da die Eier bachbewohnender Schwanzlurche meist unter Steinen geschützt abgelegt werden, stellt Sonnenlicht eine unnatürliche Belastung dar; andererseits ist nicht gesichert, ob es für die Entwicklung wirklich schädlich ist.

Die Wassertemperatur, bei der die Eier im Aquarium inkubiert werden, sollte den Werten in der Natur entsprechen. Vieles deutet darauf hin, dass die Geschlechter bei Schwanzlurchen ähnlich wie bei manchen Reptilien durch die Inkubationstemperatur bestimmt werden. Obwohl der Zusammenhang noch nicht bewiesen ist, scheint es doch so zu sein, dass hohe Inkubationstemperaturen – zumindest bei einigen Arten wie *Cynops cyanurus* und *Neurergus crocatus* – zu einem deutlichen Weibchenüberschuss führen. Abhängig von der Art und der Inkubationstemperatur schlüpfen die Larven in der Regel nach 3–6 Wochen.

Entwicklung der Larven

Viele Lungenlose Salamander schlüpfen bereits als voll entwickelte, metamorphosierte (fertig umgewandelte) Schwanzlurche aus dem Ei; sie können in der gleichen Weise wie die Eltern gehalten und aufgezogen werden. Der einzige Unterschied ist, dass die Jungen oft sehr klein sind und somit auch winzige Nahrung wie Springschwänze benötigen.

Die meisten anderen Urodelen schlüpfen hingegen als beinlose Larven und durchlaufen ein aquatisches, freilebendes Larvalstadium. Für die Haltung dieser Larven gilt im Grunde das Gleiche wie für adulte aquatile Schwanzlurche.

Die ersten Tage zehren die frisch geschlüpften Larven noch von ihrem Dottersack. Die erste Nahrung sollte frühestens dann gereicht werden, wenn der Dottersack aufgebraucht ist. Zu diesem Zeitpunkt benötigen die Larven einen kontinuierlichen Zugang zu kleinsten Beutetieren wie Pantoffeltierchen und Daphnien. Vorsicht bei der Fütterung von Hüpferlingen (*Cyclops*) – wie bereits im Kapitel „Das richtige Futter“ beschrieben, attackieren verschiedene Arten dieser einäugigen Krebstierchen kleinste Amphibienlarven und können unter Umständen ein Massensterben verursachen.

Um dies zu verhindern, kann man junge Urodelen-Larven in den ersten 1–2 Wochen auch einfach in (gesiebtem) Teich- oder Aquarienwasser halten. Dieses Wasser enthält genügend Kleinstorganismen, die die Larven in ihrer Frühphase fressen können.

Praxistipp

Das Wasser im Aufzuchtbehälter für Molch- und Salamanderlarven muss in jedem Fall sofort gewechselt werden, sobald kleinste Mengen von Ammoniak und Nitrit messbar sind – allerspätestens dann, wenn die Nitrat-Konzentration 50 mg/l überschreitet.

Hynobius quelpaertensis **– Schlüpflinge an ihrem Eisack**
Foto: S. Bogaerts

Die Inkubation der Gelege von *Laotriton laoensis* erfolgt in kleinen Plastikbecken, die kein organisches Material enthalten sollten. Unter derartigen Bedingungen lässt sich die Entwicklung der Eier sehr gut verfolgen und kontrollieren. Foto: H. Janssen

Kunststoffbehälter ohne Bodengrund für die Aufzucht der Larven von *Laotriton laoensis*: Wasserpflanzen (hier Cryptocorynen) dienen als Versteckplätze. Sie entziehen dem Wasser Nitrat und produzieren am Tage Sauerstoff. Foto: H. Janssen

Ein Kleinstaquarium für die Aufzucht der Larven von *Euproctus platycephalus*. Das Substrat besteht aus grobem, gewaschenem Sand, der aus dem Aquarium der Elterntiere stammt und durch die bereits vorhandene Bakterienflora Abfallprodukte abbauen kann. Java-Moos dient als Schutz für die Larven und entzieht dem Wasser ebenfalls Nitrat. Posthornschnecken fressen Futterreste u. Ä. Foto: F. Pasmans

Abgestorbene Daphnien beginnen schnell zu schimmeln (*Saprolegnia*), was wiederum große Mengen von Pilzsporen im Wasser zur Folge hat. Diese können die Larven befallen und zu hohen Ausfallraten führen.

Eine der Hauptursachen für eine erhöhte Sterblichkeit von Schwanzlurchlarven bei der Aufzucht ist verschmutztes Aquarienwasser. Typisch ist das oben beschriebene „neue Aquarium“-Syndrom: Damit ist das rasante Ansteigen und Erreichen hoher Ammoniak- und/oder Nitrit-Konzentrationen im Wasser eines frisch eingerichteten Beckens gemeint, was schnell zum Massensterben der Larven führt. Dieses Problem lässt sich am besten vermeiden durch eine geringe Larvendichte, regelmäßige Frischwasserzufuhr, das sofortige Entfernen von Kot und abgestorbenen Pflanzen- oder Futtertierresten sowie durch geeignete Substrate für ammoniak- und nitritabbauende Bakterien – zum Beispiel in Form eines entsprechenden Filters und/oder eines Bodengrunds aus grobem Sand oder Kies.

Da Schwanzlurchlarven häufige Fütterungsintervalle und relativ große Futtermengen benötigen, muss man stets darauf achten, dass die Wasserqualität optimal bleibt.

Die Metamorphose

Sobald die Schwanzlurchlarve alle vier Beine vollständig entwickelt hat, beginnen ihre Kiemen und der Schwanzsaum zu schrumpfen. Die Umwandlung oder Metamorphose setzt ein. Nun sollte der Wasserstand im Aufzuchtbecken drastisch auf ca. 2 cm reduziert werden, um den Larven die Möglichkeit zu geben, problemlos an Land zu gehen. Bekommen sie eine solche Ausstiegsmöglichkeit nicht, werden die jungen Salamander und Molche unweigerlich ertrinken. Im Wasser treibende Pflanzen erleichtern es den Tieren, sich aus dem Wasser zu begeben – und sie vermeiden Stresssituationen, weil die Jungen sich darin gut geschützt fühlen.

Auch eine schwimmende Insel aus einem Stück Styropor kann bei der Umwandlung hilfreich sein; sie sollte schräg abgeschnittene Ränder besitzen, damit es für die Metamorphlinge einfacher ist, an Land zu kriechen. Es ist wichtig, dass diese Styroporinsel stets feucht bleibt – dies kann z. B. durch ein Stück feuchtes Gewebe (Küchentuch) gewährleistet sein. Natürlich muss auch der erste Landlebensraum genügend Versteckplätze aufweisen (z. B. Rindenstücke, Moos und kleine Ranken von *Ficus repens* oder *Tradescantia*).

Aquarieneinrichtung während der Metamorphose von *Neurergus crocatus*: Ein Ziegelstein mit Löchern dient als Versteckmöglichkeit für die noch im Wasser lebenden Larven. Auf der Oberseite des Ziegels, die sich etwa auf Höhe des Wasserspiegels befindet, werden zwei flache Steine aufeinandergeschichtet, die den sich verwandelnden Jungtieren als erster Unterschlupf dienen.
Foto: F. Pasmans

Gut bewährt hat sich bei der Pflege von Schwanzlurchen (aber auch von Fröschen und Kröten) während der Metamorphose ein Stück Styropor, das auf der Wasseroberfläche treibt und mit feuchtem Zellstoffgewebe (Haushaltstuch) versehen wird. Auf dieser künstlichen Insel werden beispielsweise Blätter, aber auch kleine Baumrindenstückchen als Versteckplätze aufgeschichtet.
Foto: F. Pasmans

Aufzucht frisch metamorphosierter Schwanzlurche

Sobald die Jungtiere nach der Metamorphose an Land gegangen sind, müssen sie in ein Terrarium für terrestrische Schwanzlurche überführt werden. Die Aufzucht der kleinen Salamander und Molche ist in der Regel der größte Stolperstein bei der Nachzucht, und die Verluste während dieser Phase sind oft hoch. Die Überlebensrate der jungen Urodelen kann erhöht werden, wenn die Aufzuchtterrarien gut strukturiert und artgemäß eingerichtet sind.

Prinzipiell unterscheidet man bei der terrestrischen Aufzucht frisch metamophosierter Schwanzlurche – neben einer aquatischen Aufzucht bei einigen wenigen Arten – zwei unterschiedliche Haltungsmethoden: das natürliche und das künstliche („hygienische" oder „sterile") Aufzuchtsystem.

Einfaches, aber zweckdienliches Aufzuchtterrarium für junge *Laotriton laoensis*: Das Bodensubstrat besteht auf einer Seite aus feuchtem Zellstoff (Küchen- oder Haushaltstuch); dort kann das Futter gereicht werden. Auf der anderen Seite befindet sich eine Schicht aus feuchten Laubblättern, die für Versteckplätze und ein Feuchtigkeitsgefälle im Behälter sorgen. Foto: H. Janssen

Die natürliche Aufzucht

Die natürliche Methode findet in einem gut schließenden Aufzuchtbehälter statt (z. B. Plastik- oder Styroporbox), der mit frischem Waldbodensubstrat (vorzugsweise Eiche oder Buche) ausgestattet wird. Der Bodengrund muss stets feucht und locker bleiben und mit genügend Versteckmöglichkeiten unter Rindenstücken und/oder Schichten abgestorbener Blätter (vor allem Buche) versehen sein; wichtig sind unterschiedliche Feuchtigkeitsgradienten im Bodensubstrat. Auch eine flache Wasserschale (z. B. Petrischale) sollte immer zur Verfügung stehen, und Terrarienpflanzen können ebenfalls eingebracht werden.

Der Vorteil dieses weitgehend natürlichen Aufzuchtsystems ist, dass es in der Regel stabiler ist und der Bodengrund weniger häufig (nur etwa alle zwei Monate) ausgetauscht werden muss. Der Aufzuchtbehälter weist eine Vielzahl feuchter und weniger feuchter Stellen auf, und er bietet eine ansprechende Ästhetik.

Ein Nachteil solcher Behältnisse ist, dass sie schwieriger zu kontrollieren sind (Schädlinge, kranke Tiere o. Ä.), dass verstärkt Schimmel den Bodengrund infizieren kann und insgesamt ein höherer Infektionsdruck herrscht. Ein weiterer wichtiger Nachteil dieser vollständig geschlossenen Behälter ist, dass das organische Bodensubstrat plötzlich „umkippen" kann, wobei große Mengen von Gas produziert werden, insbesondere CO_2, aber auch H_2S (Geruch von faulen Eiern). Dies hat meist schnell eine hohe Sterblichkeit unter den Jungtieren zur Folge. Wenn Sie beim Öffnen des

Winzige, etwa 2 cm große Jungtiere von *Salamandrina perspicillata* Foto: S. Bogaerts

Aufzuchtbehältnisses also einen ungewöhnlichen Geruch wahrnehmen, sollten Sie umgehend das Bodensubstrat austauschen!

Die künstliche Aufzucht

Bei dieser Methode besteht der Boden einfach aus feuchtem Küchen- oder Toilettenpapier, das von mehreren Schichten Rinden-, Tontopf- oder Kachelstücken bedeckt ist. Zusätzlich steht auch hier eine flache Wasserschüssel zur Verfügung.

Der Vorteil dieses „sterilen" Systems ist, dass die Bewohner und ihre Nahrungsaufnahme besser kontrolliert werden und dass sich im Behälter keine größeren Infektionsherde, Parasiten oder andere Probleme entwickeln können.

Ein großer Nachteil ist, dass dieses System sehr pflegeintensiv ist: So muss das Zellstoffgewebe (Küchenpapier) mindestens einmal wöchentlich ersetzt werden, um die Anhäufung giftiger Abbauprodukte (insbesondere von Ammoniak und Nitrit) im Behälter zu verhindern. Wenn der Austausch nicht regelmäßig geschieht, kann das früher oder später den Tod der jungen Salamander und Molche zur Folge haben. Es muss natürlich außerdem stets genau darauf geachtet werden, dass das Terrarium nicht austrocknet. Eine Alternative zum Küchen- oder Toilettenpapier als Bodengrund ist die Verwendung von feinem Kies, der im Aufzuchtbehälter einen Feuchtigkeitsgradienten (von nass bis trocken) gewährleistet, allerdings wöchentlich intensiv durchspült werden muss und dennoch oft schnell verschmutzt.

Die aquatische Aufzucht

Bei einer kleineren Zahl von Arten mit eigentlich terrestrisch lebenden Jungtieren ist es auch möglich, diese aquatisch aufzuziehen; typische Beispiele hierfür sind *Triturus carnifex*, *Cynops cyanurus* oder die *Pleurodeles*-Arten. Und auch bei einigen anderen Arten gewöhnen sich die Jungtiere nach einer kurzen Phase des Landlebens oft relativ schnell wieder an ein Leben im Wasser, z. B. bei Molchen der Gattung *Neurergus*. Die Umgewöhnung an die aquatische Lebensweise muss bei diesen Urodelen aber stets sehr vorsichtig und schrittweise durchgeführt werden. Die Tiere sollten am besten zunächst bei einem geringen Wasserstand von 1–2 cm ge-

Die Belohnung einer erfolgreichen Zucht: Jungtiere von *Salamandra infraimmaculata* Foto: S. Bogaerts

halten werden, was ihnen jederzeit die Möglichkeit gibt, wieder aus dem Wasser zu kriechen. Nach und nach kann der Wasserstand dann erhöht werden.

Sofern es gelingt, die jungen Salamander und Molche an das Wasserleben zu gewöhnen, gestaltet sich die weitere Aufzucht meist einfacher als an Land. Zumindest ist es im Wasser viel leichter, die jungen Urodelen mit Roten Mückenlarven, Enchyträen und Bachröhrenwürmern (*Tubifex*) zu füttern.

Ein großer Nachteil dieser Aufzuchtmethode ist allerdings, dass die Nahrung meist recht einseitig ist und schwierig oder gar nicht mit Ergänzungsstoffen wie Kalziumpräparaten angereichert werden kann.

Erfolgreiche Aufzucht bei Vietnam-Warzenmolchen (*Paramesotriton deloustali*) Foto: H. Janssen

Die richtige Ernährung der Jungtiere an Land

In der Regel nehmen junge Schwanzlurche in der ersten Woche nach der Metamorphose nur wenig oder gar keine Nahrung zu sich. Springschwänze sind für die ganz kleinen Urodelen zunächst am besten als Futter geeignet, später folgen kleine Grillen und Heimchen, Frucht- bzw. Obstfliegen, aber auch Enchyträen, *Tubifex* und Rote Mückenlarven. Letztere werden den jungen Salamandern und Molchen am besten auf einem Stück feuchten Küchenpapiers angeboten; indem man eine kleine Kuhle in das Gewebe und damit das darunterliegende Bodensubstrat drückt, erhält man eine Art „Papierschüssel", in der nun die lebenden Mückenlarven und *Tubifex*-Würmer eingebracht werden. Die Zahl der Mückenlarven, die aus dem Papiergewebe in das Bodensubstrat entfliehen, ist sehr begrenzt – und *Tubifex* haben sowieso die Tendenz, sich zu einer Kugel zusammenzuballen. Nach 1–2 Tagen wird das Papiergewebe mit den Futterresten einfach wieder entfernt.

Es ist wichtig, den winzig kleinen Salamandern und Molchen gerade während der Wachstumsphase ausreichend Kalzium anzubieten. Die Futtertiere sollten also stets mit einem handelsüblichen Kalziumpräparat (Pulver) für Reptilien eingestäubt werden. Dabei ist entscheidend, dass dieses Pulver auch wirklich an den Futtertieren haften bleibt, damit das Kalzium-Phosphor-Verhältnis der Nahrung insgesamt so ausgewogen wie möglich ist. Erst das Verfüttern wohlgenährter, ausreichend mit Kalziumpulver bestäubter Grillen und Heimchen bietet die Garantie für ein schnelles und kontinuierliches Wachstum der Jungtiere, ohne Anzeichen stoffwechselbedingter Knochenerkrankungen.

Auch die Jungtiere langsamwüchsiger Urodelen-Arten (z. B. *Tylototriton wenxianensis*) wachsen bei einer Grillen- und Heimchen-Diät gut heran. Wenn solche Insekten im Terrarium verfüttert werden, sollte allerdings stets auch etwas Futter für die zum Teil räuberischen Gliederfüßer zur Verfügung stehen (z. B. in Form eines Hundekuchens). Dies verhindert, dass überlebende Futterinsekten ihrerseits damit beginnen, die jungen, meist noch zarten Salamander und Molche anzufressen.

Die weitere Aufzucht der kleinen Schwanzlurche erfolgt ähnlich wie die Pflege adulter landlebender Urodelen.

Wertvolle Zusatzinformationen im Zusammenhang mit der Aufzucht von Salamandern und Molchen finden Sie in den drei Zeitschriftenbeiträgen von Rimpp (1994), Voitel (2002) und Schultschik (2006) (siehe „Verwendete und weiterführende Literatur").

Hier werden Enchyträen mittels eines kleinen Siebes an juvenile *Neurergus crocatus* verfüttert Foto: S. Bogaerts

Salamander, Recht und Ethik

Amphibienpopulationen sind weltweit auf dem Rückzug. In den letzten 20 Jahren hat sich dieser Prozess deutlich beschleunigt, und er setzt sich immer noch fort. Es gibt mehrere Erklärungsansätze für dieses Phänomen. Entscheidend ist zweifelsohne der negative Einfluss des Menschen auf die Umwelt, z. B. durch die Zerstörung und Fragmentierung geeigneter Lebensräume (Abholzung, Anlage von Fischzuchtgewässern usw.), Umweltverschmutzung, erhöhte UV-Einstrahlung und Zerstörung der Ozonschicht, generellen Klimawandel und globale Erwärmung oder durch die Einfuhr exotischer Arten (insbesondere Fische).

Salamander und Molche reagieren durch ihre empfindliche Haut meist besonders sensibel auf Veränderungen in ihrer Umwelt. Darüber hinaus bedroht viele Amphibienpopulationen vor allem in Bergregionen eine spezielle Pilzerkrankung: die Chytridiomykose. Der Chytridpilz wird insbesondere in Mittelamerika und Australien mit dem Aussterben vieler Lurcharten in Zusammenhang gebracht, ist aber weltweit verbreitet und daher eine reale Bedrohung für die Artenvielfalt der Amphibien auf unserem Planeten. Chytridiomykose ist wahrscheinlich die Hauptursache, dass in Zentralamerika zahlreiche Populationen der Lungenlosen Salamander zusammengebrochen sind.

Habitatzerstörung, wie hier in der Osttürkei durch das Anlegen einer Straße, ist eine der Hauptursachen für den Niedergang vieler Molch- und Salamanderpopulationen in der freien Natur Foto: F. Pasmans

Amphibienrückgang und Salamanderhaltung: ein Widerspruch?

Ist unter solchen Vorzeichen die Haltung von Salamandern und Molchen durch Privatpersonen überhaupt noch gerechtfertigt, oder sollte sie nicht besser generell verboten werden? Man kann nicht leugnen, dass es starke Argumente gegen die Haltung exotischer Urodelen durch Privathalter gibt, z. B. die direkten Auswirkungen auf natürliche Populationen durch das Abfangen von Tieren, die mögliche Übertragung schädlicher Keime auf unsere einheimischen Amphibien oder die negativen Auswirkungen auf die heimische Fauna durch das mögliche Entweichen exotischer Arten.

Dagegen steht, dass sehr viel von unserem Wissen über Schwanzlurche überhaupt erst durch Beobachtungen an Terrarientieren möglich wurde und dass praktisch alle Kenntnisse über die erfolgreiche Nachzucht von Molchen und Salamandern auf engagierte Privathalter zurückgehen. Dieses Wissen ist äußerst wertvoll und kann auch direkt für ex-situ-Erhaltungszuchtprojekte (also Nachzuchtprojekte außerhalb des natürlichen Lebensraums) verwendet werden – unabhängig von der Privatperson oder in enger Zusammenarbeit mit ihr.

Unsere Meinung ist, dass eine verantwortungsvolle Haltung und Nachzucht von Amphibien unter folgenden Bedingungen weiterhin möglich sein muss:

1) Grundvoraussetzung ist, dass die Terrarienhaltung das Überleben der Populationen in freier Natur nicht gefährdet. In vielen Ländern sind Amphibien geschützt. Allerdings ist dies keine Garantie für den Fortbestand der natürlichen Populationen, die auch durch illegalen Abfang bedroht sind. Das Hauptproblem ist,

dass Arten oft illegal aus den Ursprungsländern exportiert werden, sobald sie aber zum Beispiel in Europa oder in den USA ankommen, dort keine rechtlichen Beschränkungen mehr bestehen. Als typisches Beispiel seien die verschiedenen *Tylototriton*-Arten genannt, die in China im Prinzip geschützt sind, aber noch immer in großen Stückzahlen im Tierhandel auftauchen.

Ein anderes Negativbeispiel ist die Einfuhr oft großer Stückzahlen von Schwanzlurchen durch sogenannte „Liebhaber", die zum einen sicher auch ein persönliches Interesse an den Tieren haben, zum anderen aber eben kommerziellen Gewinn anstreben. Das Problem hierbei ist, dass diese Arten, die bei legal arbeitenden Tierhändlern in der Regel nicht zu bekommen sind, zu meist recht hohen Preisen gehandelt werden, was ihre Beschaffung wiederum zu einem lukrativen Nebenerwerb macht. Dieses Vorgehen ist äußerst schädlich für den Ruf unseres Hobbys – und Wasser auf die Mühlen derer, die die Exotenhaltung ohne Wenn und Aber verbieten wollen.

2) Das Wohlergehen jedes einzelnen Schwanzlurchs in der Terrarienhaltung muss garantiert sein. Dies gilt natürlich für jedes Lebewesen, das sich in der Obhut des Menschen befindet, doch müssen gerade Wildfänge von Salamandern und Molchen – nicht nur unter diesem Aspekt – als besonders wertvoll angesehen werden. Angesichts der vielen Probleme, die mit Wildfangtieren auftreten können, ist daher ein Erwerb von Nachzuchten klar vorzuziehen. Eigentlich sollten Wildfänge nur erfahrenen Urodelen-Haltern vorbehalten sein.

3) Die Haltung dieser Tiere darf keinerlei negative Auswirkungen auf die Umwelt haben. Speziell für Schwanzlurche bedeutet dies:

3a) Ein absolutes Verbot der Freisetzung exotischer Salamander und Molche in die einheimische Natur. Dies heißt auch, dass bei im Freiland gehaltenen Tieren unbedingt geeignete Maßnahmen zur Vermeidung ihrer Flucht getroffen werden müssen. Im schlimmsten Fall kann das Entweichen zu eingeschleppten invasiven Populationen führen, die die einheimischen Arten verdrängen. Ein bekanntes Beispiel ist der Italienische Kammmolch (*Triturus carnifex*), der schon an mehreren Stellen in Europa außerhalb seines natürlichen Verbreitungsgebiets Populationen entwickelt hat.

Die meisten Molche und Salamander können im Gewässer nicht mit Fischen konkurrieren, denn Fische fressen Eier, Larven und selbst ausgewachsene Schwanzlurche. Das Aussetzen oder Ansiedeln von Forellen in Berggebieten oder von Moskitokärpflingen (*Gambusia affinis*) im Flachland, um dort Mücken zu bekämpfen, hat daher sehr negative Auswirkungen auf vorhandene Molch- und Salamanderpopulationen. Foto: F. Pasmans

Direkte tödliche Folgen hat für Schwanzlurche auch der Straßenverkehr. Dieser Feuersalamander (*Salamandra infraimmaculata semenovi*) wurde auf dem Weg zu seinem angestammten Larvengewässer überfahren. Foto: F. Pasmans

Viele Arten der Lungenlosen Salamander in Mittelamerika sind vom Aussterben bedroht oder möglicherweise schon ausgestorben. Die Pilzerkrankung Chytridiomykose spielt hierbei eine unrühmliche Rolle. Ein Beispiel ist dieser costaricanische Landsalamander (*Bolitoglossa pesrubra*), der früher in großen Stückzahlen im Lebensraum vorkam, inzwischen aber nur noch selten angetroffen wird. Foto: F. Pasmans

3b) Das Vermeiden der Einschleppung von Krankheitserregern in die natürliche Umgebung („pathogene Umweltverschmutzung") durch in Terrarien gehaltene Schwanzlurche, die die unterschiedlichsten Keime wie *Batrachochytrium dendrobatidis* und *B. salamandrivorans* (Verursacher der Chytridiomykosen) oder *Ranavirus* tragen können. Wenn solche Erreger in die Natur gelangen, können sie dort heimische Amphibienpopulationen infizieren. Das kann man nur durch eine gründliche Desinfektion aller Gebrauchsmaterialien (einschließlich des gebrauchten Aquarienwassers) sicher verhindern. Im Prinzip sollte die Desinfektion mit Hilfe von Bleichmitteln (die allerdings toxisch auf ihre Umgebung wirken) oder durch kochendes Wasser erfolgen, aber es besteht natürlich immer die Gefahr, dass solche Maßnahmen graue Theorie bleiben.

Eine wichtige (und eigentlich die einzig wirksame) Maßnahme, um die Ausbreitung der Chytridiomykose zu verhindern, ist eine

Verstärkte Kooperation!

Um die Zusammenarbeit zwischen Privathaltern und offiziellen Einrichtungen zur Haltung und Nachzucht von Schwanzlurchen zu fördern, sollten beide Gruppen verstärkt kooperieren. Zoos können von der Fachkompetenz jedes Einzelnen profitieren. Privathalter wiederum profitieren von der professionellen Unterstützung, die eine Institution anbieten kann. Die fruchtbare Zusammenarbeit kann im Idealfall zu wertvollen Schutz- und Erhaltungszuchtaktionen führen, die gemeinsam durchgeführt werden.

Zerstörung von Lebensräumen: Dieser Bergbach mit einer großen Population von *Chioglossa lusitanica lusitanica* in Portugal wurde teilweise vollständig in Betonrohre gefasst, wodurch der stromabwärts gelegene Teil für Amphibien nun völlig ungeeignet ist Foto: F. Pasmans

Im Peñalara-Nationalpark in Spanien wurden die ersten Fälle von Chytridiomykose in Europa beobachtet
Foto: F. Pasmans

Der Lebensraum der seltenen Gebirgsmolchart *Calotriton arnoldi* in Spanien ist von Entwässerung bedroht
Foto: F. Pasmans

Neu angelegter Teich zur Erhaltung von Amphibien in den Niederlanden Foto: S. Bogaerts

Páramo am Cerro de la Muerte (Costa Rica, 3.000 m ü. NN), Lebensraum verschiedener Arten der Gattung *Bolitoglossa* Foto: F. Pasmans

regelmäßige Untersuchung des gesamten Salamander- und Molchbestands auf das Auftreten des Pilzes sowie die ständige Kontrolle aller gehandelten Tiere. Idealerweise sollten sämtliche neu erworbenen Schwanzlurche solange in Quarantäne verbleiben, bis der Test auf Chytri-

Teich am Stadtrand von Jerez (Spanien, 1996) mit *Pleurodeles waltl* und *Triturus pygmaeus* Foto: S. Bogaerts

Derselbe Teich bei Jerez 1998: vernichtet! Foto: S. Bogaerts

Die Terra Typica von *Lyciasalamandra antalyana* 2006 bei Hurma (Türkei) Foto: S. Bogaerts

Derselbe Lebensraum 2014: vollständig vernichtet! Foto: S. Bogaerts

Auf dieser Börse ist nur der Verkauf nachgezüchteter Urodelen erlaubt Foto: S. Bogaerts

diomykose negativ ausfällt – wenn ein Tier positiv getestet wird, kann es relativ einfach mit Medikamenten behandelt werden (siehe hierzu den Abschnitt „Chytridiomykose" im Kapitel „Erkrankungen"). Für die verschiedenen Formen des *Ranavirus* hingegen gibt es derzeit noch keine Tests, die seine Existenz bei gesunden lebenden Tieren sicher nachweisen können.

Viele Halter, die sich ernsthaft mit Schwanzlurchen beschäftigen, haben zugleich auch Kontakt mit freilebenden Amphibien (z. B. beim Kartieren oder bei Amphibienschutzaktionen im Frühjahr). Man muss in diesem Fall penibel darauf achten, dass alle in Terrarien eingesetzte Utensilien (z. B. Eimer und Netze) streng von den Materialien getrennt werden,

Über 2,3 Millionen Feuerbauchmolche (*Cynops orientalis*) wurden zwischen 2001 und 2009 im Tierhandel in die USA importiert Foto: F. Pasmans

Ein Verkehrszeichen warnt in Galizien (Spanien) vor die Straße überquerenden Amphibien Foto: S. Bogaerts

Amphibientunnel, um wandernde Amphibien unter einer Straße hindurchzuführen Foto: F. Pasmans

die in Kontakt mit wildlebenden Amphibien kommen könnten. Darüber hinaus ist es unbedingt wichtig, vor dem Handling mit einheimischen Amphibien jeden direkten oder indirekten Kontakt mit Lurchen in Terrarienhaltung zu vermeiden. Übrigens gilt auch umgekehrt: Amphibien aus der freien Natur können ebenso eine Krankheitsquelle für Terrarientiere sein!

Die Gesetzgebung rund um Molche und Salamander

Die Haltung von Schwanzlurchen in menschlicher Obhut ist über verschiedene Gesetze geregelt. In den meisten europäischen Ländern sind alle einheimischen Amphibien generell geschützt; eine große Zahl von Arten steht zusätzlich durch die europäische Gesetzgebung unter Schutz, z. B. durch FFH-Richtlinien. Einige Arten sind außerdem durch das internationale Handelsabkommen CITES geschützt. Unter den gesetzlichen Schutz fallen übrigens alle Lebensstadien der Schwanzlurche – auch ihre Eier und Larven sind also geschützt!

CITES

Der Handel mit und der Besitz von geschützten Tieren und Pflanzen sowie den daraus hergestellten Erzeugnissen unterliegen strengen Regeln. CITES steht für: „Übereinkommen über den internationalen Handel mit gefährdeten Arten frei lebender Tiere und Pflanzen". CITES ist die Umsetzung des Washingtoner Artenschutzabkommens, also des internationalen Abkommens über den Handel mit gefährdeten und geschützten Arten. Dazu zählen weltweit vom Aussterben bedrohte Tiere wie Elefanten, Tiger und Krokodile, aber auch einige wenige Arten von Schwanzlurchen.

Dieses Vertragswerk und die EU-Verordnung zum Schutz wildlebender Tier- und Pflanzenarten durch Überwachung des Handels sind in das europäische Recht (ABl. 1997, L61 oder Verordnung Nr. 338/97) übernommen worden. Alle Länder, die den Washingtoner Vertrag unterzeichnet haben, müssen die Regeln befolgen.

Für Schwanzlurche ist die CITES-Liste relativ klein; sie umfasst nur den Chinesischen Riesensalamander (*Andrias davidianus*), den Japanischen Riesensalamander (*A. japonicus*), die beiden Querzahnmolche *Ambystoma dumerilii* und *A. mexicanum* (Axolotl) sowie den Zagros-Molch (*Neurergus kaiseri*).

Beide Querzahnmolcharten sind auf Anhang II des CITES-Abkommens für den grenzüberschreitenden Handel gelistet. Dieser Anhang, der für die Europäische Union als Anhang B der EG-CITES-Verordnung umgesetzt wurde,

Salamanderarten unter CITES

Cites-Anhang I
- Chinesischer Riesensalamander, *Andrias davidianus*
- Japanischer Riesensalamander, *Andrias japonicus*
- Zagros-Molch, *Neurergus kaiseri*

Cites-Anhang II
- Patzcuarosee-Querzahnmolch, *Ambystoma dumerilii*
- Axolotl, *Ambystoma mexicanum*

Cites-Anhang III (Arten mit besonderen Bestimmungen für einzelne Länder)
- Schlammteufel, *Cryptobranchus alleganiensis*
- Zhejiang-Winkelzahnmolch, *Hynobius amjiensis*

Die Haltung und der Handel mit Eiern oder Larven von Arten, die auf den CITES-Anhängen gelistet sind (hier eine Larve von *Neurergus kaiseri*), sind den gleichen Vorschriften unterworfen wie der Handel mit adulten Exemplaren Foto: F. Pasmans

Der Handel mit Wildfängen von Arten, die auf Anhang II des CITES-Abkommens stehen (wie hier der Axolotl, *Ambystoma mexicanum*), ist nur dann möglich, wenn alle notwendigen Genehmigungen des Herkunftslandes und des Bestimmungslandes vorliegen Foto: S. Bogaerts

ist für den Transport zwischen EU- und Nicht-EU-Ländern entscheidend. Damit sind CITES-Papiere für Axolotl eigentlich nur für in freier Wildbahn gefangene Tiere notwendig, was in der Praxis nicht vorkommt. Dennoch könnten Sie unter Umständen auch beim Verkauf Ihrer Nachkommen der als Haustiere gehaltenen Zuchtformen aufgefordert werden, entsprechende Nachweispapiere auszufüllen – mit diesen ist es wiederum möglich, die Tiere auch außerhalb der EU zu veräußern.

Beide Arten von Riesensalamandern sowie *Neurergus kaiseri* finden sich hingegen auf CITES-Anhang I bzw. Anhang A der EG-CITES-Verordnung; selbst Nachzuchten dürfen also nur unter äußerst strengen Bedingungen gehalten werden. Die Pflege von Riesensalamandern ist unserer Meinung nach sowieso nur für Experten mit viel Platz und entsprechenden Kenntnissen möglich. Wer Exemplare dieser Arten erwerben will, muss zuvor Kontakt mit dem zuständigen CITES-Büro seines EU-Mitgliedslandes aufnehmen, das alle erforderlichen Unterlagen überprüft.

Fauna-Flora-Habitat-Richtlinie

Die FFH-Richtlinie (92/43/EWG) ist eine europäische Richtlinie, die Arten (Pflanzen und Tiere) und ihre Lebensräume (Habitate) schützen soll (FFH = Fauna-Flora-Habitat-Richtlinie). Ziel ist es, auf diese Weise ein europäisches Netzwerk von Schutzgebieten namens NATURA 2000 zu errichten. Alle Länder der Europäischen Union haben diese Richtlinien bereits in nationales Recht umgesetzt. Für die Halter von Schwanzlurchen ist es wichtig zu wissen, dass sich fast alle europäischen Arten auf Anhang IV der FFH-Richtlinie befinden.

Für diese Arten sind Genehmigungen und Ausnahmepapiere des Herkunftslandes notwendig, mit denen nachgewiesen werden muss, dass die Tiere bereits vor Umsetzung der FFH-Richtlinie im Besitz eines Halters waren. In jedem Land wird das Verfahren anders geregelt, doch ist im Allgemeinen dieselbe Behörde Kontaktpartner, die auch für exotische Heimtiere zuständig ist. Ihr gegenüber müssen die Herkunft und der rechtmäßige Besitz der Pfleglinge nachgewiesen werden. Man

Alle europäische Schwanzlurcharten wie der Kammmolch (*Triturus cristatus*) sind geschützt und dürfen ohne Ausnahmegenehmigung nicht der Natur entnommen werden. In Terrarien nachgezüchtete Exemplare dürfen in den meisten Ländern jedoch gehalten werden. Foto: F. Pasmans

muss also stets beweisen können, dass das Tier/die Tiere auf einem legalen Weg erhalten wurden und/oder die Nachkommen einer legal in Menschenobhut befindlichen Zuchtgruppe sind.

Auch für Transporte über Ländergrenzen hinweg ist dieser Nachweis zu erbringen. Wenn Sie also vorhaben, nachgezüchtete oder rechtmäßig in einem Mitgliedsstaat der EU gehaltene Tiere zu erwerben, sollten sie den ursprünglichen Besitzer immer um das entsprechende FFH-Zertifikat bitten.

Prüfen Sie vor einem Erwerb von Tieren stets ganz genau, wie die Haltung in dem Land gesetzlich geregelt ist, in dem Sie leben. Es ist unbedingt empfehlswert, sämtliche Unterlagen im Zusammenhang mit Besitz, Erwerb und Abgabe der Tiere aufzubewahren, z. B. Kaufdokumente, Transportzertifikate, selbst Notizen, Fotos und anderen Hilfsmittel, um gegebenenfalls die Rechtmäßigkeit nachweisen zu können. Die Dokumentation sollte für jede Art folgende Angaben enthalten: wissenschaftlicher Name und Anzahl der Tiere; Datum und Ort des Kaufs/Erwerbs; Name, Adresse und Land des Verkäufers (Züchters); Name, Adresse und Land des Käufers, gegebenenfalls Anzahl der Nachzuchttiere mit Geburts- und Todesdatum.

Wenn diese Bedingungen erfüllt sind, dürfen Sie im Prinzip alle Molche und Salamander halten und nachzüchten; außerdem können diese Tiere und/oder ihre Nachkommen verkauft werden. Es muss dann nur jeweils ein Formular in zweifacher Ausfertigung, mit jeweils einer Kopie für den Käufer und Verkäufer, ausgefüllt werden.

Dieselben Regelungen gelten übrigens nicht nur für Arten, sondern auch für Unterarten. Ebenso fallen seit 1992 automatisch alle ehemaligen Unterarten unter den gesetzlichen Schutz, die jetzt als eigenständige Arten gelten, wie *Calotriton arnoldi*, *Triturus macedonicus*, *T. ivanbureschi*, *Speleomantes sarrabusensis*, *Salamandrina perspicillata* oder alle *Lyciasalamandra*-Arten.

Salamanderarten, die direkt oder indirekt im Anhang IV der FFH-Richtlinien stehen

Wissenschaftlicher Name	Deutscher Name
Echte Salamander und Molche, Salamandridae	
Chioglossa lusitanica	Goldstreifensalamander
Calotriton (Euproctus) asper	Pyrenäen-Gebirgsmolch
Calotriton (Euproctus) arnoldi	Montseny-Gebirgsmolch
Euproctus montanus	Korsischer Gebirgsmolch
Euproctus platycephalus	Sardischer Gebirgsmolch
**Lyciasalamandra (Mertensiella) helverseni*	Karpathos-Salamander
Lyciasalamandra (Mertensiella) luschani inkl. aller Unterarten (*L. l. basoglui, L. l. finikensis, L. l. luschani*)	Lykischer Salamander
Lyciasalamandra (Mertensiella) flavimembris	Lykischer Landsalamander
Lyciasalamandra (Mertensiella) fazilae	Lykischer Landsalamander
Lyciasalamandra (Mertensiella) billae	Lykischer Landsalamander
Lyciasalamandra (Mertensiella) antalyana	Lykischer Landsalamander
Lyciasalamandra (Mertensiella) atifi	Lykischer Landsalamander
Salamandra atra	Alpensalamander
Salamandra lanzai	Lanzas Alpensalamander
Salamandrina perspicillata	Nördlicher Brillensalamander
Salamandrina terdigitata	Südlicher Brillensalamander
Triturus carnifex	Italienischer oder Alpen-Kammmolch
Triturus cristatus	Kammmolch
Triturus dobrogicus	Donau-Kammmolch
Triturus ivanbureschi	Buresch-Kammmolch
Triturus karelinii	Südöstlicher Kammmolch
Triturus macedonicus	Mazedonischer Kammmolch
Triturus marmoratus	Nördlicher Marmormolch
Triturus pygmaeus	Südlicher oder Zwerg-Marmormolch
Lissotriton italicus	Italienischer Molch
Lissotriton montandoni	Karpatenmolch
Lungenlose Salamander, Plethodontidae	
Speleomantes (Hydromantes) ambrosii	Ambrosis Höhlensalamander
Speleomantes (Hydromantes) flavus	Monte-Albo-Höhlensalamander
Speleomantes (Hydromantes) genei	Genés Höhlensalamander
Speleomantes (Hydromantes) imperialis	Duftender Höhlensalamander
Speleomantes (Hydromantes) italicus	Italienischer Höhlensalamander
Speleomantes (Hydromantes) strinatii	Ligurischer Höhlensalamander
Speleomantes (Hydromantes) supramontis	Supramonte-Höhlensalamander
Speleomantes (Hydromantes) sarrabusensis	Sàrrabus-Höhlensalamander
Olme, Proteidae	
Proteus anguinus	Grottenolm

* auch die taxonomisch noch nicht ausreichend gesicherten Arten wie *Lyciasalamandra arikani, L. irfani* und *L. yehudahi* sind indirekt geschützt

Berner Konvention

In den Ländern der Europäischen Union kommt fast deckungsgleich zur FFH-Richtlinie die Berner Konvention (Übereinkommen über die Erhaltung der europäischen wildlebenden Pflanzen und Tiere und ihrer natürlichen Lebensräume) von 1979 zur Anwendung. Die in Anhang II (streng geschützte Arten) der Berner Übereinkunft gelisteten Arten dürfen weder gestört oder gefangen noch getötet oder gehandelt werden.

Zusätzlich gibt es in Anhang II der Berner Konvention zwei streng geschützte Arten, die in Anhang IV der FFH-Richtlinie fehlen: der Anatolische Bergbachmolch, *Neurergus strauchii*, und der Urmia-Bergbachmolch, *Neurergus crocatus*. Beide Arten sind dort merkwürdigerweise unter den Anuren (Familie Discoglossidae) aufgelistet, werden aber am besten genauso wie FFH-Arten behandelt.

Darüber hinaus gibt es eine Reihe europäischer Arten, die zwar nicht durch die FFH-Richtlinien, aber dennoch in ihren Herkunftsländern ausnahmslos geschützt sind. Prinzipiell können auch von diesen Arten legal nur Nachzuchten gehalten oder wildlebende Tiere mit einer entsprechenden Genehmigung des Landes gefangen werden (Letzteres ist für Privatpersonen jedoch meist unmöglich). Zum Beispiel betrifft dies den Iberischen Wassermolch (*Lissotriton boscai*), den Spanischen Rippenmolch (*Pleurodeles waltl*) und den Korsischen Feuersalamander (*Salamandra corsica*). Für einige Arten wie den Bandmolch (*Ommatotriton vittatus*) oder den Kaukasus-Salamander (*Mertensiella caucasica*) sind keine Haltungsgenehmigungen erforderlich. Dies gilt aber nur, solange die an Europa angrenzenden Länder, in denen sie vorkommen, nicht der Europäischen Union beitreten und diese Arten daher nicht durch die europäische Gesetzgebung abgedeckt sind. Man sollte immer Sorge dafür tragen, dass man die legale Herkunft seiner Tiere später jederzeit nachweisen kann.

Wiedererkennung und Kennzeichnung

Eine individuelle Wiedererkennung und Indentifizierung von Schwanzlurchen ist nur für Arten der beiden CITES-Anhänge erforderlich, also für Riesensalamander (*Andrias* sp.), Zagros-Molch (*Neurergus kaiseri*) und in freier Wildbahn gefangene Axolotl (die aber noch nie im Handel angeboten wurden!) sowie *Ambystoma dumerilii*.

Die Kennzeichnung von Schwanzlurchen ist insgesamt als problematisch zu sehen.

Das Setzen von Transpondern ist bei vielen kleineren Schwanzlurchen wie bei diesem *Neurergus crocatus* derzeit keine Option. Oben ist der vergleichsweise riesige Transponder zu sehen, darunter der Applikator. Transponder werden allerdings immer kleiner und können in Zukunft vielleicht doch einmal eingesetzt werden, um selbst kleine Amphibien sicher zu identifizieren. Foto: F. Pasmans

Die Farbmuster vieler Schwanzlurcharten bleiben während des gesamten Lebens relativ konstant, was ihre individuelle Wiedererkennung ermöglicht. Hier die Unterseite eines Kammmolchs (*Triturus cristatus*). Foto: F. Pasmans

Das Implantieren eines Transponders durch den Tierarzt ist zwar eine Möglichkeit, muss aber in die Bauchhöhle erfolgen, was im Hinblick auf die geringe Größe der meisten Salamander und Molche kaum gefahrlos erfolgen kann – insbesondere nicht bei kleineren Schwanzlurchen. Die Tiere müssen für diesen Zweck außerdem betäubt werden, was ein zusätzliches Risiko darstellt. Andere Methoden, wie z. B. Hauttätowierungen oder Farbmarkierungen, verursachen ebenfalls Probleme und sollten von Privathaltern nicht angewendet werden.

Alternativ für eine sichere Wiedererkennung eignet sich bei vielen Arten die individuelle Zeichnung auf Rücken oder Bauch, die ab der Geschlechtsreife meist das ganze Leben beibehalten wird oder zumindest wiedererkennbar ist. Die Identifizierung mittels Fotodokumentation scheint derzeit die beste Wahl für eine individuelle Wiedererkennung von Schwanzlurchen zu sein. Bei einigen Arten (wohlgemerkt gerade bei *Neurergus kaiseri*) verändert sich das Farbmuster allerdings auch mit zunehmendem Alter!

Praxistipp

Es ist immer ratsam, für alle im Terrarium gehaltenen Schwanzlurche genaue Aufzeichnungen zu führen, ob die Art nun geschützt ist oder nicht. Machen Sie also möglichst viele Notizen, Fotos, Skizzen etc., sodass Sie später stets die Rechtmäßigkeit und legale Herkunft Ihrer Tiere nachweisen können. Bei einer Abgabe oder Weiterveräußerung einzelner Individuen sollten Sie auf allen Dokumenten stets genau die Namen des Verkäufers und des Empfängers vermerken, aber auch die Art(en), die Anzahl der ausgefüllten Kopien und natürlich das Datum der Weitergabe. Sollten derzeit ungeschützte Arten ihren Schutzstatus einmal ändern, können Sie somit immer die legale Herkunft Ihrer Tiere nachweisen.

Erkrankungen von Salamandern und Molchen

Gesunde Schwanzlurche, die in menschlicher Obhut unter geeigneten Verhältnissen gehalten werden, sind anspruchslose und langlebige Tiere. Dennoch sind natürlich auch bei Urodelen Krankheiten weit verbreitet und dann fast immer auf folgende drei Faktoren zurückzuführen:

1) Ungeeignete Haltungsbedingungen („Umweltbelastungen“ im Terrarium), z. B. Hitze im Sommer, unzureichende Hygiene durch schlechte Wasserqualität, verschmutzte Trinkschalen oder stark mit Exkrementen verunreinigte Substrate bei grabenden Tieren (oft bei Vertretern der Familie Ambystomatidae), Aggressionen zwischen den Insassen aufgrund beengter Verhältnisse und zu nasses oder zu trockenes Pflegeregime.

2) Aufnahme erkrankter (äußerlich oft noch gesund erscheinender) Tiere in eine bestehende Amphibienhaltung. Es ist grundsätzlich davon auszugehen, dass jeder Neuankömmling, ob frisch importiert oder von einem anderen Terrarianer erhalten, sich möglicherweise als gefährlich für die bestehende Haltung erweist. Leider ist die Mehrzahl der importierten Schwanzlurche auf die eine oder andere Art erkrankt und stellt somit eine potenzielle Infektionsquelle für die anderen Pfleglinge dar. Der Fang der Tiere in der Natur (häufig während der Paarungszeit) ist natürlich mit Stress

Dieser Mandarin-Krokodilmolch (*Tylototriton shanjing*) ist stark abgemagert. Vergleichen Sie das Foto dieses Exemplars einmal mit dem Bild eines gesunden Tieres im Artporträt auf S. 184. Foto: F. Pasmans

Eingewöhnung neuer Urodelen: ein tierärztliches Protokoll

Die Mortalität neu erworbener Schwanzlurche kann deutlich verringert werden, wenn man folgendes Protokoll befolgt.

1) Quarantäne:

Alle neu erworbenen Tiere sollten über mindestens sechs Wochen in strikter Quarantäne gehalten werden. Vorzugsweise werden die Tiere hierfür einzeln in gut zu reinigenden Behältern gepflegt. Einfache Kunststoffbehälter mit einem Substrat aus feuchtem Küchenpapier, kleinem Wassergefäß und Versteckplatz (z. B. PVC-Rohr) ermöglichen eine gute Kontrolle über Futteraufnahme und Kotabgabe.

2) Klinische Untersuchung:

Jedes Tier sollte durch einen spezialisierten Tierarzt untersucht werden. Die parasitologische Untersuchung der Kotprobe ist dabei selbstverständlich. Bei schwerem Parasitenbefall sollte das Exemplar entsprechend behandelt werden.

3) Eingangsprüfung für chytride Pilze und Ranavirus:

Jeder neu erworbene Schwanzlurch sollte mittels Hautabstrich auf die Präsenz von *Batrachochytrium dendrobatidis, B. salamandrivorans* und Ranavirus untersucht werden. Bis das Resultat bekannt ist und im Fall eines positiven Befundes (wenn also ein Befall vorliegt), sollten alle Gegenstände, Wasser, Abfall usw., die mit dem betroffenen Tier Kontakt hatten, desinfiziert werden (z. B. durch Erhitzen auf 70 °C über drei Stunden). Schwanzlurche, die für chytride Pilze positiv getestet wurden, müssen behandelt werden, bis der Befund negativ ausfällt. Ranaviruspositive Tiere müssen dauerhaft unter Quarantänebedingungen gehalten werden, wobei ein direkter und indirekter Kontakt mit anderen Tieren der Haltung oder der Außenwelt streng zu vermeiden ist.

4) Post-mortem-Untersuchung von Tieren, die während der Quarantäne sterben.

5) Erst wenn die Tiere klinisch gesund erscheinen (inkl. guter Appetit) und negativ auf Chytrid und Ranavirus getestet wurden, können sie freigegeben werden.

verbunden, ebenso ihre kurzzeitige Hälterung in großen Gruppen (in der Regel unter unzureichenden Bedingungen) bis zum Zeitpunkt der Ausfuhr; all dies bewirkt, dass sich bei importierten Tieren Krankheiten rasch ausbreiten können.

3) Stress (durch ungeeignete Fang- und Transportmaßnahmen oder wegen anderer Ursachen) macht Salamander und Molche allgemein für verschiedene Infektionen empfänglicher, sowohl viraler (z. B. *Ranavirus*) und bakterieller Art als auch durch Pilze oder Parasiten. Dies kann schließlich zum Ausbruch einer Krankheit führen. Wenn Schwanzlurche erst einmal erkrankt sind, scheiden sie im hohen Maße selbst Erreger aus und bilden damit für alle anderen Amphibien eine wichtige Infektionsquelle. Importierte Tiere können auf diese Weise unter Terrarieninsassen, die schon seit vielen Jahren gesund in menschlicher Obhut leben, schnell Krankheiten verbreiten.

Auch dieser Zagros-Molch (*Neurergus kaiseri*) ist stark abgemagert. Teile seiner Zehen und das Schwanzende sind bereits abgestorben. Foto: F. Pasmans

Wie erkennt man einen kranken Schwanzlurch?

Verschiedene Verhaltensweisen lassen auf eine mögliche Erkrankung von Schwanzlurchen schließen. Achten Sie hierbei besonders auf folgende äußere Anzeichen:

1) Kontrollieren Sie regelmäßig den Ernährungszustand und den Appetit Ihrer Pfleglinge: Wenn die Beckenknochen deutlich sichtbar sind, ist das Tier unterernährt. Unterernährung ist auf Nahrungsmangel oder auf eine Erkrankung zurückzuführen. Besonders wenn Tiere plötzlich nicht mehr fressen, ist dies oft das erste Symptom einer ausbrechenden Krankheit – es sei denn, es gibt physiologische Gründe dafür, z. B. eine beginnende Winter- oder Sommerruhe.

2) Beobachten sie den Zustand der Haut: Sie sollte immer intakt sein und darf keine sichtbaren Verletzungen aufweisen. Die ersten Hautveränderungen bei einer Erkrankung betreffen in der Regel die Schnauze, Schwanzspitze so-

Tuberkulose ist eine chronische Erkrankung, die mit einem schlechten Allgemeinzustand und oft mit Hautgeschwüren einhergeht, wie bei diesem *Paramesotriton caudopunctatus* Foto: F. Pasmans

wie Finger und Zehen. Jede schlecht heilende Hautläsion (Verfärbung, Wunde etc.) kann Hinweise auf eine zugrundeliegende Erkrankung geben. Sobald sich eine Hautveränderung bemerkbar macht, sollte das Tier umgehend behandelt werden, sonst könnte es bald verenden.

Bei einigen Salamanderarten wie dem Brillensalamander (*Salamandrina terdigitata*) bleiben die Rippen allerdings auch bei gut gefütterten Tieren stets sichtbar
Foto: S. Bogaerts

Ein Portugiesischer Feuersalamander (*Salamandra salamandra gallaica*) mit ungewöhnlich dunkler, stark verdickter Haut. Solche Fälle können durch Herpes-Viren hervorgerufen werden. Foto: F. Pasmans

Eine Ausnahme bilden frische, durch Kämpfe verursachte Hautverletzungen, die oft ohne Komplikationen abheilen. Neben einer intakten Hautoberfläche muss auch die Hautstruktur genau kontrolliert werden. Sobald sie vom normalen Erscheinungsbild abweicht, ist dies oft ein ernsthaftes Anzeichen einer beginnenden Krankheit – z. B. bei Arten, die wie *Tylototriton shanjing* während des Landaufenthaltes eine trockene, körnige Haut haben, die auf einmal feucht und schleimig wird.

Dieser *Tylototriton wenxianensis* hat Häutungsschwierigkeiten: Reste der alten Haut sind auf dem Körper und an den Beinen zu erkennen. Dies kann verschiedene Ursachen haben, oftmals sind die Tiere zu trocken oder auch zu feucht im Terrarium untergebracht. Die alte Haut entfernt man am besten, indem man das betroffene Tier für mehrere Stunden auf nassen Küchentüchern hält, damit sich die obersten Hautschichten aufweichen und langsam lösen. Foto: F. Pasmans

Das „floppy newt"-Syndrom (wörtlich: schlaffer Molch) kann gelegentlich bei Feuersalamandern mit Häutungsproblemen (in diesem Fall bei *Salamandra algira*) auftreten. Die Tiere sind dabei völlig schlaff und reagieren kaum, wenn man sie berührt. Manchmal erholen sich diese Salamander wieder, wenn man die alten Hautschichten vorsichtig entfernt, indem man das Tier für einige Zeit bei einer Temperatur von 10–15 °C auf einem feuchten Haushaltstuch hält. Foto: F. Pasmans

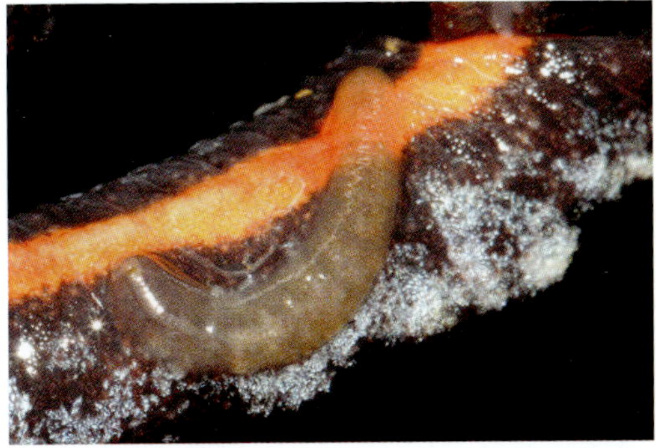

Blutegel sind Parasiten, die sich in der Natur gelegentlich auch an Molchen oder Salamandern festsaugen, wie in diesem Fall am Schwanz eines *Neurergus strauchii barani* Foto: F. Pasmans

Ein Weibchen des Shangcheng-Winkelzahnmolchs (*Pachyhynobius shangchengensis*) mit tiefen Bisswunden, hervorgerufen durch den männlichen Partner
Foto: F. Pasmans

Resultat eines Kampfes von zwei *Paramesotriton hongkongensis*: Das linke Vorderbein wurde teilweise abgebissen!
Foto: H. Janssen

Wildfang von *Plethodon glutinosus* mit ernsthafter Milben-Infektion (vielleicht *Hannemania* sp.)
Foto: F. Pasmans

Ein Fadenmolch (*Lissotriton helveticus*) mit Befall von *Amphibiocystidium* sp. Foto: F. Pasmans

„Gasblasenkrankheit" bei einem *Ambystoma andersoni*. Man beachte die Gasbläschen im Gewebe. Foto: F. Pasmans

3) Kontrollieren Sie auch den Bauchumfang Ihrer Tiere: Bei vielen Erkrankungen kommt es zur Wassersucht (Aszites), was meist mit einer sehr starken Zunahme des Bauchumfangs verbunden ist. Es ist hierbei wichtig, von gesunden trächtigen oder auch fettleibigen Tiere zu unterscheiden.

Die häufigsten Erkrankungen

Schwanzlurche, die unter den richtigen Bedingungen gepflegt werden, zeigen nur selten Anzeichen einer Krankheit. Dennoch kann es unter ungünstigen Pflegebedingungen zu einer Erkrankung oder gar zum Massensterben von Tieren im Terrarium kommen.

Die meisten Krankheitserreger führen zu einem unklaren klinischen Bild. Daher sind Diagnosen, die allein auf äußere Symptome beruhen, in der Regel unzuverlässig. Über Amphibienkrankheiten wurden bereits mehrere sehr gute Bücher verfasst (z. B. Wright & Whitaker 2001; Mutschmann 2009). Wir wollen an dieser Stelle nur einige für Schwanzlurche typische Erkrankungen beschreiben, die in der Praxis die meisten Fälle ausmachen.

Vergiftungen

Schwanzlurche sind für giftige Substanzen in ihrer Umwelt besonders anfällig. In Aquarien oder Terrarien können sich z. B. schnell große Mengen Ammonium, Nitrit und/oder Nitrat im Wasser anhäufen; gerade Ammonium und Nitrit sind äußerst giftig (siehe Abschnitt „Wasserqualität" im Kapitel „Die Umgebungsbedingungen").

Ein Problem, das in dem Zusammenhang häufiger auftritt, ist das in diesem Abschnitt beschriebene „neue Aquarium"-Syndrom. In dem Fall sind in einem neu eingerichteten Aquarium (noch) nicht genügend Bakterien vorhanden, die toxische Abbauprodukte wie Ammonium und Nitrit in das ungiftigere Nitrat umwandeln können. Dieser Umstand ist

Hautverfärbungen sind ein wichtiger Hinweis darauf, dass ein ernsthaftes Haltungsproblem vorliegt. Das untere Tier (*Salamandra infraimmaculata infraimmaculata*) zeigt eine normale Hautfarbe, während die Haut des oberen Tieres matt und dunkel verfärbt ist; dieses Tier leidet unter einer Nitrit-Vergiftung. Foto: F. Pasmans

eine der häufigsten Ursachen für eine erhöhte Sterblichkeit unter Schwanzlurchlarven. Die Symptome sind uncharakteristisch und reichen von Hautveränderungen über Apathie und Appetitlosigkeit hin zu akuten Todesfällen. Das Wasser muss sofort gewechselt werden, doch oft sind die Larven nicht mehr zu retten.

Die Bedeutung einer optimalen Wasserqualität kann kaum überschätzt werden, und eine wöchentliche Überprüfung der Wasserqualität ist daher dringend zu empfehlen – gerade Schlüsselparameter wie Temperatur, pH-Wert, Nitrit- und Nitratgehalt sind auch einfach zu messen. Weitere Informationen finden Sie im Abschnitt „Wasserqualität".

Vergiftungen durch gelöste Schwermetalle treten vermutlich häufiger unerkannt in Aquarien auf, zum Beispiel bei der Verwendung von Bleibändern, die gekaufte Wasserpflanzen zusammenhalten, durch den Einsatz metallhaltigen Wassers aus Kupferrohren oder durch ungeeignete Einrichtungsgegenstände (z. B. Wasserschalen mit bleihaltigen Legierungen oder aus Metall). Auch Rote Mückenlarven können hohe Konzentrationen von Schwermetallen enthalten, die schließlich zu einer Vergiftung führen.

Rundwürmer (Nematoden)

Nematoden sind Parasiten, die recht häufig sowohl bei kranken als auch gesunden Schwanzlurchen auftreten können. In einem ansonsten gesunden Tier, das unter den richtigen Bedingungen gehalten wird, führen Nematoden aber nur selten zu einer Erkrankung. Die tierärztliche Diagnose einer Wurminfektion benennt daher auch nur selten den „wahren Täter", der bei den Terrarieninsassen eine Erkrankung verursacht. Besonders massive Nematodeninfektionen (z. B. von *Rhabdias, Strongyloides*) können bei geschwächten Schwanzlurchen dennoch zum Tod führen.

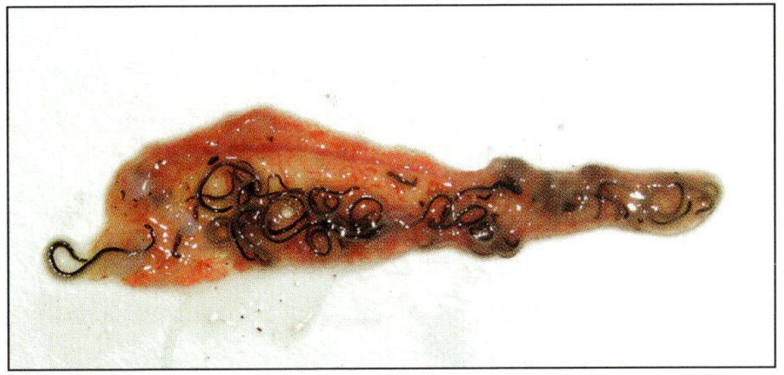

Die Lunge eines verendeten *Tylototriton kweichowensis* mit Lungenwürmern (*Rhabdias* sp.) Foto: F. Pasmans

Klinische Symptome einer solchen Infektion sind: Appetitlosigkeit mit Gewichtsverlust, verminderte Aktivität, Durchfall, Bauchwassersucht oder Kloakenprolaps (Darmvorfall). Auch so manche Hautläsion kann auf Nematodenbefall beruhen (z. B. *Rhabdias*-Infektionen bei *Tylototriton*), wenn Bakterien kleinste, durch die Nematoden verursachte Hautwunden infizieren. Die Diagnose von Nematoden erfolgt über den Nachweis von Eiern oder Larven im Kot, durch Haut- und Kloakenabstriche oder durch Kloakenspülungen.

Eine Behandlung kann durch Fenbendazol erfolgen: 20 mg/kg Gewicht werden über 3–5 Tage mit der Nahrung verabreicht. Gegenüber diesem Wirkstoff hat Levamisol den Vorteil, dass diese Substanz nicht nur über die Nahrung (10–30 mg/kg; Prozedur nach 10–14 Tagen wiederholen), sondern auch einfach über die Haut verabreicht werden kann (Lösung mit 2 mg/ml Wasser ansetzen, drei Tage lang täglich einen Tropfen pro 3 g Körpergewicht des Tieres verabreichen).

Eine Behandlung von Lungeninfektionen mit Rundwürmern wie *Rhabdias* kann andererseits zu einem Massensterben der Nematoden in der Lunge betroffener Salamander und Molche führen – und in der Folge zu einer Lungenentzündung und hohen Mortalitätsraten. Besonders Levamisol ist daher, wenn es nicht genau dosiert wird, hochgiftig!

Flagellaten

Flagellaten oder Geißeltierchen sind winzige Protozoen (Einzeller) mit einer oder auch mehreren Geißeln zur Nahrungsaufnahme und Fortbewegung. Flagellateninfektionen treten bei Schwanzlurchen recht häufig auf. Neben dem Urogenitalsystem, der Haut, den Kiemen und dem Blutkreislauf findet man Flagellaten hauptsächlich im Verdauungstrakt der Tiere.

Wie Nematodenbefall bleibt auch eine Flagellateninfektion oft ohne klinische Folgen, doch kann ein massiver Befall vor allem bei geschwächten Lurchen durchaus zu Krankheit und Tod führen. Die Symptome sind oft unspezifisch: Appetitlosigkeit, chronischer Gewichtsverlust, Apathie, Kloakenvorfall und Durchfall. Ein klinisches Indiz für eine Flagellateninfektion ist der Aszites (Bauchwassersucht durch Flüssigkeit im Bauchraum). Die Diagnose kann anhand der mikroskopischen Untersuchung eines Blutausstrichs (Nachweis der Parasiten im Blut), frischen Kots oder über eine Kloakenspülung erfolgen.

Die Behandlung aquatiler Urodelen erfolgt mittels Metronidazol im Aquarienwasser (500 mg/10 l Wasser, über drei Tage). Während dieser Behandlung müssen die Tiere sehr gut im Auge behalten werden, denn es wurden schon starke Nebenwirkungen bis hin zu Todesfällen beobachtet. Sollten Verhaltensauffälligkeiten auftreten, sind die Tiere sofort in frisches Wasser umzusetzen.

Bei Schwanzlurchen an Land verwendet man Metronidazol wie folgt: 50 mg/kg pro Tag, fünf Tage lang über die Nahrung verabreicht. Außerdem muss das Terrarium gründlich gereinigt und desinfiziert werden. Eine praktische Alternative bei terrestrischen Lurchen ist auch eine Verabreichung über die Haut: Zu diesem Zweck wird eine Lösung von 10 mg/ml Wasser angesetzt, die 3–6 Tage lang täglich (ein Tropfen pro 3 g Körpergewicht) auf die Haut getropft wird.

Neben einer Behandlung der Flagellateninfektion ist es immer auch wichtig, die eigentlichen Ursachen zu suchen und entsprechend zu handeln. Ist ein Salamander oder Molch erst einmal geschwächt, können selbst vermeintlich harmlose Flagellaten zu ernsthaften Problemen führen.

Bauchwassersucht und Ödeme bei *Neurergus s. strauchii*. Man beachte den stark vergrößerten Bauchumfang. In diesem Fall war eine massive Flagellaten-Infektion die Ursache. Foto: F. Pasmans

Bakterielle Infektionen

Vor allem Infektionen mit gramnegativen Bakterien können bei Amphibien zu einer hohen Sterblichkeit führen. Von Bedeutung sind besonders *Aeromonas*-Infektionen, die in den meisten Fällen auch am Auftreten der berüchtigten Molchpest beteiligt sind. „Molchpest" ist eine seit vielen Jahren in deutschen Liebhaberkreisen kursierende Bezeichnung für eine sehr ernstzunehmende Erkrankung. Sie ist durch das Auftreten von Geschwüren auf der Haut charakterisiert und geht in der Regel mit einer hohen Mortalität einher. Obwohl die Molchpest meist einer bakteriellen Infektion zugeschrieben wird, ist sie doch eine Erkrankung, die verschiedene Ursachen haben kann.

Molchpest wird durch ungünstige Umweltfaktoren (z. B. hohe Temperaturen oder Überbesatz) gefördert; die daran beteiligten Bakterien können in den meisten Fällen als sekundäre Erreger angesehen werden, denn die erkrankten Tiere sind in der Regel bereits durch eine primäre Ursache (z. B. Ranavirose) geschwächt. Die Symptome bei Schwanzlurchen sind Hautrötungen und schließlich offene Hautgeschwüre, die oft an den Extremitäten und am Mund auftreten.

Bedeutsam bei Amphibien ist auch die Tuberkulose, die durch Bakterien der Gattung *Mycobacterium* verursacht wird. Infrage kommen hauptsächlich fünf Arten, die bei Amphibien zu einer Tuberkuloseerkrankung führen können: *M. marinum*, *M. xenopi*, *M. ulcerans*, *M. liflandii* und *M. fortuitum*. Symptome sind Appetitlosigkeit, Gewichtsverlust, Antriebslosigkeit, Knoten auf der Haut mit oder ohne offene Stellen, Verkrümmung der Wirbelsäule, Hervortreten der Augen und plötzliche Todesfälle. Die Behandlung einer Tuberkulose gestaltet sich sehr schwierig; es ist generell davon abzuraten, denn diese Bakterien können auch Menschen infizieren und dort ebenfalls

Krankheitsbedingte Hautveränderungen sind nicht immer so deutlich erkennbar wie hier an der Ohrdrüse einer *Lyciasalamandra luschani basoglui* Foto: F. Pasmans

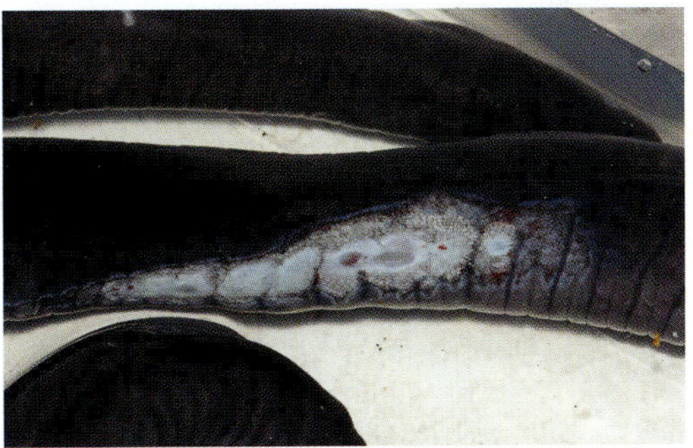

Blindwühlen wie *Typhlonectes compressicauda* müssen bei Hautveränderungen sofort behandelt werden Foto: F. Pasmans

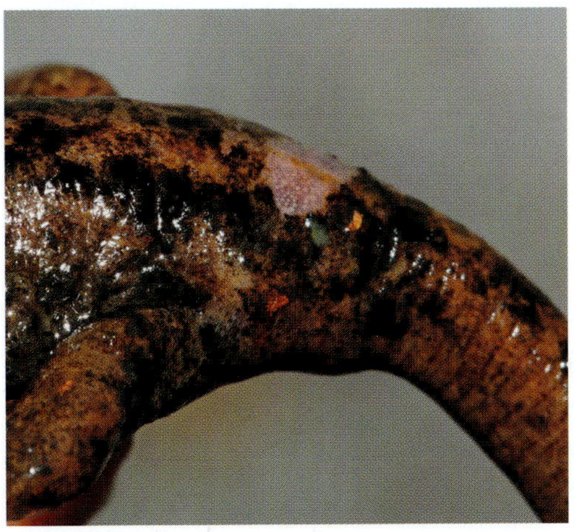

Hautgeschwüre bei Schwanzlurchen, wie bei diesem Feuersalamander (*Salamandra salamandra alfredschmidti*), müssen ebenfalls sogleich therapiert werden
Foto: F. Pasmans

Infektionen mit Chlamydien (in diesem Fall mit *Candidatus Amphibiichlamydia salamandrae* bei *Neurergus strauchii*) können zu großen Verlusten führen Foto: F. Pasmans

Krankheiten verursachen. Schwanzlurche, bei denen Tuberkulose diagnostiziert wurde, sollten daher am besten sofort eingeschläfert werden.

Erst vor kurzer Zeit wurden Chlamydien (*Amphibiichlamydia*) beschrieben und auch bei Schwanzlurchen nachgewiesen (bisher bei den Gattungen *Neurergus*, *Ommatotriton* und *Salamandra*), die vermutlich ebenfalls Ursachen für eine hohe Mortalität sind. Speziell das Scheitern von Erhaltungszuchtprojekten bei der Gattung *Neurergus* ist teilweise wohl diesen Bakterien zuzuschreiben. Chlamydien scheinen auch sekundäre Erkrankungen auszulösen, vor allem bei hohen Temperaturen über 20 °C.

Eine sichere Diagnose von bakteriellen Infektionen ist post mortem durch Anlegen einer Kultur und Ziehl-Neelsen- bzw. Stamp-Färbung oder durch PCR-Nachweise möglich. Die Antibiotika-Behandlung muss immer nach einer auf einem Antibiogramm basierenden Diagnose des Tierarztes stattfinden und sollte sofort beginnen, wenn die ersten Anzeichen einer bakteriellen Sepsis auftreten.

Eine wirksame Behandlung von Chlamydien- und Mycobacterien-Infektionen ist derzeit allerdings kaum möglich. Bei anderen bakteriellen Infektionen hat folgende Behandlung immerhin schon zu guten Ergebnissen geführt: drei Mal täglich für je 10 Minuten ein Bad in einer Lösung von 2.000 IE Polymyxin B pro 1 ml Wasser. Weitere Antibiotika, die möglicherweise eingesetzt werden können, sind Gentamicin, Amikacin, Enrofloxacin oder Tetracyclin.

Das Abwerfen des Schwanzes ist ein typisches Symptom, das bei erkrankten Lungenlosen Salamandern auftreten kann. In diesem Fall handelt es sich um *Bolitoglossa dofleini* mit Chytridiomykose. Foto: F. Pasmans

Chytridiomykose

Eine äußerst ernsthafte Erkrankung bei Amphibien sowohl in der Natur als auch in der Terrarienhaltung ist die Chytridiomykose. Diese Pilzinfektion, die durch den mikroskopischen Pilz *Batrachochytrium dendrobatidis* (*Bd*) verursacht wird, ist mit verantwortlich für das weltweite Massensterben von Amphibienpopulationen.

Der Chytrid-Pilz vermehrt sich nur in den keratinisierten (verhornten) Teilen des Amphibienkörpers, z. B. in den obersten Hautschichten. Symptome der Krankheit sind Apathie, Appetitlosigkeit und – besonders auffällig – häufige, sehr starke Häutungsvorgänge. Die Sterblichkeit im Bestand kann extrem hoch sein, aber auch nur gering ausfallen.

Es ist noch nicht sicher geklärt, welche Schwanzlurcharten besonders anfällig für Chytrid-Infektionen sind. Eine breit angelegte Untersuchung, die 2009 bei niederländischen, französischen, deutschen und belgischen Molch- und Salamanderhaltern durchgeführt wurde, ergab, dass nur sehr wenige in den Terrarien gehaltene Molche und Salamander infiziert waren. Eines der infizierten Tiere war ein *Neurergus kaiseri* aus dem Zoofachhandel, was die potenzielle Rolle des Amphibienhandels bei der Ausbreitung dieser Infektionskrankheit unterstreicht. Auch bei einigen Querzahnmolchen (*Ambystoma*-Arten) wurden infizierte Exemplare nachgewiesen, vor allem aus Mexiko. Doch weder der beschriebene *N. kaiseri* noch die Querzahnmolche zeigten äußere Anzeichen einer Erkrankung, was belegt, dass manche Arten eben nicht oder nur gering für Chytridiomykose anfällig sind. Junge *Tylototriton ziegleri* hingegen erwiesen sich als extrem empfindlich und starben bereits innerhalb von zehn Tagen nach einer Infektion!

Auch manche Lungenlose Salamander aus Mittelamerika scheinen für den Pilz sehr anfällig zu sein – wahrscheinlich deshalb, weil die bei diesen Amphibien besonders wichtige Atemfunktion der Haut zu stark durch den Pilz beeinträchtigt wird. Bei einer Untersuchung von in Terrarien verendeten Lungenlosen Salamandern zeigte sich, dass die Hälfte der Tiere extrem stark mit Chytrid infiziert war, wohingegen der Pilz an lebenden gesunden Tieren der gleichen Art nicht nachgewiesen werden konnte.

Viele der teils drastischen Populationsrückgänge bei Lungenlosen Salamandern in Zentral- und Südamerika sind wohl vor allem auf Chytridiomykose zurückzuführen. Dies könnte vielleicht erklären, warum sich diese Gruppe von Schwanzlurchen oft nur schwer im Terrarium pflegen lässt. Wie es zu den Chytridinfektionen letztlich kommt, ist nicht geklärt.

Juveniler *Tylototriton ziegleri*, der an Chytridiomykose verendet ist. Äußerlich können nur geringfügige Veränderungen in der Hautstruktur festgestellt werden. Foto: F. Pasmans

Entweder sind die Salamander bereits in der Natur infiziert, oder sie stecken sich erst nach dem Fang zum Beispiel in Zoohandlungen an. Auch warum manche den Pilz tragende Tiere in der Natur nicht erkranken, wohl aber im Terrarium, ist noch nicht bekannt.

Die Chytrid-Diagnose kann nur im Labor vorgenommen werden und erfolgt durch (möglichst quantitative) PCR-Methoden, aber auch mittels Histologie, Immunhistochemie oder nativer Hautpräparate. Am lebenden Tier kann mit Wattestäbchen (Q-Tipps) einfach ein Abstrich von der Bauchhaut genommen und auf Chytrid-Befall überprüft werden. Der Abstrich muss trocken sein (!) und kann für den Nachweis an ein Labor (siehe „Weitere Informationen“) geschickt werden.

Salamandra salamandra terrestris mit Chytrid-Infektion (*Batrachochytrium salamandrivorans*). Man beachte die Hautveränderungen und die Häutungsreste. Foto: F. Pasmans

Eine Unterart des Alpensalamanders mit einem sehr kleinen Verbreitungsareal ist *Salamandra atra pasubiensis*. Eingeschleppte Infektionskrankheiten wie *Batrachochytrium salamandrivorans* könnten solche Arten leicht gefährden.
Foto: F. Pasmans

Es ist äußerst wichtig, dass alle Haltungs- und Zuchtanlagen von Schwanzlurchen frei von diesem Pilz sind – nicht nur um der Gesundheit der Insassen willen, sondern auch um eine weitere Ausbreitung von Chytrid in der Umwelt (z. B. über Brauchwasser) zu vermeiden und einheimische Amphibien zu schützen. Idealerweise sollten Tierhalter das Auftreten des Pilzes regelmäßig überprüfen und besonders neu erworbene Tiere streng kontrollieren.

Die klassische Behandlung einer Chytrid-Erkrankung erfolgt durch Baden in einer 0,01-prozentigen Itraconazol-Lösung (10 Tage, täglich 5 min) oder, wenn die betroffene Art dies toleriert, durch eine mehrtägige Erhöhung der Umgebungstemperatur auf 30 °C – wodurch die allermeisten Tiere tatsächlich pilzfrei werden. Der größte Teil aller Schwanzlurcharten erträgt solch hohe Temperaturen allerdings nicht.

Eine Alternative ist die Behandlung mit dem Wirkstoff Voriconazol. Hierbei werden die Tiere in einen handelsüblichen Kunststoffbehälter für Lebensmittel überführt, dessen Boden mit einer Schicht Zellstoff versehen ist. Der Zellstoff wird mit einer intravenösen Lösung von 1,25 mg Voriconazol (wasserlöslich) pro Liter Wasser angefeuchtet. Die Tiere bleiben 10 Tage lang in diesem Behälter und werden darin zweimal täglich mit frischer Voriconazol-Lösung besprüht. Aquatile Schwanzlurche und ihre Larven können auch direkt für 10 Tage in einem Voriconazol-Bad (Lösung in der gleichen Konzentration wie oben angegeben) gehältert werden; Voriconazol bleibt über diesen Zeitraum stabil im Wasser.

In der Zwischenzeit ist das gesamte Aquarium/Terrarium mit Inhalt zu desinfizieren, beispielsweise durch Erhitzen (ein kleiner Behälter kann z. B. einfach für drei Stunden in einen Backofen bei 50 °C gestellt werden) oder (bei größeren Becken) auch mit Hilfe von Bleichmitteln. Es ist wichtig, dass der Inhalt des zu reinigenden Terrariums, einschließlich des kontaminierten Wassers, nicht direkt mit der Umwelt in Berührung kommen kann, sondern zuerst desinfiziert wird!

Wurde in einer Amphibienhaltungsanlage Chytrid nachgewiesen, sollten auch nach einer vermeintlich erfolgreichen Behandlung alle Insassen noch mehrere Male auf den Erreger getestet werden. Es kann durchaus nötig sein, die Behandlung mehrfach zu wiederholen. Im Idealfall sollten die Tiere erst nach drei negativen Chytrid-Tests als „pilzfrei“ erklärt werden.

Erst vor kurzem wurde ein zweiter Chytridpilz entdeckt: *Batrachochytrium salamandrivorans* (*Bs*). Diese neue Chytridart hat bereits Feuersalamanderpopulationen in den Niederlanden an den Rand des Aussterbens gebracht. Obwohl momentan noch unklar ist, welche Amphibienarten für diesen Pilz anfällig sind, scheint er doch andere Wirte als *Bd* zu bevorzugen. So sind Geburtshelferkröten (*Alytes obstetricans*), die sehr empfindlich auf *Bd* reagieren, gegen *Bs* offensichtlich resistent.

Infizierte Feuersalamander zeigen untypische Symptome wie Fressunlust, Apathie, Auftreten kleiner Hautgeschwüre, Hautabstoßungsreaktionen, abnorme Verhaltensweisen und schließlich Tod. Die Tiere sterben meist innerhalb von 2–3 Wochen nach einer Infektion. Der *Bs*-Nachweis kann nicht mithilfe der für *Bd* üblichen PCR-Methodik geführt werden; allerdings konnten wir mittlerweile eine spezielle PCR-Methode für *Bs* entwickeln. Eine Behandlung von *Bs* ist zwar möglich, aber derzeit noch nicht so effektiv wie bei *Bd*. Auch *Bs*-Untersuchungen sollten in Zukunft möglichst in jedem Therapie- und Diagnoseplan für Amphibienkrankheiten enthalten sein – unbedingt nötig sind sie bei Schwanzlurchen.

Saprolegnia

Bei aquatischen Amphibieneiern und im Wasser lebenden Larven treten häufiger *Saprolegnia*-Infektionen auf. Diese Pilze (Wasserschimmel) sind ubiquitär im Lebensraum der Lurche vorhanden; sie leben auf organischen Resten und sind oft die Ursache umfangreicher sekundärer Pilzinfektionen der Haut, als Folge bis hin zum Tod. Infizierte Amphibien zeigen meist wollartige Flecken auf der Haut oder an den Kiemen (bei Larven). Besonders anfällig für diese Infektion sind offenbar Furchenmolche (*Necturus*).

Wasserschimmelbefall kann für Schwanzlurchgelege (in diesem Fall ein Ei von *Neurergus kaiseri*, das von *Saprolegnia* befallen wurde) zu einem großen Problem werden. In der Regel werden zuerst die unbefruchteten Eier befallen. Foto: F. Pasmans

Saprolegnia kann vor allem in frischen Eigelegen – unbefruchtete Eier sind hierbei für einen Befall deutlich empfindlicher als befruchtete Eier – sowie unter jungen Schwanzlurchlarven zu schweren Verlusten führen. Eier, die schimmelig aussehen, sollten daher so schnell wie möglich entfernt und vernichtet werden.

Virale Infektionen

Sehr gefährlich sind insbesondere auch Infektionen mit *Ranavirus*. Diese Viren können unter Amphibien in Terrarienhaltung zu

Schwellungen am Hals sind oft Anzeichen für Ödeme. Bei diesem *Tylototriton kweichowensis* war eine *Ranavirus*-Infektion die Ursache. Foto: F. Pasmans

Vermeiden Sie den Kauf von Schwanzlurchen aus einer Gruppe von Tieren, unter denen einige abnorme Haltungen zeigen, wie der hier abgebildete Rippenmolch (*Pleurodeles waltl*) Foto: F. Pasmans

massiven Mortalitätsraten führen. Sie sind eine wichtige Primärursache der Molchpest und damit verantwortlich für die häufig sehr hohe Sterblichkeit bei frisch importierten Schwanzlurchen (z. B. bei *Tylototriton kweichowensis*), aber auch bei ursprünglich gesunden Tieren, die mit infizierten Amphibien in Berührung kommen. Ranaviren führen auch in natürlichen Schwanzlurchpopulationen oft zu hohen Mortalitätsraten, z. B. bei Tigersalamandern (*Ambystoma tigrinum*). Vor kurzem haben *Ranavirus*-Ausbrüche auch in einigen europäischen Ländern zu starken Populationsrückgängen bei einigen Arten geführt.

„Metabolic bone disease" bei einem jungen *Neurergus crocatus*. Man beachte die extreme Rückgratverkrümmung und die abnorme Stellung der Extremitäten! Foto: F. Pasmans

Verkrümmungen oder Höcker an der Wirbelsäule wie bei diesem Marmormolch (*Triturus marmoratus*) weisen meist auf einen Mangel an Kalzium im Futter hin Foto: S. Bogaerts

Symptome sind in der Regel Futterverweigerung, möglicherweise auch Hautveränderungen (Geschwüre), Ödeme und schließlich Tod. Eine Infektion mit *Ranavirus* muss nicht zwingend den Ausbruch einer Erkrankung (Virose) zur Folge haben, doch kann die ausbrechende Krankheit nicht mehr behandelt werden; nach einem Ausbruch sterben erkrankte Amphibien fast immer!

Wie schon bei der Chytridiomykose ist es äußerst wichtig, dass diese Viren nicht aus der Terrarienhaltung ins Freie gelangen und dort möglicherweise einheimische Amphibien anstecken können. Die Diagnose erfolgt über Blutausstriche (Nachweis von intrazytoplasmatischen Einschlüssen in den roten Blutkörperchen) oder durch Virusisolierung sowie PCR-Methoden.

Knochenerkrankungen

Störungen im Knochenaufbau wie Hyperparathyreoidismus (Überfunktion der Nebenschilddrüse), Rachitis oder Osteomalazie sind meist sekundäre Spätfolgen einer Mangelernährung und haben ihre Ursache in Problemen bei der Kalzifizierung des Skeletts (Einlagerung von Kalzium in den Knochen). Sie werden oft als „Metabolic bone disease" (metabolische Knochenerkrankungen) bezeichnet und sind bei Schwanzlurchen ein häufig auftretendes Krankheitsbild, das aber oftmals unbemerkt bleibt – gerade bei Urodelen, deren Gewicht hauptsächlich vom Wasser getragen wird.

Ein Problem bei der Fütterung von Schwanzlurchen im Terrarium ist, dass die meisten der angebotenen Futtertiere wie Mückenlarven oder Grillen und Heimchen fast kein Kalzium enthalten. Ein Mangel an Kalzium und/oder Vitamin D_3 in der Nahrung führt aber unweigerlich zu einer unzureichenden Kalzifizierung des Skeletts. Eine Folge ist, dass die Knochen weich und gummiartig werden.

Bei vielen Schwanzlurchen verkürzt sich in der Folge der Unterkiefer, oder es kommt zu Verwachsungen der Wirbelsäule. In extremen Fällen kann ein akuter Mangel an Kalzium im Blut (Hypokalzämie) auch zu Krämpfen, Koordinationsstörungen, Schock und plötzlichem Tod führen. Diese schwerwiegenden Symptome werden allerdings hauptsächlich bei Froschlurchen und eher selten bei Schwanzlurchen beobachtet. Tiere mit Lähmungen, meist infolge einer Fraktur der Wirbelsäule, sollten am besten eingeschläfert werden.

Besonders bei Feuersalamandern (Gattung *Salamandra*) treten solche Kalzium-Probleme häufiger auf. Prävention ist hier sehr wichtig; vor allem die Ernährung der jungen Schwanzlurche muss stets adäquat mit Kalzium ergänzt werden, z. B. durch Einstäuben der Futtertiere mit einem kalziumhaltigen Präparat und/oder Anfüttern der Futterinsekten mit Nahrung, die einen hohen Kalzium-Anteil enthält (siehe hierzu das Kapitel „Das richtige Futter").

Wie kann man Krankheiten bei Schwanzlurchen behandeln?

Wie überall gilt auch bei Schwanzlurchen: Vorbeugen ist besser als Heilen. Möglichen Erkrankungen vorzubeugen, ist vor allem durch die optimalen Haltungsbedingungen und strenge Quarantänemaßnahmen für frisch erworbene Salamander und Molche möglich. Auf den Erwerb importierter Tiere ganz zu verzichten, kann Gesundheitsprobleme durch Infektionen zumeist vermeiden.

Ein Vorteil bei der Behandlung von Urodelen ist, dass diese Tiere manche Wirkstoffe gut über die Haut aufnehmen können. So müssen sie weniger stark manipuliert werden, was weniger Stress bedeutet. Bei Arten mit wasserabweisender Haut, z. B. bei vielen Molchen und Salamandern in der Landphase, ist es allerdings zweifelhaft, ob über die Haut wirklich genügend (der oft wasserlöslichen) Wirksubstanzen aufgenommen werden können. Bei diesen Tieren ist es sicherer, konventionelle Methoden der Medikamentenverabreichung (z. B. oral über die Nahrung) anzuwenden.

Die Behandlung erkrankter Schwanzlurche hängt natürlich ganz von der zugrundeliegenden Krankheit ab. Um eine Therapie einzuleiten, benötigen Sie analog zum Hund oder zu einer Katze also zuerst eine exakte Diagnose – und damit einen auf Amphibien spezialisierten Tierarzt. Entsprechende Informationen und Kontaktdaten hierzu finden Sie im Anhang (siehe „Weitere Informationen").

Doch selbst nach der korrekten Diagnose ist die Behandlung in einer Reihe von Fällen nicht möglich (z. B. bei einigen viralen oder bakteriellen Erkrankungen wie Tuberkulose). Was Sie bei einer Krankheit aber in jedem Falle tun können, ist zu kontrollieren, ob die Umgebungsparameter im Terrarium (mit Schwerpunkt auf Wasserqualität, Luftfeuchtigkeit, Lufttemperatur, Besatzdichte und Futter) in Ordnung sind oder verbessert werden müssen.

Wovon wir allerdings dringend abraten, sind blinde Versuche mit allen möglichen Produkten aus dem Teich- und Zierfischhandel – wie Antibiotika, Antimykotika und/oder Mittel gegen Parasiten. Dies wäre ein völliger Schuss ins Blaue – in der vagen Hoffnung, die Krankheit vielleicht bekämpfen zu können –, der aber selten erfolgreich ist. Außerdem sind viele dieser Produkte gar nicht für Schwanzlurche geeignet, vor allem nicht dann, wenn sie falsch dosiert werden.

Artbeschreibungen der Schwanzlurche (Urodela)

Die hier vorgestellte Auswahl an Salamandern, Molchen und Blindwühlen (Letztere ab S. 238) berücksichtigt vor allem Arten, für die Informationen über eine erfolgreiche Haltung und Nachzucht vorliegen. Das bedeutet allerdings nicht, dass all diese Arten auch einfach zu pflegen sind. Die Artporträts beruhen in erster Linie auf den eigenen Erfahrungen der Autoren. Ist dies nicht der Fall, wird direkt am Ende der einzelnen Porträts auf entsprechende Fachliteratur verwiesen. Weitere Informationen und allgemeine Literaturangaben zu den hier beschriebenen Arten finden Sie in den in der Literatur aufgeführten Handbüchern und Monografien (siehe „Verwendete und weiterführende Literatur").

Echte Salamander und Molche, Salamandridae

Calotriton asper (Pyrenäen-Gebirgsmolch)

Kennzeichen: Schlanker Gebirgsmolch mit 12–14 cm (maximal 16,5 cm) Gesamtlänge und charakteristischem, vorn abgeflachtem Kopf, der länger als breit ist; kleine, seitlich liegende Augen. Der Schwanz ist etwa so lang wie der Körper, seitlich abgeflacht und endet in einer Spitze. Der kräftige Körper fällt durch eine sehr raue, fast stachelige Haut auf. Die Finger- und Zehenspitzen erscheinen spitz und krallenartig. Sehr variables Färbungs- und Zeichnungsmuster. Körperoberseite schlammig braun, grau, oliv oder schwarz; auf dem Rücken oft mit hellen, gelben, schwarz umrandeten Flecken, die in der Mitte manchmal einen Rückenstreifen bilden, vor allem bei jungen Tieren.

Herkunft: Französische und spanische Pyrenäen. Eine eng verwandte spanische Art, die vor einiger Zeit beschrieben wurde, ist *Calotriton arnoldi* aus den Bergbächen von Montseny nordöstlich von Barcelona.

Größe und Geschlechtsunterschiede: Ausgewachsene Männchen sind von den Weibchen leicht durch ihren kürzeren Schwanz und den kräftigeren Körperbau zu unterscheiden. Ihre Kloake ist rund, bei den Weibchen hingegen kegelförmig nach hinten gerichtet.

Lebensweise: Die Tiere leben das ganze Jahr über in und an schnell bis langsam fließenden, fischfreien Bächen zwischen 200 und 2.600 m ü. NN, aber auch in Höhlengewässern und Bergseen. Bevorzugt werden steinige Böden mit vielen Felsspalten und Ritzen; schlammige Bereiche werden gemieden. Die Molche können das ganze Jahr über im Wasser bleiben. Im Aquarium sind sie meist in der Nacht aktiv. Es ist ratsam, nicht mehr als zwei Männchen zusammen zu halten, denn diese umklammern sich sonst gegenseitig; auch wenn das keine direkten negativen Auswirkungen hat, bedeutet es doch Stress für die Tiere.

Aquarium/Terrarium: Die Molche können das ganze Jahr über in einem Aquarium mit guter Durchströmung (Filterpumpe), sauberem Wasser und niedrigen Temperaturen gehalten werden. Die Pumpe ist am besten außerhalb des Aquariums anzubringen, um eine Erwärmung des Wassers zu vermeiden. Ein Bodengrund aus grobem Kies und aufgeschichtete

Pyrenäen-Gebirgsmolch, ***Calotriton asper*** Foto: F. Pasmans

Steinplatten, zwischen denen sich die Tiere verstecken und gerne aufhalten, ist ideal. Als Futtertiere eignen sich Regenwürmer und Bachflohkrebse (*Gammarus*), ergänzt durch Rote, Schwarze und Weiße Mückenlarven sowie Enchyträen.

Beckengröße: Ein Aquarium mit den Maßen 60 x 30 x 30 cm (Länge x Tiefe x Höhe) ist ausreichend für ein Paar dieser Molche.

Temperatur: Möglichst dauerhaft unter 18 °C.

Überwinterung: In der Natur bei 2–5 °C; entsprechend sollte eine Überwinterung auch in der Terrarien-/Aquarienhaltung stattfinden.

Fortpflanzung: Balz und Paarungen finden das ganze Jahr über statt, häufiger aber im Frühjahr und im Herbst. Das Männchen umschlingt hierbei das Weibchen mit seinem Schwanz an dessen Körperende und versucht, die Kloakenöffnungen zur Deckung zu bringen, um sein Samenpaket zu übertragen. Dieser Vorgang kann mehr als 24 Stunden dauern. Die Eier (im Schnitt 30–57 Eier pro Weibchen) werden von Mai bis August unter Steinen abgelegt. Der Schlupf erfolgt nach 3–4 Wochen. Nach 8–12 Monaten verwandeln sich die Larven bei Längen von 55–68 mm. Die Männchen werden nach drei Jahren geschlechtsreif, die Weibchen nach vier.

Hinweise: Dieser Gebirgsmolch reagiert sehr empfindlich gegenüber Gewässerverschmutzung, auch die globale Klimaerwärmung könnte sich katastrophal für die Art auswirken.

Literatur:

THIESMEIER, B. & C. HORNBERG (1986): *Euproctus asper* (DUGÈS, 1852): Beobachtungen im Freiland und Angaben zur Fortpflanzung in Terrariumhaltung. – Salamandra 22(2/3): 196–210.

– & – (1990): Zur Fortpflanzung sowie zum Paarungsverhalten von Gebirgsmolchen, Gattung *Euproctus* (GENÉ), im Terrarium, unter besonderer Berücksichtigung von *Euproctus asper* (DUGÈS, 1852). – Salamandra 26(1): 63–82.

Cynops cyanurus (Blauer Feuerbauchmolch)

Kennzeichen: Molch mit deutlich abgeflachtem Schwanz. Der Rücken ist lehmfarben graubraun, der Bauch orange mit schwarzen Flecken, manchmal mit einem Netzmuster. Die Art besitzt im Unterschied zu *Cynops orientalis* eine Leiste auf der Rückenseite, aber im Gegensatz zu *C. pyrrhogaster* keine großen, flachen Drüsen hinten am Kopf. Typisch ist ein orangefarbener Fleck hinten am Mundwinkel.
Herkunft: Bergregionen Südwestchinas.
Größe und Geschlechtsunterschiede: In der Regel zwischen 8 und 12 cm. Die Männchen zeigen in der Paarungszeit einen blau gefärbten Schwanz, der etwas kürzer als bei den Weibchen ist. Die Weibchen sind insgesamt größer und kräftiger gebaut als die Männchen.
Lebensweise: Im späten Frühjahr pflanzen sich diese Molche im Wasser fort, Sommer und Winter verbringen sie wahrscheinlich an Land. Es ist nur wenig über die Lebensweise in der Natur bekannt. Die Tiere bewohnen Bergregionen mit unterschiedlichen Temperaturen.
Aquarium/Terrarium: Kann nach einer kurzen Eingewöhnungszeit meist ganzjährig im Aquarium gehalten werden, auch wenn die Tiere zuvor in einem Landterrarium gepflegt worden sind.
Beckengröße: Mindestens 5 Liter Wasser pro Molch. Ein Aquarium mit den Maßen 60 x 30 x 30 cm genügt für fünf Tiere.
Temperatur: 10–25 °C.
Überwinterung: Empfehlenswert sind 2–4 Monate bei einer Wassertemperatur von 2–10 °C.
Fortpflanzung: Die Molche pflanzen sich nicht direkt nach der Winterruhe fort, sondern erst im Frühsommer. Die Männchen balzen um die Weibchen durch Schwanzwedeln. Im Schnitt werden bis zu 226 Eier einzeln an den Blättern von Wasserpflanzen abgelegt. Nach bis zu fünf Monaten wandeln sich die Larven bei Gesamtlängen von 47 mm um; sie können innerhalb von zwei Jahren geschlechtsreif werden. Metamorphosierte Molche bleiben manchmal dauerhaft aquatil, was ihre Haltung erleichtert, denn sie können dann zusammen mit den Elterntieren gehalten werden. Während sich die meisten Molche normal fortpflanzen, scheinen sich zumindest bei einigen Aquarienstämmen fast ausschließlich Weibchen zu entwickeln (Pas-

Männchen von *Cynops cyanurus* Foto: F. Pasmans

Die Männchen von *Cynops cyanurus* zeigen in der Paarungszeit einen bläulichen Schwanz Foto: M. Sparreboom

MANS, pers. Beob.). Vielleicht wird das Geschlechterverhältnis durch die Wassertemperatur beeinflusst, was auch bei anderen Salamandriden vermutet wird, z. B. bei *Neurergus crocatus*.

Hinweise: Diese Art kommt nur unregelmäßig in den Handel; in Liebhaberkreisen sind Nachzuchten jedoch gut zu erhalten. Auch wenn diese Molche nicht schwierig zu pflegen sind, sind sie doch etwas empfindlicher als andere *Cynops*-Arten.

Cynops ensicauda (Schwertschwanzmolch)

Kennzeichen: Relativ kräftiger Molch mit seitlich abgeflachtem Schwanz und dunkelbraun bis schwarz gefärbtem Rücken. Bauch orange bis rot, oft gefleckt, manchmal auch einfarbig orangerot. Seitliche Rückenleisten deutlich ausgeprägt. Abhängig von der Herkunft sind verschiedene Färbungsmuster bekannt: Die Unterart *C. e. ensicauda* ist in der Regel eher schokoladenbraun gefärbt, häufig mit helleren Streifen, während *C. e. popei* eine dunklere Grundfarbe aufweist, die oft mit hellgrünen Flecken durchsetzt ist und manchmal auch unregelmäßige rote Streifen zeigt.

Herkunft: Ryukyu-Inseln, Japan.

Größe und Geschlechtsunterschiede: In der Regel 14–15 cm lang, ausnahmsweise auch bis zu 18 cm. Männchen aufgrund der größeren Kloake sowie des kürzeren und höheren Schwanzsaums leicht erkennbar. Die Männchen von *C. e. ensicauda* weisen in der Paarungszeit ein glänzend silbernes Band am Schwanz auf, das bei den Männchen von *C. e. popei* fehlt.

Lebensweise: Im Frühjahr pflanzen sich diese Molche im Wasser fort; viele Tiere gehen danach an Land, wo sie an unterirdischen, kühlen und feuchten Orten leben. Es gibt immer auch viele Exemplare, die außer in den heißesten Monaten permanent im Wasser bleiben.

Aquarium/Terrarium: Kann das ganze Jahr über in einem Aquarium gepflegt werden. Optional können die Tiere nach ihrem Landgang aber auch in einem Terrarium gehalten werden.

Beckengröße: Mindestens 10 Liter Wasser pro Molch.

Weibchen von *Cynops ensicauda popei* Foto: F. Pasmans

Pärchen von *Cynops ensicauda ensicauda*, links das Männchen Foto: M. Sparreboom

Temperatur: 15–25 °C.
Überwinterung: Nicht nötig, da die Temperatur auf den Ryukyu-Inseln im Winter nur selten unter 12° C sinkt. Geringe Temperaturen über einen längeren Zeitraum werden daher schlecht ertragen, vor allem von jungen, frisch verwandelten Molchen.
Fortpflanzung: Die Tiere geraten im Herbst in Balzstimmung, sobald die Tage kürzer werden und sich das Wasser abkühlt; oft noch im Juni sind Paarungsaktivitäten zu beobachten. Die bis zu mehrere Hundert Eier werden einzeln an den Blättern von Wasserpflanzen geheftet. Bei einer Gesamtlänge von etwa 40–45 mm wandeln sich die Larven nach 3–4 Monaten um. Die metamophosierten Jungtiere sollten an Land aufgezogen werden und können schon nach zwei Jahren geschlechtsreif sein. Damit sich bei jungen Feuerbauchmolchen die kräftige Farbe entwickelt, ist es notwendig, sie auch mit karotinreichen Futtertieren wie *Daphnia* zu ernähren. Wenn sie diese Nahrung nicht bekommen und der Karotinanteil im Futter zu niedrig ist, bleibt auch die Bauchzeichnung der Nachzuchten blass und gelblich. Dennoch sind diese Tiere gesund.
Hinweise: Ein leicht zu pflegender, gut haltbarer Molch, der vor allem als Nachzucht verfügbar ist. Diese Art verträgt höhere Temperaturen besser als die meisten anderen Schwanzlurche. Sie zählt zu den wenigen Molchen, die dauerhaft in einem Wohnzimmeraquarium gepflegt werden können.

Cynops orientalis (Chinesischer Feuerbauchmolch)

Kennzeichen: Kleiner Molch mit leicht körniger Haut, abgeflachtem Schwanz, schwarzem Rücken und orange bis rot gefärbter, mit schwarzen Flecken durchsetzter Bauchseite. Rückenleisten fehlen; keine orangen Flecken am Mundwinkel.

Verbreitung: Zentrales Ostchina.

Größe und Geschlechtsunterschiede: Relativ kleiner Molch, der nicht länger als 9 cm wird. Die Männchen sind kleiner als die Weibchen. Sie sind auch an der größeren Kloake und dem kürzeren, höheren Schwanz erkennbar.

Lebensweise: Es ist nur wenig über die Lebensweise in der Natur bekannt. Von März bis Juli leben die Tiere im Wasser und pflanzen sich dort fort. Danach sind sie meist wieder an feuchten, kühlen Orten an Land zu finden.

Aquarium/Terrarium: Kann das ganze Jahr über im Aquarium gepflegt werden. Alternativ können die Tiere nach dem Frühjahr auch in einem Terrarium mit entsprechender Einrichtung an Land gehalten werden.

Beckengröße: Mindestens 5 Liter Wasser pro Tier.

Temperatur: 15–25 °C.

Überwinterung: Eine Überwinterung von 2–4 Monaten bei einer Temperatur von 2–5 °C ist zu empfehlen, aber auch für die Fortpflanzung nicht zwingend notwendig.

Fortpflanzung: Nach der Winterruhe pflanzen sich die Tiere relativ zügig fort. Die etwa 100 Eier werden hierbei einzeln an den Blättern von Wasserpflanzen abgelegt. Die Jungtiere wandeln sich nach 50–80 Tagen bei etwa 30–35 mm Gesamtlänge um und können an Land aufgezogen werden. Es gelingt aber durchaus, die kleinen Molche nach einem kurzen Landaufenthalt auch im Wasser aufzuziehen.

Hinweise: Einfach zu pflegender Molch, der aber leider fast nur durch Importe verfügbar ist. Probleme treten manchmal bei frisch metamorphosierten Jungtieren auf, die durch ihre geringe Größe sehr kleine Futtertiere benötigen.

Weibchen des Chinesischen Feuerbauchmolchs, *Cynops orientalis* Foto: F. Pasmans

Cynops pyrrhogaster (Japanischer Feuerbauchmolch)

Kennzeichen: Molch mit abgeflachtem Schwanz, dunklem Rücken und rotem Bauch mit einer äußerst variablen Zeichnung aus schwarzen Linien und Flecken. Hinten am Kopf befinden sich große, flache Ohrdrüsen. Deutliche regionale Unterschiede treten bei dieser Art in Bezug auf Größe, Farbmuster, Schwanzform, Textur der Haut und Ausbildung der Ohrdrüsen auf.

Herkunft: Japan.

Größe und Geschlechtsunterschiede: In der Regel zwischen 9 und 12 cm lang. Die Männchen besitzen in der Paarungszeit stark angeschwollene Drüsen hinten am Kopf; ihr Schwanz verjüngt sich zu einem Faden, und auch eine graublaue Färbung wird nun am Rücken und an den Flanken sichtbar. Die Weibchen sind etwas größer und haben einen längeren Schwanz.

Lebensweise: Im Frühjahr pflanzen sich die Tiere im Wasser fort, Sommer und Winter werden weitgehend an Land verbracht.

Aquarium/Terrarium: Kann ganzjährig in einem Aquarium gehalten werden; die Jungtiere nach der Metamorphose sollten zunächst in einem Terrarium an Land gepflegt werden.

Beckengröße: Mindestens 5 Liter Wasser pro Molch.

Temperatur: 12–25 °C.

Überwinterung: Es ist empfehlenswert, den Tieren für 2–4 Monate eine Ruhephase bei 2–10 °C zu gewähren.

Fortpflanzung: Die Molche sind nach der Winterruhe einfach nachzuzüchten. Die bis zu mehrere Hundert Eier werden einzeln an den Blättern von Wasserpflanzen abgelegt. Die Larven wandeln sich nach 3–4 Monaten bei einer Gesamtlänge von 40–45 mm um, die Jungmolche sollten an Land aufgezogen werden. Innerhalb von drei Jahren können die Molche die Geschlechtsreife erreichen. Junge Tiere sollten eine karotinreiche Nahrung erhalten, sonst entwickelt sich die rote Bauchfarbe nicht kräftig, die Tiere bleiben blass.

Hinweise: Diese Art kommt nur unregelmäßig in den Handel; in Liebhaberkreisen wird sie aber seit Jahren erfolgreich vermehrt. Sie ist sehr gut zu pflegen und nachzuzüchten.

Weibchen von *Cynops pyrrhogaster* Foto: F. Pasmans

Männlicher *Cynops pyrrhogaster* Foto: F. Pasmans

Porträt eines weiblichen *Cynops pyrrhogaster* Foto: F. Pasmans

Euproctus platycephalus (Sardischer Gebirgsmolch)

Kennzeichen: Ein schlanker Molch mit breitem, stark abgeflachtem Kopf. Seine Haut ist relativ glatt mit einigen Warzen. Die Färbung ist sehr variabel: Die Oberseite kann grau, braun oder oliv sein, auf dem Rücken finden sich große und kleine, braune, grüne, schwarze oder auch rötliche Flecken. Der Bauch ist vor allem in der Mitte gelblich bis orange und oft von schwarzen Flecken bedeckt. Die Kehle ist in der Regel ungefleckt.

Herkunft: Östlicher Teil von Sardinien. Dieser Molch ist in der Natur nur von einer kleinen Zahl unterschiedlicher Standorte bekannt, und die Individuenzahlen scheinen sich an einigen Stellen rückläufig zu entwickeln. Bei Freilandtieren konnte bereits die gefährliche Pilzerkrankung Chytridiomykose nachgewiesen werden.

Größe und Geschlechtsunterschiede: Der Sardische Gebirgsmolch wird im Durchschnitt etwa 14 cm lang. Ausgewachsene Männchen lassen sich von den Weibchen leicht durch ihren robuster gebauten Körper, den deutlich größeren Kopf und markante Sporne an den Hinterbeinen unterscheiden. Die Kloake der Männchen ist hakenartig gekrümmt, die der Weibchen kegelförmig.

Porträt eines *Euproctus platycephalus* mit der für diese Art typischen Kopfform Foto: F. Pasmans

Lebensweise: Die Tiere leben das ganze Jahr über in oder an langsam fließenden Bächen, die in der Regel frei von Fischen sind. Die Fundorte liegen auf Höhen von 60–1.150 m ü. NN, die meisten Fundstellen befinden sich unterhalb von 600 m. Diese Molche können das ganze Jahr über im Wasser leben; ausgewachsene Exemplare wurden aber aktiv sowohl im Wasser als auch an Land beobachtet. Sehr wenig ist über die Lebensweise dieser Tiere v. a. im Winter bekannt.

Aquarium/Terrarium: Die Molche können ganzjährig in einem Aquarium mit leichter Strömung und sauberem Wasser gehalten werden. Ein Bodengrund mit Sand oder grobem Kies und aufgeschichteten Steinplatten, zwischen denen sich die oft tagaktiven Tiere verstecken können, ist ideal, denn die Molche halten sich gerne zwischen solchen Steinstrukturen auf. An Futtertieren können Bachflohkrebse (*Gammarus*), Regenwürmer, aber auch alle Arten von Mückenlarven, Enchyträen und (nachgezüchteten) Kaulquappen verfüttert werden. Die Haltung mehrerer Männchen über Jahre hinweg im selben Aquarium hat nach unseren Erfahrungen zu keinerlei Problemen geführt.

Beckengröße: Ein Becken mit den Maßen 60 x 30 x 30 cm reicht für ein Paar dieser Tiere aus. In der Natur können die Molche im Sommer und Winter auch das Wasser verlassen, während sie in menschlicher Obhut das ganze Jahr über problemlos im Wasser leben.

Temperatur: 15–20 °C im Sommer, wobei die Temperaturen zeitweise auch höher liegen können, und 10–15 °C in den Wintermonaten. Niedrigere Temperaturen während des Winters (ca. 4 °C) über drei Monate sind ebenfalls kein Problem.

Ein enger Verwandter aus Korsika: ***Euproctus montanus*** Foto: F. Pasmans

Überwinterung: Im Aquarium bleiben die Molche im Winter bei Temperaturen von 10–15 °C aktiv.

Fortpflanzung: Gesunde Tiere in gutem Zustand lassen sich im Aquarium leicht vermehren. Paarungen finden das ganze Jahr über statt, vermehrt aber im Frühjahr und Herbst. Die Männchen suchen hierbei aktiv mit geöffnetem Maul nach Weibchen, die dann sanft gebissen und an einen für die Paarung geeigneten Ort geschoben werden. Die Weibchen legen ihre Eier über mehrere Monate, von Frühling bis Herbst, in Felsspalten und unter Steinen ab, im Aquarium gerne auch in Pflanzen wie Brunnenmoos. Nach etwa einem Monat schlüpfen, abhängig von der Wassertemperatur, die Larven, die die ersten zehn Tage nicht fressen. Sie müssen in sauberem, sauerstoffreichem Wasser gehalten werden. Die Larvalphase kann sehr lange dauern, teilweise bis über ein Jahr. Für die Metamorphose gibt es keinen festgelegten Zeitpunkt; die Tiere können auch bis in das Adultstadium hinein noch Kiemenreste beibehalten. Rund 18 Monate nach der Metamorphose sind die Tiere meist geschlechtsreif. Sie können mindestens neun Jahre alt werden.

Hinweise: Wenn man seine relativ niedrigen Temperaturansprüche bei der Pflege berücksichtigt, ist der Sardische Gebirgsmolch eine einfach zu haltende und auch gut zu züchtende Art. Auf dieselbe Weise kann auch der Korsische Gebirgsmolch (*Euproctus montanus*) gepflegt werden, der aber im Winter an Land geht und insgesamt noch kühlere Temperaturen, ähnlich wie *Calotriton asper*, bevorzugt; diese Art wird aber bisher nur selten in menschlicher Obhut nachgezüchtet.

Laotriton laoensis (Laos-Warzenmolch)

Kennzeichen: Großer, kräftiger Molch mit rauer Haut, einem langen, abgeflachten Schwanz und abgerundeter Spitze. Mit kleinen Tuberkeln und Warzen auf einer leicht erhöhten Rückenleiste, die prominenten Seitenleisten weisen auch größere Warzen auf. Die Grundfarbe der Tiere ist schwarz, über Kopf und Rücken ziehen drei gelbliche Längsstreifen. Der mittlere Streifen ist schmal und verläuft von der Schnauze über Kopf und Rükkenmitte bis zum Schwanzansatz. Die beiden breiten Seitenstreifen beginnen hinter dem Auge, ziehen über die Parotoiddrüsen und oberhalb des Vorderbeinansatzes entlang der Rückenleisten bis zum Schwanzansatz. Die Grundfarbe der Bauchseite ist schwarz, mit scharf begrenzten roten bis orangeroten Flecken. Die Iris der Augen ist braun.

Herkunft: Nördliches Laos, Provinzen Xiang Khouang, Luang Prabang und Vientiane.

Größe und Geschlechtsunterschiede: Weibchen können bis zu 23 cm Länge erreichen, Männchen bleiben kleiner und haben eine geschwollene Kloake. Während der Paarungszeit weisen die Männchen seitlich am Schwanz einen blauweißen Streifen auf.

Lebensweise: Die erwachsenen Molche sind vor allem dämmerungs- bis nachtaktiv und fast ausschließlich wasserbewohnend. Sie leben in Mittelgebirgen in klaren, langsam fließenden, 2–4 m breiten Bächen mit etwa knietiefem Wasser, wobei sie insgesamt eine Vorliebe für die tieferen Gewässerbereiche zeigen. Die Tiere werden dort sowohl in besonnten als auch schattigen Bachabschnitten angetroffen. Tagsüber verstecken sie sich meist in Löchern in der Uferzone oder zwischen Pflanzen, die ins Wasser ragen. Wäh-

Pärchen von *Laotriton laoensis* (Männchen rechts) Foto: H. Janssen

rend der Paarungszeit sind die Molche auch tagsüber aktiv.

Aquarium/Terrarium: Diese Art zeigt keinerlei innerartliche Aggression, auch weil die Männchen keine Territorien bilden. Die Molche fressen fast alles, haben jedoch eine deutliche Vorliebe für größere Regenwürmer. Sie können ganzjährig in einem Aquarium gehalten werden, ein Landteil ist nicht erforderlich. Die Einrichtung sollte folgendermaßen aussehen:

- Eine ausreichend große Freifläche auf dem Boden, wo die Molche ihr Balzverhalten zeigen können.
- Mehrere enge Versteckplätze am Boden, aber auch an erhöht liegenden Stellen, z. B. zwischen aufgeschichteten flachen Steinen.
- Eine dicht gepflanzte Gruppe langblättriger Pflanzen wie *Cryptocoryne* (Wasserkelch), die den Weibchen zur Eiablage dienen und auch als Versteck genutzt werden; die Molche ruhen sich gern zwischen den Blättern direkt unter der Wasseroberfläche aus.
- Eine Filter-/Umwälzpumpe, die eine geringe Wasserbewegung erzeugt.

Beckengröße: Eine Beckengröße von 120 x 40 x 40 cm bei einem Wasserstand von ca. 30 cm reicht für zwei Paare dieser Molche aus.

Temperatur: Richtwerte sind 18–19 °C als niedrigste Wassertemperatur im Winter, 24–25 °C als Maximaltemperatur im Sommer.

Überwinterung: Keine.

Fortpflanzung: Die Fortpflanzung wird durch eine allmähliche Senkung der Temperatur von 24 °C im Sommer auf ca. 19 °C im November eingeleitet, in Kombination mit der natürlichen Veränderung der Tageslichtdauer und -intensität. Obwohl die Wassertemperaturen in den natürlichen Lebensräumen der Tiere bedeutend tiefer absinken, hat sich diese Methode bei JANSSEN in allen Wintern von 2006–2014 bewährt.

Die Weibchen laichen zwischen Mitte November und Ende März ab. Die Eier werden hierbei einzeln abgelegt und meistens in Reihen zwischen zwei mit den Hinterbeinen zusammengedrückten *Cryptocoryne*-Blättern befestigt, ohne die Blättern zu falten. Die Eier können mit dem Daumennagel leicht von der Blattoberfläche abgelöst werden. Die Entwicklung der Gelege erfolgt anschließend in kleinen, nur mit Wasser gefüllten Kunststoffbehältern mit Abdeckung, bei einer Temperatur von 18–19 °C an einem mäßig beleuchteten Platz. Trübe oder verschimmelte Eier müssen sofort entfernt werden. Die Larven schlüpfen mit einer durchschnittlichen Länge von 11,9 mm (gemessen an 375 Larven) und bleiben zunächst in ihren Behältern, bis der Dottersack aufgebraucht ist; die Larve liegt nun auf dem Bauch, wird zunehmend dunkler und schwimmt bei einer Störung schnell davon.

Für die weitere Aufzucht werden pro Kunststoffbehälter (mit einem Fassungsvermögen von 17 Litern) je 20 Larven in 10 Litern Wasser mit zwei großen *Cryptocoryne*-Pflanzen und einigen kleinen Posthornschnecken (*Planorbarius corneus*) bei einer Wassertemperatur von 19–21 °C gepflegt. Für die Ei- und Larvenaufzucht wird ausschließlich abgestandenes Leitungswasser verwendet, das zuvor mit einem Ausströmerstein kräftig durchlüftet wurde. Das Wasser im Aufzuchtbehälter selbst wird aber nicht belüftet. Die Fütterung erfolgt mit lebenden Roten Mückenlarven und ausnahmsweise auch mit *Tubifex*; das Verfüttern von Wasserflöhen (*Daphnia*) führte bei JANSSEN ausnahmslos zu einer starken Larvenmortalität durch *Saprolegnia*-Infektionen. Alle 5–6 Tage werden sichtbare Abfälle entfernt und das Wasser zum Teil gewechselt. Zu Beginn der Metamorphose hatten 181 vermessene Larven eine durchschnittliche Länge von 49,6 mm.

Die metamorphosierten Jungtiere werden anschließend an Land in Kunstoffbehältern mit Abdeckung aufgezogen. Als Bodensubstrat dient eine einfache Lage aus vier Blättern feuchtes Küchenpapier, das etwa zwei Drittel der Oberfläche bedeckt. In der anderen Hälfte dient aufgeschichtetes, feuchtes Herbstlaub der Amerikanischen Eiche (*Quercus rubra*) als Versteckmöglichkeit. Gefüttert wird auf dem Küchenpapier, welches alle 2–3 Tage ersetzt wird. Es ist stets darauf zu achten, dass die jungen Molche ausreichend mit nicht zu beweglichen Futtertieren versorgt werden; schnelle Beute wie Fruchtfliegen oder Grillen können sie in der Regel nur mühsam überwältigen.

Hinweise: Diese Methode eignet sich insbesondere auch für die Aufzucht junger *Paramesotriton*-Arten, welche aber viel geschickter als *Laotriton*-Jungtiere schnell bewegliche Beutetiere mit ihre Zunge „schießen" können.

Lissotriton italicus (Italienischer Wassermolch)

Kennzeichen: Der kleinste Molch Europas wird bis 8 cm lang. Die Schwanzspitze endet bei dieser Art in einem kurzen Dorn, ist aber nicht fadenartig verlängert. Der Rücken ist bronzebraun bis grünlich mit dunklen Flekken und bei den Männchen insgesamt etwas dunkler. Bauch und Kehle sind hell- oder dunkel- bis orangegelb mit unregelmäßigen Flekken und Punkten. Am Übergang zwischen Bauch und Flanken befindet sich eine Reihe schwarzer Punkte. Durch das Auge verläuft ein schwarzbrauner Streifen, hinter den Augen befindet sich meistens ein heller Fleck.

Herkunft: Mittel- und Süditalien; nicht auf Sizilien.

Größe und Geschlechtsunterschiede: Männchen weisen während der Paarungszeit einen nahezu rechteckigen Querschnitt auf, wohingegen die Weibchen eher rund wirken. Die Männchen sind auch deutlich kleiner, haben in der Regel eine kräftiger entwickelte Kloake und zeigen in der Paarungszeit seitlich am Schwanz graumetallische, blaue Flecken.

Lebensweise: Die Molche leben in allen Arten von Tümpeln, Teichen und temporären Gewässern, aber auch in Zisternen, Gräben und langsam fließenden Bächen. Sie kommen in Höhenlagen bis maximal 1.500 m ü. NN vor, sind aber unterhalb von 800 m am häufigsten. Die Tiere paaren sich im Frühjahr und setzen im Gewässer ihre Eier ab. Oft bleiben sie das ganze Jahr über im Wasser, doch können sie – normalerweise bei Temperaturen über 20 °C – nach einiger Zeit auch an Land gehen und den Rest des Jahres dort verbringen.

Aquarium/Terrarium: Diese Molche können ganzjährig in einem Aquarium gepflegt werden, sofern dort zumindest eine kleine Insel mit Steinen und/oder Rinde als Landteil zur Verfügung steht.

Beckengröße: Mindestens 5 Liter Wasser pro Tier, mit kleinem Landteil oder Insel.

Temperatur: 15–25 °C.

Überwinterung: Zwingend anzuraten, über 8–10 Wochen bei 5–10 °C Wassertemperatur.

Fortpflanzung: Italienische Wassermolche sind relativ leicht zu züchten. Die Tiere beginnen mit der Fortpflanzung nach dem Winter bei frühlingshaften Temperaturen. Wie bei allen *Lissotriton*- und *Triturus*-Arten zeigt das Männchen ein ausgeprägtes Balzverhalten, z. B. durch Schwanzwedeln vor dem Weibchen. Die Eier werden einzeln an Pflanzen abgesetzt. Die geschlüpften Larven können gemeinsam mit ihren Eltern aufgezogen werden. Nach 3–4 Monaten verwandeln sich die Jungtiere bei einer Länge von ca. 25 mm. Die winzigen jungen Molche an Land sind nicht einfach aufzuziehen. Die besten Erfolge hat man in einem gut strukturierten Landterrarium mit vielen Versteckplätzen.

Männchen des Italienischen Wassermolchs, *Lissotriton italicus* Foto: S. Bogaerts

Erste Futtertiere sind kleine Springschwänze und Fruchtfliegen sowie deren Larven.

Hinweise: Einfach zu haltender und auch gut zu züchtender Molch, der z. B. in den Niederlanden, Belgien und Deutschland regelmäßig nachgezogen wird. Diese Art ist in Europa geschützt, es können daher nur Nachzuchttiere erworben werden. Eine eng verwandte Art, der Iberische Wassermolch, *Lissotriton boscai*, lässt sich ähnlich pflegen und züchten.

Männchen des ähnlich zu haltenden Iberischen Wassermolches, *Lissotriton boscai* Foto: F. Pasmans

Lissotriton vulgaris (Teichmolch)

Kennzeichen: Eine der häufigsten Molcharten in Nordwest- und Mitteleuropa. Oberseits variabel dunkel- oder hell, oliv- bis gelbbraun gefärbt. Deutliche Unterschiede in Farbe und Zeichnung zwischen männlichen und weiblichen Tieren: Männchen sind schwarz bis dunkelbraun gefleckt und weisen auf dem Kopf insgesamt fünf dunkle Streifen auf (je zwei seitlich, einer oben in der Mitte). Die Bauchseite ist in der Mitte kräftig rotorange mit dunklen runden Flecken, der Schwanz zur Paarungszeit unten orange und blau. Die Weibchen sind einheitlich hellbraun bis grünlich braun, mit oder ohne kleinere dunkle Flecken, ohne deutliches Muster am Rücken und Schwanz.

Herkunft: Mehrere Unterarten in Nordwest- und Mitteleuropa, in der Türkei und Nordwestrussland; südlich bis Zentralfrankreich, Zentralitalien, Griechenland; nicht auf der Iberischen Halbinsel.

Größe und Geschlechtsunterschiede: In der Regel 8–11 cm lang, Männchen etwas größer als Weibchen. Die Männchen entwickeln während der Paarungszeit einen hohen, gezackten Kamm auf dem Rücken (direkt hinter dem Kopf beginnend) und am Schwanz sowie Schwimmsäume an den Zehen der Hinterbeine. Im Süden von Europa und in der Türkei bilden einige Unterarten des Teichmolches nur einen niedrigen, ungezackten Rückenkamm aus; diese Formen haben stärker ausgeprägte Rückenleisten und sind auch in anderen Merkmalen dem eng verwandten Fadenmolch (*Lissotriton helveticus*) sehr ähnlich.

Lebensweise: Die Art kommt bis maximal 2.150 m ü. NN vor, ist am häufigsten aber im Tiefland unterhalb 1.000 m. Die Molche paaren sich im zeitigen Frühjahr in allen Arten von Gewässern, wie Teichen, Seen, temporären Gewässern, Gräben und Kanälen, und legen dort auch ihre Eier ab. Nach einiger Zeit gehen sie an Land, wo sie im Sommer ein sehr verstecktes Leben führen. Man findet sie dann häufig an feuchten und schattigen Stellen, wie in Kellern oder unter Steinen, Brettern und altem Holz. Sie meiden nicht die Nähe des Men-

Männlicher Teichmolch, *Lissotriton v. vulgaris* Foto: F. Pasmans

schen und wandern im Frühjahr oft in Gartenteiche ein, wo sie sich regelmäßig vermehren.

Aquarium/Terrarium: Die Tiere können nur während der Paarungszeit im Frühjahr in einem Aquarium gehalten werden. Sobald sie an Land gehen, benötigen sie ein feuchtes Landterrarium mit Lauberde, Rinde und zahlreichen Versteckmöglichkeiten. Eine in einem Aquarium schwimmende Insel aus Korkrinde ist keinesfalls ausreichend.

Beckengröße: Aquarium mit mindestens 5 Litern Wasser pro Tier. An Land im Terrarium mit einer Fläche von etwa 30 x 20 cm pro Pärchen.

Temperatur: 10–20 °C.

Überwinterung: Notwendig bei 5–10 °C über 8–10 Wochen an Land.

Fortpflanzung: Teichmolche sind relativ leicht zur Nachzucht zu bewegen. Bei frühlingshaften Temperaturen beginnen die Tiere spätestens im April mit der Fortpflanzung. Das Männchen zeigt ein umfangreiches Balzverhalten, wobei es das Weibchen mit verschiedenartigen Bewegungen seines Körpers und des Schwanzes beeindruckt, ohne es zu berühren. Sobald das Weibchen paarungsbereit ist, wendet sich das vorauskriechende

Die Männchen des ähnlichen Fadenmolchs (*Lissotriton helveticus*) besitzen einen charakteristischen Schwanzfaden Foto: S. Bogaerts

Männchen und legt ein Samenpaket (Spermatophore) auf dem Boden ab. Das Weibchen folgt dem Partner und nimmt das Samenpaket mit seiner Kloake auf. Die etwa 100–200 (maximal 637) Eier werden anschließend, wie bei Molchen der Gattungen *Lissotriton* und *Triturus* üblich, über einen längeren Zeitraum einzeln an Pflanzen geheftet.

All diese Verhaltensweisen kann man ohne Schwierigkeit schon in einem kleinen Aquarium mit wenigen Molchpaaren beobachten. Die Larven können zusammen mit den Eltern im Becken aufgezogen werden; meistens ha-

Männchen eines Griechischen Teichmolchs, *Lissotriton vulgaris graecus* Foto: S. Bogaerts

Männchen des Karpatenmolchs, ***Lissotriton montandoni*** Foto: S. Bogaerts

ben die Elterntiere das Wasser schon verlassen, wenn die Metamorphose der jungen Molche beginnt. Nach 2,5–3,5 Monaten wandeln sich die Larven mit einer Gesamtlänge von etwa 2,5–4 cm zu kleinen Molchen um, die an Land aufgezogen werden müssen. Die Jungtieraufzucht ist nicht ganz einfach und gelingt am besten in einem Feuchtterrarium mit vielen Verstecken. Als Erstfutter sind Springschwänze und Fruchtfliegen (auch deren Larven) geeignet.

Hinweise: Eine im Wasser relativ einfach zu haltende und gut zu züchtende Molchart. Die terrestrische Lebensphase erfordert jedoch größte Sorgfalt und Aufmerksamkeit. Diese Art ist in vielen Ländern geschützt

Ein männlicher Bergmolch, ***Ichthyosaura alpestris*** Foto: F. Pasmans

Männchen der westtürkischen Teichmolchunterart *Lissotriton vulgaris schmidtlerorum* Foto: F. Pasmans

und darf nicht oder nur dann gehalten werden, sofern es sich um Nachzuchttiere aus einem legalen Bestand handelt. Mit der entsprechenden Genehmigung darf man Tiere manchmal kurzzeitig aus dem Gartentümpel fangen und ihr Balzverhalten im Aquarium beobachten, muss sie aber danach wieder ins Gewässer zurücksetzen. Die beiden eng verwandten Arten Fadenmolch (*Lissotriton helveticus*) und Karpatenmolch (*Lissotriton montandoni*) können in ähnlicher Weise gehalten werden, obwohl der Karpatenmolch eine echte Gebirgsart ist, die etwas kühlere Umgebungstemperaturen erfordert. Eine Temperatur von 20 °C ist für die Haltung von Karpatenmolchen schon fast zu hoch. Ähnliche Haltungsbedingungen wie für den Teichmolch gelten auch für den Bergmolch (*Ichthyosaura alpestris*), der über weite Teile Mitteleuropas verbreitet ist und vor allem in hügeligen oder bergigen Gebieten vorkommt. Diese wunderschön gefärbten Molche sind sehr einfach zu pflegen. Einige Formen, wie die Italienische Unterart *I. a. apuana*, können sogar das ganze Jahr hindurch im Wasser gehalten werden.

Lyciasalamandra billae (Lykischer Salamander)

Kennzeichen: Ein charakteristisch gebauter, schlanker Landsalamander mit langen Gliedmaßen, rundem Schwanz und großen, hervorstehenden Augen. Die Rückenfärbung ist sehr variabel und reicht von einem gleichmäßigen Orange bis zu fast Schwarz mit kleinen weißen Punkten. Die Flanken sind silbrigweiß.
Verbreitung: Südwesttürkei, in der Region südlich von Antalya.

Größe und Geschlechtsunterschiede: Dieser Salamander ist im Durchschnitt etwa 12–14 cm lang. Ausgewachsene Männchen sind von den Weibchen leicht durch einen auffälligen Hökker oder Sporn oberhalb des Schwanzansatzes zu unterscheiden, außerdem durch die viel stärker geschwollene Kloake, die rauere Haut mit kleinen Hornstacheln und kräftigere Oberarme. Ältere Weibchen bekommen zwar ebenfalls eine kleine Erhebung am Schwanzansatz, diese ist aber nie so ausgeprägt wie der Schwanzhöcker bei männlichen Exemplaren.
Lebensweise: Lykische Salamander findet man fast ausschließlich in Karstgebieten, von Meeresspiegelhöhe bis auf 500 m ü. NN, in ei-

nigen Fällen bis auf 1.000 m. Manchmal wurden die Tiere auch auf offenen Flächen in Wäldern, an Dorfrändern oder in der Nähe von Ackerland angetroffen. Entscheidend für Vorkommen sind genügend Niederschläge in den Wintermonaten (> 1 m pro Jahr) und die Möglichkeit, dass sich die Salamander während der heißen, trockenen Sommermonate an geeignete, gut geschützte und kühle Stellen zurückziehen können. Aktive Tiere sind nur während der winterlichen Regenzeit, in der Regel von November bis April, zu beobachten. Die Salamander, deren Bestandsdichten lokal sehr hoch sein können, sind bei Temperaturen von 7–12 °C nachtaktiv. Rituelle Kämpfe wie bei Angehörigen der eng verwandten Gattung *Salamandra* konnten bisher nicht beobachtet werden. Im Terrarium können daher auch mehrere Männchen zusammengehalten werden, ohne dass Stress oder nennenswerte Probleme auftreten.
Aquarium/Terrarium: Das Terrarium sollte einen terrestrischen Charakter aufweisen. Der Boden kann aus feuchter Tonerde bestehen, auf die mehrere Steinplatten oder Dachziegel so aufgeschichtet werden, dass ein Feuchtigkeitsgradient entsteht. Übermäßige Feuchtigkeit oder gar Staunässe sind streng zu vermeiden. Ein Schälchen mit Wasser sollte den Tieren aber zur Verfügung stehen und wird auch regelmäßig aufgesucht, sobald das Substrat abtrocknet. Kot und tote Beutetiere müssen sofort aus dem Becken entfernt werden. Im Terrarium werden die Tiere meist nach Besprühen mit Wasser aktiv. Als Nahrung kann man Grillen und Heimchen anbieten, denen die flinken Salamander aktiv nachjagen.
Beckengröße: Ein Terrarium mit den Maßen 60 x 30 x 30 cm reicht für ein Paar dieser Tiere aus.
Temperatur: 14–18 °C im Sommer, etwa 7–12 °C im Winter.
Überwinterung: Nicht nötig, da die Tiere in den feuchten Wintermonaten am aktivsten sind und während dieses Zeitraums nicht zu kalt gehalten werden sollten.
Fortpflanzung: Die Fortpflanzung dieser Art findet in regenreichen Wintermonaten statt. Während der Paarung schiebt sich das Männchen von hinten unter das Weibchen und ergreift es mit seinen Vorderbeinen von der Bauchseite (Ventralamplexus). Mit seinem Schwanzsporn kann es auf diese Weise die Kloake des Weibchens stimulieren. Nach einer Tragzeit von 5–8 Mona-

Männchen des Lykischen Salamanders *Lyciasalamandra billae* Foto: F. Pasmans

Männchen von *Lyciasalamandra fazilae*. Man beachte die körnige Hautstruktur mit den kleinen Hornstacheln.
Foto: S. Bogaerts

Männchen von *Lyciasalamandra antalyana* Foto: F. Pasmans

ten werden in der Regel nur zwei sehr große (bis 7 cm lange) und bereits vollentwickelte Jungtiere zur Welt gebracht. Die jungen Salamander können bei den Eltern im Terrarium belassen werden und erreichen schon innerhalb eines Jahres die Geschlechtsreife.

Männchen von *Lyciasalamandra billae* (*L.* cf. *yehudahi*) Foto: F. Pasmans

Weibchen von *Lyciasalamandra atifi* Foto: F. Pasmans

Hinweise: Die Gattung *Lyciasalamandra* besteht aus 8–11 Arten, die (mit Ausnahme von *L. atifi*) alle relativ kleine Verbreitungsgebiete haben: *L. antalyana*, *L. atifi*, *L. billae*, *L. fazilae*, *L. flavimembris*, *L. helverseni*, *L. atifi* und *L. luschani* (der Artstatus

***Lyciasalamandra luschani basoglui* (Männchen)** Foto: F. Pasmans

Lyciasalamandra luschani finikensis **(Männchen)** Foto: F. Pasmans

der kürzlich beschriebenen *L. irfani, L. arikani* und *L. yehudahi* sollte noch einmal überprüft werden). Obwohl die Verbreitungsgebiete teilweise recht dicht aneinandergrenzen, sind die einzelnen Arten genetisch jeweils stark differenziert. Nur an ihren Farbmustern sind manche Formen aber schwierig zu unterscheiden. *Lyciasalamandra atifi* ist auffallend größer als

Lyciasalamandra flavimembris **(Männchen)** Foto: F. Pasmans

Lyciasalamandra luschani luschani **(Männchen)** Foto: F. Pasmans

alle anderen Arten der Gattung und kann Gesamtlängen von 18 cm erreichen.

Alle *Lyciasalamandra*-Arten können auf vergleichbare Art und Weise gehalten werden. Im Gegensatz zu älteren Berichten sind diese Tiere sogar relativ einfach zu pflegen, wenn sie erst einmal eingewöhnt sind. Bei zwei der Autoren (Bogaerts und Pasmans) erfreuen sich 16 Jahre alte *L. fazilae* noch heute bester Gesundheit. Die Tiere reagieren allerdings etwas empfindlich auf Veränderungen in ihrer Umgebung. So kann das Umsetzen in ein anderes Terrarium manchmal zur Entwicklung von Hautgeschwüren und dann schnell zum Tode führen. Weil die Nachzucht von Lyciasalamandra bisher kaum gelingt, die Arten kleine Verbreitungsgebiete haben und streng geschützt sind, ist die Haltung dieser Tiere nicht zu empfehlen.

Männchen von *Lyciasalamandra billae* (cf. *arikani*) Foto: F. Pasmans

Mertensiella caucasica (Kaukasus-Salamander)

Kennzeichen: Schlanker, langgestreckter Landsalamander mit kurzen Beinen, sehr langem, rundem Schwanz und glatter Haut. Die Grundfarbe variiert von Braun bis einheitlich Schwarz, mit oder ohne zwei Reihen gelber Flecken auf dem Rücken.

Herkunft: Kaukasus-Gebirge im Nordosten der Türkei und in Georgien.

Größe und Geschlechtsunterschiede: Dieser Salamander wird bis zu 20 cm lang, bei einer maximalen Kopf-Rumpf-Länge von 7,5 cm. Männliche Exemplare sind einfach zu erkennen durch den typischen Sporn bzw. Höcker an der Oberseite des Schwanzansatzes, durch die deutlicher geschwollene Kloake und kräftiger gebauten Vorderarme.

Lebensweise: Der Kaukasus-Salamander bewohnt regenreiche Gebiete südöstlich des Schwarzen Meeres, von Meereshöhe bis auf 2.700 m ü. NN. Erwachsene Exemplare leben zumeist an Land in der Nähe von kleinen, langsam oder auch schnell fließenden Gebirgsbächen, in denen sie sich paaren und ihre Eier ablegen.

Aquarium/Terrarium: Kaukasus-Salamander benötigen einen größeren Wasserteil und werden am besten in einem Aquaterrarium gehalten. Der Wasserstand sollte nicht sehr hoch sein, ca. 5–10 cm reichen aus. Die Wasserqualität muss jederzeit optimal sein, regelmäßig zu überprüfen sind vor allem die Stickstoffwerte. Am besten wird das Wasser mittels einer Filterpumpe ständig in Bewegung gehalten. Der nicht zu kleine Landteil kann aus mehreren aufeinandergeschichteten Steinen o. Ä. bestehen, über die das Wasser gepumpt wird. Vorsicht: Diese Molche können durch winzige Öffnungen aus dem Terrarium entweichen!

Beckengröße: Mindestgrundfläche 80 x 40 cm für zwei Paare.

Temperatur: 10–18 °C; die Temperatur im Was-

Weibchen des Kaukasus-Salamanders (*Mertensiella caucasica*) Foto: F. Pasmans

serteil sollte möglichst ständig unter 15 °C gehalten werden, was man durch den Einsatz eines Kühlaggregats erreichen kann.

Überwinterung: Eine kalte Überwinterung bei Temperaturen von 2–6 °C ist wichtig.

Fortpflanzung: Diese Art wurde schon von SCHULTSCHIK (1994) erfolgreich vermehrt. Die Tiere pflanzen sich von Mai bis Juli fort. Auf der Suche nach einem Weibchen begeben sich die männlichen Salamander zunächst ins Wasser. Sobald sie ein Weibchen gefunden haben, umklammern sie es und tragen es auf ihrem Rücken aus dem Wasser. Mit Hilfe des Schwanzhöckers stimuliert das Männchen seine Partnerin, bis diese die von ihm am Boden abgelegte Spermatophore mit der Kloake aufnimmt. Das Eigelege dieser Art umfasst maximal 25 weiße Eier, die einen Durchmesser von etwa 6,5 mm haben und unter Steinen im Wasser abgesetzt werden. Aufgrund der geringen Wassertemperaturen dauern die Entwicklung der Eier und das anschließende Larvenstadium recht lange. Die meisten Larven haben nach 2–3 Monaten erst eine Länge von 17–24 mm erreicht; manche Individuen überwintern gar im Ei! In Abhängigkeit von der Wassertemperatur leben die Larven zwischen 1,5 und 4 Jahren im Wasser, bevor sie mit einer Länge von 30–35 mm metamorphosieren und an Land gehen. Unter natürlichen Bedingungen dauert es noch weitere acht Jahre, bis die Tiere ihre Geschlechtsreife erreichen. In Terrarienhaltung sind Kaukasus-Salamander allerdings meist schon nach 4–5 Jahren geschlechtsreif. Ein Problem bei nachgezüchteten Tieren ist das ungleiche Geschlechterverhältnis, denn in menschlicher Obhut waren bisher fast alle Salamander männlichen Geschlechts. Möglicherweise ist dies durch zu hohe Haltungstemperaturen bedingt (SCHULTSCHIK, pers. Mittlg.).

Hinweise: Bei dieser Art handelt es sich um sehr schöne Salamander, die bereits bis zur F_2-Generation nachgezüchtet wurden. Ihre Nachzucht gelingt aber nur dann, wenn das erforderliche kühle Temperaturregime strikt eingehalten wird. Eine Haltung unter erhöhten Umgebungstemperaturen ist zwar auch möglich, doch werden sich die Tiere dann nicht fortpflanzen.

Eng verwandt mit dem Kaukasus-Salamander ist der Goldstreifensalamander (*Chioglossa lusitanica*) aus Nordspanien und Portugal. Obwohl über eine erfolgreiche Haltung dieser Art bisher nur wenig bekannt wurde, sollte ihre Pflege in ähnlicher Weise wie beim Kaukasus-Salamander möglich sein.

Literatur:

SCHULTSCHIK, G. (1994): *Mertensiella caucasica*: Haltung, Nachzucht und Freilandbeobachtungen. – Salamandra 30(3): 161–173.

SCHULTSCHIK, G. (2005): Kaukasussalamander, *Mertensiella caucasica*, Fang, Pflege und Zucht. – Aquaristik-Fachmagazin 37(181): 12–15.

Neurergus crocatus (Urmia-Bergbachmolch)

Kennzeichen: Kräftiger, relativ plump gebauter Molch mit körniger, trockener Haut und einem seitlich abgeflachten Schwanz. Der Rükken und die Flanken der Tiere sind schwarz gefärbt und mit leuchtend gelben, runden Flecken bedeckt. Mit zunehmendem Alter werden die Flecken größer und zahlreicher. Der Bauch ist orange und durchsetzt von einigen kleinen schwarzen Flecken.

Herkunft: Südosttürkei und Nordirak, in Bergregionen zwischen 500 und 2.000 m ü. NN. Im Iran wurde die Art kürzlich ebenfalls wiederentdeckt.

Größe und Geschlechtsunterschiede: Eine große Molchart, die eine Länge von bis zu 18 cm erreichen kann. Die Geschlechter sind außerhalb der Paarungszeit nur schwer zu unterschei-

Weibchen von *Neurergus crocatus* Foto: S. Bogaerts

den, auch wenn die Männchen generell eine etwas größere Kloake aufweisen und schlanker gebaut sind. Während der Brutzeit haben die Männchen eine deutlich größere Kloake und einen höheren Schwanzsaum; die gelben Flecken auf dem Schwanz färben sich weiß um, und ein blauer Schimmer kann auftreten.

Lebensweise: Wahrscheinlich verbringen diese Molche die heißen, trockenen Sommer und kalten Winter tief unter der Erde. Im Frühjahr (April bis Juni) begeben sich die Tiere in die Gebirgsbäche, wo sie vor allem ruhige Bachkolke bewohnen.

Neurergus derjugini, ein weiterer Bergbachmolch aus dem Iran und Irak Foto: F. Pasmans

Aquarium/Terrarium: Diese Molche sind untereinander nicht aggressiv und können das ganze Jahr gemeinsam in einem Bachaquarium gehalten werden, wobei die Temperaturen vorzugsweise unterhalb 18 °C liegen sollten. Höhere Temperaturen können Krankheiten wie *Chlamydia*-Infektionen auslösen. Es ist sicherzustellen, dass die Molche jederzeit das Wasser verlassen können, beispielsweise durch einen Inselaufbau aus flachen Steinen, die aus dem Wasser ragen. Für eine erfolgreiche Zucht ist es ratsam, die Tiere im Sommer in einem relativ trockenen Terrarium unterzubringen; es ist jedoch auch möglich, einfach den Wasserstand im Bachaquarium bis auf wenige Zentimeter zu verringern, sodass hierdurch eine größere Landfläche entsteht. In der Natur verbringen die Tiere wahrscheinlich nur eine kurze Zeit während der Balz und Paarung im Wasser.

Beckengröße: Mindestens 80 x 40 x 40 cm für eine Gruppe von 3–5 Tieren oder 20 Liter Wasser pro Tier.

Temperatur: 10–20 °C; bei Temperaturen über 18 °C verlassen die Tiere das Wasser.

Überwinterung: Eine Überwinterung scheint notwendig zu sein, um die Tiere zur Fortpflanzung zu bringen (siehe auch *N. strauchii*).

Fortpflanzung: Die Nachzucht im Terrarium ist mehreren Terrarianern schon gelungen; problematisch scheint jedoch, die Tiere auch über einen längeren Zeitraum am Leben zu erhalten. BOGAERTS (pers. Beob.), der die Art bis in die F_4-Generation gezüchtet hat, brachte seine männlichen Exemplare nach einer Winterruhe bei 5 °C in einem mit einer kleinen Umwälzpumpe ausgestatteten Aquarium bei einer Wassertemperatur von 10 °C unter; zwei Wochen später wurden die Weibchen hinzugesetzt. Bei leicht steigenden Wassertemperaturen von 11–15 °C begann bald darauf die Balz. Im März/April wurden die Eier abgelegt, die aus dem Aquarium entfernt und getrennt aufgezogen wurden. Im Mai stiegen die Wassertemperaturen bis auf 20 °C an, und die Elterntiere verließen das Wasser.

Bei der Paarung umwerben die Männchen ihre Weibchen durch Schwanzwedeln, ähnlich wie bei europäischen Wassermolchen. Die weißen Eier werden an die Unterseite von Steinen, schwimmenden Korkstücken und an Wasserpflanzen geheftet. Die Larven metamorphosieren in der Regel nach 3–5 Monaten, können aber auch bis zum folgenden Jahr im Wasser überwintern. Das Hauptproblem bei der Haltung dieser Art ist eine oft erhöhte Sterblichkeit nicht nur unter jungen, sondern auch adulten Exemplaren. Der Grund dafür könnte eine zu hohe Umgebungstemperatur in Kombination mit Chlamydien-Infektionen (insbesondere *Candidatus Amphibiichlamydia salamandrae*) sein. Temperaturen unterhalb von 18 °C scheinen deren Ausbreitung zu verhindern. Bei einer dauerhaften Haltung im kühlen Kellerraum erwies sich die Aufzucht der Jungtiere als problemlos (PASMANS, pers. Beob.), während bei zwei anderen Haltern, die die Tiere wärmer hielten, die meisten Jungtiere durch Chlamydien-Infektionen starben.

Hinweise: Jüngste Privateinfuhren aus verschiedenen Regionen im Irak und in der Türkei haben die genetische Basis dieser Art in der Terrarienhaltung deutlich verbessert. Es gibt aber klar unterscheidbare Formen von verschiedenen Lokalitäten, die man nicht zusammen halten sollte (siehe SCHNEIDER & SCHNEIDER 2011). Die Haltung und Nachzucht der derzeit hin und wieder aus dem Irak importierten Arten *N. microspilotus* und *N. derjugini* dürfte ähnlich möglich sein wie die von *N. crocatus*.

Literatur:

SCHNEIDER, C. & W. SCHNEIDER (2011): Die Bergmolche der Gattung *Neurergus* in Irak (Caudata: Salamandridae). – Herpetozoa 23(3/4): 3–20.

Neurergus kaiseri (Zagros-Molch)

Kennzeichen: Dieser schöne Molch besitzt eine trockene, körnige Haut und einen abgeflachten Schwanz. Seine charakteristische Farbzeichnung macht ihn unverkennbar: Die Oberseite ist schwarz mit weißen Flecken an den Flanken, die oft ineinanderfließen und bei älteren Tieren auch als vollständige Streifung ausgebildet sein können; ein orangeroter Streifen befindet sich auf dem Rücken. Der Bauch ist orange gefärbt.

Herkunft: Iran, im Zagros-Gebirge in der Provinz Luristan, auch Lorestan genannt.

Größe und Geschlechtsunterschiede: Dieser Bachmolch wird bis 14 cm lang. Während der Brutzeit sind die Geschlechter bei erwachsenen Tieren einfach zu unterscheiden, denn die Weibchen haben dann eine stark zugespitz-

Weiblicher Zagros-Molch (*Neurergus kaiseri*) Foto: F. Pasmans

te Kloake. Männliche Exemplare weisen hingegen eine größere Kloake auf, die vor allem während der Paarungszeit stark angeschwollen ist. Außerhalb der Brutzeit sind beide Geschlechter nur schwer unterscheidbar.

Lebensweise: Es ist nur wenig über die Lebensweise dieser Tiere in der Natur bekannt. Zagros-Molche findet man in trockenen Berggebieten zwischen 500 und 1.430 m ü. NN. Selbst im Winter gibt es dort nur relativ geringe Niederschläge. Es ist anzunehmen, dass die Tiere nach den ersten winterlichen Regenfällen in die Bergbäche wandern, um sich darin fortzupflanzen. Wo sich die Molche während des Sommers aufhalten, ist nicht bekannt; vermutlich ziehen sie sich tief in den Untergrund des Karstes zurück, um dort in Spalten und Höhlen die heißen, trockenen Sommermonate zu überdauern.

Aquarium/Terrarium: Die Haltung von *Neurergus kaiseri* ist vergleichsweise einfach, sofern man nicht gerade kranke adulte Tiere erwirbt. Die ungewöhnlich lichtscheuen Molche können das ganze Jahr über dauerhaft in einem Bachaquarium bei einem Wasserstand von 5–10 cm gepflegt werden. Das Wasser kann durch eine Filterpumpe in ständiger Bewegung bleiben, doch scheint dies nicht unbedingt notwendig zu sein – auch nicht für die Fortpflanzung. Eine Landfläche aus aufgeschichteten Steinen muss stets vorhanden sein. Will man diese Molche naturnah halten, sollten sie die Sommermonate besser in einem terrestrischen Salamanderterrarium verbringen, das relativ trocken sein kann, aber auch einen kleinen Wasserteil aufweisen muss.

Beckengröße: Ein Aquarium/Terrarium mit einer Größe von 60 x 30 x 30 cm reicht aus für ein Paar dieser Art. Bisher konnten keine Aggressionen zwischen Männchen beobachtet werden.

Temperatur: Über die optimalen Haltungstemperaturen für diese Art wird noch immer diskutiert. Die Tiere ertragen in den Sommermonaten auch höhere Temperaturen von bis zu 25 °C offenbar problemlos, sofern die Wasserqualität stimmt. Bis mehr über diese Art bekannt ist, empfehlen wir jedoch, die Temperaturen auch im Sommer nicht über 20 °C ansteigen zu lassen; in den Wintermonaten sollten sie zwischen 10 und 15 °C schwanken. Im Winter nehmen die Molche bei Temperaturen von nur knapp über 10 °C noch Futter an, und selbst geringere Temperaturen von 4–6 °C wurden bei PASMANS (pers. Beob.) über drei Monate hinweg problemlos toleriert.

Überwinterung: Es ist bisher nicht bekannt, bei welchen Temperaturen diese Art in der Natur die Wintermonate verbringt.

Fortpflanzung: Die Zucht des Zagros-Molches ist schon mehrfach gelungen, z. B. bis zur F_4-Generation bei Heinz KELLER (pers. Mittlg.), dessen Tiere in den frühen 1990er-Jahren nach Europa kamen. Schwierigkeiten treten allerdings bei der regelmäßigen, alljährlichen Nachzucht auf. Der Grund dafür ist nicht ganz klar, vor allem bei den Männchen scheint das Problem darin zu bestehen, sie in Paarungsstimmung zu bekommen. Die Balz im Wasser verläuft analog zu der von europäischen Wassermolchen, indem die männlichen Exemplare mit ihrem Schwanz Duftstoffe in Richtung Weibchen wedeln. Ein Weibchen kann bis zu 200 weiße Eier unter Steinen und an Wasserpflanzen ablegen. Im Aquarium werden die Eier von Oktober bis April, vor allem aber im Dezember und Januar abgesetzt. Die Aufzucht der Larven und später der umgewandelten Jungtiere gelingt ohne Probleme. Die Larven wandeln sich nach 3–5 Monaten mit 45–60 mm Gesamtlänge um. Die jungen Molche können sowohl aquatisch im Wasser als auch terrestrisch an Land aufgezogen werden. Sie erreichen nach 3–4 Jahren ihre Geschlechtsreife.

Hinweise: Diese Art ist wegen ihrer schönen Zeichnung sehr begehrt und wird auch in großer Zahl nachgezüchtet. Ein Kauf von Wildfangtieren ist nicht mehr möglich, da *Neurergus kaiseri* seit dem Jahr 2010 auf Anhang I des CITES-Abkommens gelistet ist. Aufgrund einer breit angelegten Untersuchung von Zagros-Molchen in Terrarienhaltung ist bekannt, dass diese Art den gefährlichen Chytridpilz übertragen kann, ohne selbst Anzeichen einer Erkrankung zu zeigen.

Neurergus strauchii (Anatolischer Bergbachmolch)

Kennzeichen: Relativ kräftig gebauter Molch mit rauer, matt glänzender Haut und abgeflachtem Schwanz. Der Rücken und die Flanken sind schwarz und mit vielen kleinen runden gelben Flecken übersät; bei älteren Tieren sind die hellen Flecken zahlreicher. Die Bauchseite ist dunkel, mit einer schmalen, unregelmäßig gerandeten, orangeroten bis roten Zickzacklinie in der Mitte.

Herkunft: Südosttürkei in Bergregionen zwischen etwa 1.000 und 2.000 m ü. NN.

Größe und Geschlechtsunterschiede: Ein großer Molch, der Längen von 18 cm erreichen kann. Die Geschlechter lassen sich in der Paarungszeit durch die größeren blauen und weißen Zeichnungselemente auf dem etwas kürzeren Schwanz und durch die größere Kloake der brünftigen Männchen unterscheiden.

Lebensweise: Wahrscheinlich verbringen die Molche die heißen, trockenen Sommer und die kalten Winter an Land tief im Boden. Im Frühjahr (April bis Juni) befinden sich die dann aquatisch lebenden Tiere in Gebirgsbächen, wo sie meist in ruhigeren Zonen zu finden sind.

Aquarium/Terrarium: Die Tiere sind nicht aggressiv gegeneinander und können das ganze Jahr über in einem Bachaquarium aquatisch gehalten werden. Andererseits ist es natürlicher, die Molche im Sommer und Winter in einem relativ trockenen Terrarium an Land unterzubringen. Wahrscheinlich verbringen sie in der Natur nur einen kurzen Zeitraum von 1–2 Monaten im Wasser und gehen anschließend an Land.

Beckengröße: Mindestens 80 x 40 x 40 cm für eine Gruppe von 3–5 Tieren bzw. 20 Liter pro Tier im Aquarium.

Temperatur: 10–20 °C, vorzugsweise bei Temperaturen unter 18 °C.

Weibchen von *Neurergus strauchii strauchii* Foto: F. Pasmans

Überwinterung: Wahrscheinlich überwintern diese Molche in freier Wildbahn für 3–5 Monate bei Temperaturen von unter 5 °C. Eine Überwinterung ist auch notwendig, um die Tiere vermehren zu können. Die Molche sollten hierfür im Herbst und Winter bei Temperaturen zwischen 9 und 12 °C terrestrisch gehalten und in diesem Zeitraum noch intensiv gefüttert werden, sodass sie Reserven aufbauen können. Anschließend müssen die Tiere für etwa eine Woche ohne Futter bei den gleichen Temperaturen gehalten werden, damit sie den Darm entleeren können. Danach findet über einen Zeitraum von mehreren Tagen ein kräftiger Temperaturabfall auf 2–5 °C statt, und die Tiere werden etwa drei Wochen lang nicht gefüttert. Anschließend sollte man die Temperatur langsam auf etwa 12 °C ansteigen lassen und den Tieren ermöglichen, sich nun ins Wasser zu begeben. Dort wird die Temperatur über einen Zeitraum von zwei Wochen allmählich auf 14–15 °C erhöht. Die Dauer der Überwinterung kann auch in menschlicher Obhut auf mehrere Monate verlängert werden.

Fortpflanzung: Eine größere Zahl von Molchen gemeinsam im Aquarium kann sich gegenseitig zur Fortpflanzung stimulieren (Janssen, unveröffentlichte Ergebnisse). In freier Natur beginnt die Laichsaison nach der Schneeschmelze von April bis Mai; es wurden schon Tiere beim Überqueren von Schneeflächen beobachtet. Die Männchen umwerben die Weibchen durch Schwanzwedeln. Die bis zu 285 weißen Eier werden an die Unterseite von Steinen geheftet. Die Larven wandeln sich nach 3–7 Monaten in Jungmolche mit 55–63 mm Länge um. Die Männchen können innerhalb von zwei Jahren, Weibchen innerhalb von drei Jahren geschlechtsreif sein.

Hinweise: Auch wenn es sich um eine sehr

Männchen von *Neurergus strauchii barani* Foto: F. Pasmans

schöne Molchart handelt, sollte sie nur von erfahrenen Amphibienpflegern gehalten werden, die die Möglichkeit haben, die Tiere kühl zu halten. Nachzuchten gelingen dann von Zeit zu Zeit. Es wird dringend empfohlen, keine in der Natur gefangenen Tiere zu erwerben, insbesondere nicht der Unterart *N. s. barani* (erkennbar an den zwei Reihen kleiner Flecken auf dem Rücken), weil diese Freilandpopulationen sehr anfällig für Störungen und Entnahmen sind.

Abschließend noch eine Warnung: Es gibt Berichte, wonach *Neurergus*-Molche in menschlicher Obhut ohne erkennbaren Anlass plötzlich körperlich stark abbauten und fast alle Tiere einer Anlage innerhalb kurzer Zeit gestorben sind. Obwohl dies nicht 100%ig zu erklären ist, spielen hierbei sehr wahrscheinlich zu hohe Umgebungstemperaturen und Chlamydien (*Candidatus Amphibiichlamydia salamandrae*, s. auch *N. crocatus*) eine wichtige Rolle.

Notophthalmus viridescens (Grünlicher Wassermolch)

Kennzeichen: Dieser relativ zart gebaute Molch ist durch seine glatte, aber trockene Haut, den abgeflachten Schwanz, die im adulten Stadium grünliche Rückenfärbung und die typischen roten Flecken mit schwarzem Rand (v. a. typisch für die Subspecies *N. v. viridescens*) gut zu erkennen. Der Bauch ist gelb mit schwarzen Flecken.

Herkunft: Osten von Nordamerika.

Größe und Geschlechtsunterschiede: Ziemlich kleiner Molch, in der Regel 9–11 cm, maximal bis 14 cm lang. Die Männchen sind erkennbar an der größeren Kloake, an den kräftigeren Hinterbeinen mit Brunftschwielen an der Innenseite sowie an den verhornten Zehenspitzen, mit denen sie sich an den Weibchen während der Paarung festhalten. Darüber hinaus zeigen die Männchen während der

Adulter *Notophthalmus viridescens* Foto: F. Pasmans

Paarungszeit einen erhöhten Schwanzsaum. **Lebensweise:** Die Molche bewohnen alle Arten dauerhafter bis semipermanenter Gewässer. Sie leben von Herbst bis in den frühen Sommer hinein im Wasser, wo sie ihre Eier ablegen. Im Gewässer sind die Molche tag- und nachtaktiv. Wenn der Wasserstand zu gering und/oder die Wassertemperaturen zu hoch werden, gehen sie an Land und verbringen einen Teil des Jahres an kühlen, feuchten Orten. Die jungen Molche haben in der Regel keine grünliche, sondern eine satte orange bis rote Farbe: Es sind die sogenannten „Red Efts“ (roten Jungmolche).

Aquarium/Terrarium: Dieser Molch kann während des ganzen Jahres im Aquarium gehalten werden; ein kleiner Landteil (z. B. eine Korkinsel) sollte aber stets vorhanden sein. Im Sommer und Herbst können die Tiere alternativ auch in einem Terrarium für landlebende Salamander untergebracht werden, allerdings nur dann, wenn sie das Wasser freiwillig verlassen. Die vollaquatische Pflege ist meist problemloser.

Beckengröße: Mindestens 5 Liter Wasser pro Tier.

Temperatur: 15–25 °C.

Überwinterung: Je nach der Herkunft der Molche, die man aber oft nicht kennt, ist im Winter im Allgemeinen nur eine Abkühlung auf 8–12 °C erforderlich.

Fortpflanzung: Die Reproduktion kann meist relativ einfach durch Reduzierung der Wassertemperatur im Herbst und durch eine Anhebung derselben im folgenden Frühjahr eingeleitet werden. Typisch für die Paarung dieser Molche ist eine Umklammerung der Weibchen durch die Hinterbeine der Männchen (dorsaler Amplexus). Die Männchen kämpfen um die Gunst der Weibchen und versuchen dabei oft, Rivalen von den Weibchen abzudrängen. Die Weibchen können durch die ständigen Paarungsversuche der Männchen unter starken Stress geraten, sofern sie sich nicht in Verstecke zurückziehen können. Die bis zu 400 Eier werden über mehrere Wochen einzeln zwischen die Blätter von Wasserpflanzen geheftet. Nach 2–5 Monaten metamophosieren die Larven mit einer Gesamtlänge von etwa 35 mm zu Jungmolchen. 1–2 Wochen nach dieser Umwandlung färben sich die Jungtiere zu den roten „Red Efts“ um. Die juvenilen Molche sollten terrestrisch an Land aufgezogen werden. Sie sind nach 2–3 Jahren geschlechtsreif.

Hinweise: Diese Molche werden noch immer sehr häufig importiert, doch leider sterben die meisten recht schnell, oft ohne ersichtlichen Grund. Die hohe Sterblichkeit, die man v. a. während und direkt nach dem Import beobachten kann, ist unseres Erachtens häufig ein Temperaturproblem, denn die kritische Maximaltemperatur bei dieser Molchart liegt ziemlich niedrig. Bei 32 °C sterben diese Tiere sofort, aber erste Probleme treten schon bei deutlich geringeren Temperaturen auf. Dieser Molch gilt als empfindlich, seine Pflege sollte erfahrenen Haltern und Züchtern vorbehalten bleiben. Obwohl Paarungen und Eiablagen relativ leicht zu erzielen sind, nehmen die Bestände dieser Art in menschlicher Obhut kaum zu; Nachzuchten sind so gut wie nicht zu erhalten.

Literatur:

BOUWMAN, A. & M. STENSSEN (2002): *Notophthalmus viridescens* – Groene watersalamander. – S. 38–39 in: BOUWMAN, A. & S. BOGAERTS (Hrsg.): Salamanders. – Nijmegen, Niederlande.

VERRELL, P. (1982): A note on the maintenance of the red-spotted newt in captivity. – Br. Herp. Soc. Bull. 5: 28.

Ommatotriton ophryticus (Nördlicher Bandmolch)

Kennzeichen: Ein mittelgroßer Molch mit brauner Oberseite, die oft mit vielen kleinen, schwarzen Punkten durchsetzt ist. An den Flanken verläuft ein weißer Streifen, der schwarz gesäumt ist. Der Bauch ist gelb bis orangerot und zumeist ohne schwarze Fleckung.

Herkunft: *Ommatotriton ophryticus* findet man in Gebirgsregionen und Küstengebieten entlang des Schwarzen Meeres im Norden der Türkei und in der Kaukasusregion. Es sind zwei Unterarten beschrieben, die äußerlich kaum zu unterscheiden sind: *O. o. nesterovi* aus dem Westteil der Türkei und die Nominatform *O. o. ophryticus* aus der östlichen Türkei und dem Kaukasus.

Größe und Geschlechtsunterschiede: Dieser Bandmolch kann bis zu 16 cm lang werden. Die Männchen sind in der Paarungszeit sehr einfach durch ihren extrem hohen Rükkenkamm zu erkennen. Außerhalb der Paarungszeit, in der Landphase, sind die Männchen an den schwarzen Punkten, am kleinen Restkamm auf dem Rücken und auch an den generell größeren Körperausmaßen unterscheidbar.

Lebensweise: Bandmolche leben im Sommer, Herbst und Winter an Land und wandern im Frühjahr in langsam fließende Bäche und stehende Gewässer ein. In der Landphase sind die Tiere nicht aggressiv gegeneinander, während die Männchen in der Paarungszeit sehr aggressiv gegeneinander reagieren und nicht zusammen in einem Aquarium untergebracht werden können.

Aquarium/Terrarium: Ein terrestrisches Salamanderterrarium während der Landphase und ein Aquarium während der Fortpflanzungsperiode. Diese Molche können nicht das ganze Jahr über dauerhaft aquatisch gehalten werden.

Männchen des Nördlichen Bandmolchs, *Ommatotriton ophryticus* Foto: S. Bogaerts

Beckengröße: Mindestens 60 x 30 x 30 cm für eine Gruppe von drei Tieren (maximal ein Männchen pro Aquarium!).

Temperatur: 10–25 °C Lufttemperatur an Land; während der Paarungszeit ist eine Wassertemperatur von 10–15 °C erforderlich.

Überwinterung: Für *O. ophryticus* ist eine Ruhephase an Land (z. B. drei Monate bei 2–6 °C) notwendig.

Fortpflanzung: Der Nördliche Bandmolch pflanzt sich nach erfolgter Winterruhe im Frühjahr fort. Die Männchen entwickeln beeindruckende Kämme und balzen die Weibchen durch Schwanzwedeln und regelrechte „Peitschenschläge" mit dem Schwanz an. Die etwa 100 (maximal bis zu 803) Eier werden einzeln in die gefalteten Blätter von Unterwasserpflanzen geheftet. Nach 1,5–5 Monaten verwandeln sich die Larven. Die Jungmolche messen etwa 3–4,5 cm und müssen an Land aufgezogen werden – gerade junge *O. ophryticus* müssen nach ihrer Metamorphose zwingend das Wasser verlassen können! Bei kräftiger Fütterung werden die Molche nach 2–3 Jahren geschlechtsreif.

Hinweise: Während der Brutzeit sind eine gute Pflege und genaue Beobachtung der Tiere notwendig, denn die Männchen benötigen für die Fortpflanzung viel Energie und befinden sich nach dem Übergang vom Wasser- aufs Landleben häufig in einem schlechten körperlichen Zustand. Kämpfe zwischen den Geschlechtern auch nach der Paarung können ebenfalls auftreten. Nachzuchten dieser Art sind regelmäßig verfügbar.

Ommatotriton vittatus (Südlicher Bandmolch)

Kennzeichen: Ein kleiner bis mittelgroßer Molch mit brauner Oberseite, die mit vielen kleinen schwarzen Punkten versehen ist. An den Flanken befindet sich ein weißer Streifen, der schwarz gesäumt ist. Der Bauch ist gelb bis orangerot mit schwarzen Flecken.

Herkunft: Es sind derzeit zwei Unterarten anerkannt, *O. v. cilicensis* aus der Umgebung von Adana im Süden der Türkei und die Nominatform *O. v. vittatus*, die in Israel, Libanon, Syrien und bei Hatay im Süden der Türkei zu finden ist.

Größe und Geschlechtsunterschiede: Der Südliche Bandmolch ist in der Regel nicht größer als 12 cm. Die Männchen sind während der Paarungszeit sehr einfach an ihrem extrem hohen Rückenkamm zu erkennen. Sie sind etwas größer als die Weibchen und auch außerhalb der Paarungszeit, also in der Landphase, an einer gepunkteten Linie auf dem Rücken sowie an der etwas größeren Kloake erkennbar.

Lebensweise: Diese Art lebt im Sommer an Land und während des Winters und Frühjahrs im Wasser, in langsam fließenden Bächen oder stehenden Gewässern. Je nach Meereshöhe beginnen die Tiere bereits im Spätwinter (Januar, Februar) nach winterlichen Regenfällen in den Gewässern mit der Fortpflanzung. In der Landphase sind die Männchen nicht aggressiv; sie können aber während der Paarungszeit äußerst aggressiv gegeneinander auftreten und sollten dann nicht zusammen untergebracht werden.

Aquarium/Terrarium: In einem Terrarium für Landsalamander während der Landphase, in einem Aquarium während der Reproduktionszeit. Diese Art kann nicht das gesamte Jahr über aquatisch gehalten werden!

Beckengröße: Mindestens 60 x 30 x 30 cm für eine Gruppe von vier Tieren (maximal ein Männchen pro Aquarium).

Männchen des Südlichen Bandmolchs, *Ommatotriton vittatus vittatus* Foto: F. Pasmans

Temperatur: Lufttemperaturen 10–25 °C; während der Fortpflanzungszeit sind Wassertemperaturen von 10–15 °C erforderlich.
Überwinterung: Diese Art führt eine Sommerruhe an Land durch und sollte dann in einem relativ trockenen Terrarium bei Temperaturen um die 20 °C gehalten werden. Diese Ruhephase ist wichtig, damit nach einer Reduzierung der Temperatur auf 10–15 °C im Winter die aquatische Phase beginnen kann. Die Molche werden sich bei diesen Temperaturen auch fortpflanzen.
Fortpflanzung: Nach dem Übergang von einer warmen, trockenen zu einer kühleren, feuchten Haltung pflanzt sich der Südliche Bandmolch im Winter bis ins zeitige Frühjahr hinein fort. Die Tiere können manchmal schon im Herbst (ab November) in ein Aquarium überführt werden. Die Männchen entwickeln im Wasser beeindruckende Kämme, durch deren Aufspreizen sie die Weibchen umwerben. Die 50–100 (maximal 130) Eier werden einzeln in Pflanzenblätter gefaltet. Die Jungmolche wandeln sich nach 2–3 Monaten um und sind dann in Schnitt etwa 32 mm lang. Junge *O. v. vittatus* und *O. v. cilicensis* können sich bereits ab einer Länge von 7 cm fortpflanzen, was bedeutet, dass ihre Geschlechtsreife schon wenige Monate nach der Umwandlung eintritt.
Hinweise: Diese Art ist relativ einfach zu halten und auch zu züchten. Nachzuchten stehen manchmal zur Verfügung.

Pachytriton sp. (Kurzfuß-Salamander)

Kennzeichen: Ein glatthäutiger, im Querschnitt fast runder Salamander mit flachem Kopf und einem Schwanz, der am Ende seitlich stark abgeflacht ist. Die Oberseite der Tiere ist dunkelbraun bis schwarz. Die Unterseite zeigt eine orangerote und schwarze Fleckenzeichnung. Es sind mehrere ähnliche Arten beschrieben, die mithilfe morphologischer Merkmale nur schwer zu unterscheiden sind.
Herkunft: Südostliches China.
Größe und Geschlechtsunterschiede: Relativ großer Molch, der eine maximale Länge von 20 cm erreichen kann. Das Männchen unterscheidet sich vom Weibchen durch die kräftigere Kloake und silberweiße Punkte auf dem Schwanz.
Lebensweise: Die erwachsenen Tiere verbringen vermutlich ihr ganzes Leben in Gebirgsbä-

***Pachytriton granulosus* (Männchen)** Foto: F. Pasmans

chen. Diese Molche reagieren äußerst aggressiv gegeneinander, speziell die Männchen kämpfen oft so lange, bis ein Tier stirbt (direkt oder auch indirekt durch Stress oder Verletzungen).

Aquarium/Terrarium: Das Aquarium sollte als Strömungsbecken eingerichtet sein: Ein Wasserstand von 10–20 cm reicht aus, und eine stärkere Strömung mithilfe einer Pumpe wird geschätzt, auch wenn sie nicht unbedingt notwendig ist. Für jedes Tier sollten außerdem verschiedene Versteckplätze vorhanden sein, z. B. durch aufgeschichtete, flache Steine, unter die die Tiere kriechen können.

Beckengröße: Mindestens 20 Liter Wasser pro Tier; Besatzdichte nicht höher als ein Pärchen pro Aquarium.

Temperatur: 15–20 °C. Höhere Temperaturen bis 26 °C werden vorübergehend ebenfalls toleriert.

Überwinterung: Notwendig, im Wasser bei 2–6 °C.

Fortpflanzung: Eiablagen wurden bereits mehrfach in Europa erzielt. Das Weibchen legt seine Gelege aus etwa 60 Eiern an der Unterseite von Steinen ab und bewacht sie. Die Aufzucht der Larven im Wasser ist nicht schwierig; sie sind nicht agressiv und tolerieren Wassertemperaturen bis 25 °C. Schon 42 Tage nach dem Schlupf können sich die Larven mit Längen von 35–40 mm umwandeln und sollten anschließend an Land aufgezogen werden. Leider ist die Aufzucht der Jungtiere bisher immer gescheitert.

Hinweise: Diese Salamander werden leider in großen Stückzahlen aus China importiert. Obwohl sich die Tiere über einen langen Zeitraum recht einfach halten lassen, verursachen ihr hohes Maß an Aggressivität und die schwierige Nachzucht große Probleme. Mehrere, oft schwer bestimmbare Arten der Gattung *Pachytriton* werden gelegentlich als *P. brevipes* importiert. Alle diese Tiere können in der gleichen Weise gehalten werden.

Pachytriton granulosus **(Bauchzeichnung eines Weibchens)** Foto: H. Janssen

Literatur:

THIESMEIER, B. & C. HORNBERG (1997): Paarung, Fortpflanzung, Larvalentwicklung von *Pachytriton* sp. (*Pachytriton* A) nebst Bemerkungen zur Taxonomie der Gattung. – Salamandra 33(2): 97–110.

– & – (1998): Zur Fortpflanzung von *Pachytriton labiatus* – ein weiterer Hinweis auf das Brutpflegeverhalten in der Gattung *Pachytriton*. – Salamandra 34: 77–80.

WENNEKERS, F. & E. NAUMANN (2002): Kweekervaringen met *Pachytriton labiatus* – Lipsalamander. – S. 40–42 in: BOUWMAN, A. & S. BOGAERTS (Hrsg.): Salamanders. – Nijmegen, Niederlande.

Paramesotriton chinensis (Chinesischer Warzenmolch)

Kennzeichen: Adulte Chinesische Warzenmolche haben eine raue, warzige Haut, deren Farbe von Braun bis Grau oder Olivgrün variieren kann und manchmal mit dunklen Flecken durchsetzt ist. Tiere in schlechtem Zustand (bei Krankheit oder Stress) zeigen generell dunklere Farben. Die Rückenleiste der Molche ist glatt und leicht aufgewölbt, manchmal mit, manchmal auch ohne orangen Strich. Der Bauch ist schwarz, grau bis olivgrün oder auch bräunlich mit orangeroten Flecken, die oft schwarz gesäumt sind. Mit zunehmendem Alter verwischt diese Bauchzeichnung allmählich. Juvenile an Land zeigen eine matte Schwarzfärbung mit einem orangen Strich auf der Rückenleiste und an der Schwanzunterseite sowie orangeroten Flecken auf dem Bauch. Seitlich und an den Gliedmaßen befinden sich kleine zitronengelbe Flecken, auffälliger noch sind die größeren Flecken an den Oberarmen und Oberschenkeln. Reste dieser Flecken sind meist auch noch bei erwachsenen Tieren erkennbar.

Herkunft: Östliches China, in den Provinzen Zhejiang, Anhui und Fujian.

Größe und Geschlechtsunterschiede: Erwachsene *P. chinensis* sind große und kräftig gebaute Molche. Die Weibchen werden bis zu 18,5 cm lang, die Männchen bleiben etwas kleiner. Der Schwanz der Weibchen ist im Verhältnis zum Körper etwas länger als bei den Männchen. Bei geschlechtsreifen Männchen tritt im dunklen Teil des Schwanzes ein silberweißer Streifen auf. Darüber hinaus sind Männchen leicht an ihrer größeren Kloake erkennbar.

Lebensweise: Über die natürliche Lebensweise dieser Tiere ist sehr wenig bekannt. Sie leben zumindest während der Fortpflanzungszeit im Wasser, nach Feng Xie (pers. Mitteilung) wurden weibliche Exemplare im Sommer aber an Land gefunden. Männchen aller *Paramesotriton*-Arten leben territorial und vertreiben andere Männchen. Dabei ist es typisch, dass das überlegene Tier den Gegner beißt und das gebissene Tier sich um den Körper des beißenden Tieres herumkrümmt. Bei *P. chinensis* sind auch die Weibchen aggressiv – sowohl

Männchen von *Paramesotriton chinensis* Foto: H. Janssen

Pärchen von *Paramesotriton fuzhongensis* (Männchen rechts) Foto: H. Janssen

untereinander als auch gegenüber männlichen Exemplaren. Es ist daher nötig, pro Aquarium höchstens ein Paar dieser Molche, welches meist verträglicher miteinander umgeht, zusammen zu halten. Aber selbst bei gut funktionierenden Paaren kann es gelegentlich zu Beißereien kommen.

Für Zuchtzwecke muss eine gewisse Aggression unter den Paaren toleriert werden, und man sollte erst bei einer wirklichen Gefährdungssituation eingreifen. Vor und während der Fortpflanzungszeit ist es zumeist das Männchen, das das Weibchen beißt, wenn dieses nicht auf seine Annäherungsversuche reagiert. Im Sommer und Herbst hingegen dulden oft Weibchen keinerlei Artgenossen in ihrer Nähe. Bleibt ein Molch den Aggressionen eines anderen dauerhaft ausgesetzt, führt dies zu permanentem Stress, wodurch sich das unterlegene Tier dunkel verfärbt, abmagert und ständig versucht, aus dem Aquarium zu entweichen oder sich in ein Versteck zurückzuziehen. Dauert ein solcher Stresszustand zu lange an, stirbt der Unterlegene schließlich. Solche Risiken lassen sich teilweise vermeiden, indem die Molche außerhalb die Paarungszeit einzeln gehalten werden.

Aquarium/Terrarium: In menschlicher Obhut kann *Paramesotriton chinensis* das ganze Jahr über im Aquarium gehalten werden, wobei ausreichend Versteckplätze und genügend Laub zur Eiablage zur Verfügung stehen müssen. Auch sollte auf dem Boden ein Bereich freibleiben, wo die Männchen die Weibchen anbalzen können. Eine leichte Wasserzirkulation mithilfe eines kleinen Innenfilters ist ratsam.

Beckengröße: Ein Aquarium mit 90 x 40 cm Bodenfläche und einem Wasserstand von 20–

***Paramesotriton caudopunctatus*: Pärchen aus dem Osten der chinesischen Provinz Guanxi ...**

... und aus dem Südosten von Guizhou Fotos: H. Janssen

25 cm eignet sich für ein Paar dieser Molche.
Temperatur: Die Temperatur sollte am besten zwischen 15 und 20 °C betragen. Vorübergehende Wassertemperaturen bis 24 °C im Sommer werden von gesunden Tiere aber gut ertragen.
Überwinterung: Ein kurzer Zeitraum von 1–2 Monaten bei einer geringen Wassertemperatur von 7–10 °C stimuliert die Fortpflanzung und ist sehr zu empfehlen. Schon während dieser kühlen Phase balzen die Männchen gelegentlich die Weibchen an.
Fortpflanzung: Nach der Überwinterung muss die Wassertemperatur langsam und schrittweise ansteigen. Plötzliche Temperaturände-

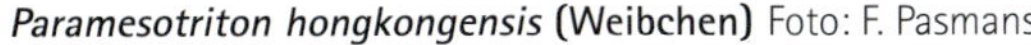

***Paramesotriton hongkongensis* (Weibchen)** Foto: F. Pasmans

Bauchzeichnung eines weiblichen *Paramesotriton caudopunctatus* aus Guangxi Foto: H. Janssen

rungen sollten vermieden werden. Ein kräftiger Teilwasserwechsel und eine etwas stärkere Strömung, wenn sich die Wassertemperatur 15 °C nähert, erhöht die Fortpflanzungsaktivität. Bei Temperaturen zwischen 15 und 18 °C legen die Weibchen dann über einen Zeitraum von 1–2 Monaten ihre Eier einzeln an Wasserpflanzen ab. Zu diesem Zweck sollten kräftige Wasserpflanzen wie *Cryptocoryne*-Arten verwendet werden, die vorzugsweise im Ausströmungsbereich des Filters stehen.

Die Aufzucht der Larven stellt keine besonderen Anforderungen. Bei H. Janssen (pers. Mittlg.) trat allerdings eine erhöhte Sterblichkeit unter den Larven auf, die in nur über kurze Zeit abgestandenem Leitungswasser gehalten wurden. Die Mortalität konnte gestoppt werden, unmittelbar nachdem die überlebenden Larven in alt eingerichtete, schon länger „gereifte" Becken übersiedelt wurden. Um Kannibalismus zu verhindern, ist es empfehlenswert, die Larven der Größe nach zu sortieren und über mehrere Becken verteilt aufzuziehen. Wie bei anderen *Paramesotriton*-Arten treten auch bei der Aufzucht von *P. chinensis* die größten Probleme nach der Metamorphose der Jungtiere, zu Beginn der terrestrischen Lebensphase, auf. Die für die Jungtieraufzucht bei *Laotriton* beschriebene Methode hat sich auch bei mehreren *Paramesotriton*-Arten bewährt. Die Molche werden 3–7 Jahre nach ihrer Metamorphose bei einer Gesamtkörperlänge von 11–15 cm geschlechtsreif. Über einen Zeitraum von mehreren Wochen bis einigen Monaten wechseln sie dann von der Jugendzeichnung in die adulte Färbung über. Dies ist zugleich der geeignete Zeitpunkt, um sie allmählich auch an die aquatische Lebensweise anzupassen. Einige Exemplare einer Nachzucht aus dem Jahr 2000 von H. Janssen (pers. Mittgl.) haben ihre schwarze Jugendzeichnung bis ins Alter von 11 Jahren bei Gesamtkörperlängen von 16–17 cm beibehalten.

Hinweise: Neben *P. chinensis* wurden bis vor kurzem auch einige andere *Paramesotriton*-Arten regelmäßig aus China importiert. Ein Vergleich mit wichtigen Unterscheidungsmerkmalen findet sich in der Tabelle auf Seite 164.

Paramesotriton fuzhongensis: Weibchen erreichen eine Größe von 18 cm, ausnahmsweise sogar bis 21 cm, die Männchen bleiben kleiner. Männchen können sehr aggressiv sein, die Weibchen sind es in der Regel nicht. Haltungsbedingungen, Temperaturen und Überwinterung

Paramesotriton guangxiensis **ist trotz gewisser Ähnlichkeiten mit *P. deloustali* ein enger Verwandter von *P. fuzhongensis*** Foto: H. Janssen

sind ähnlich wie für *P. chinensis* angegeben. Die Weibchen legen ihre Eier bei steigenden Frühlingstemperaturen an Pflanzen. *Paramesotriton caudopunctatus*: Schlanker Molch mit relativ glatter Haut, der eine Länge von bis zu 15 cm erreicht. Charakteristisch für diese Art sind die lange, flache Schnauze, schwarz umrandete helle Flecken auf dem Schwanz der Männchen und Hautsäume an Fingern und Zehen. Tiere aus der Provinz Guizhou entsprechen der Neubeschreibung als *Trituroides caudopunctatus* (Liu & Hu in Hu et al. 1973), während die Molche aus dem Osten der Provinz Guangxi sich u. a. in der Bauchzeichnung unterscheiden und der Beschreibung von Bischoff & Böhme (1980) entsprechen. Die Haltung erfolgt ähnlich wie die von *P. chinensis*. Männchen sind gegeneinander sehr aggressiv. Die Pärchen schützen ihr Gelege gemeinsam, wobei das Männchen Eindringlinge direkt angreift, während das Weibchen meist nur droht, ohne wirklich zu beißen. Die Tiere können paarweise – in einem ausreichend großen Aquarium (ab 90 x 40 x 40 cm) sogar zwei Paare miteinander – gehalten werden, vorausgesetzt, es sind ge-

Pärchen von *Paramesotriton deloustali*, das Männchen befindet sich links Foto: H. Janssen

nügend Versteckmöglichkeiten vorhanden. Im Gegensatz zu anderen *Paramesotriton*-Arten legen die Weibchen von *P. caudopunctatus* ihre Eier nicht an Pflanzen ab, sondern in die Lücken zwischen Steinen oder an deren Unterseite. Die Eiablage findet bei steigenden, frühlingshaften Temperaturen statt.
Paramesotriton hongkongensis: Etwas kleinere Art, bei der die Weibchen eine Körperlänge von 16 cm erreichen können; die meisten Tiere bleiben jedoch kleiner. Auch die Männchen sind generell meist kleiner als die Weibchen. Die Haut dieser Art ist glatter als die von *P. chinensis* und *P. fuzhongensis*. Die Molche legen ihre Eier bei sinkenden Temperaturen im Herbst und im Winter ab, die Temperatur darf allerdings nicht unter 13 °C fallen. Adulte Tiere können als Paare gehalten werden bzw. in ausreichend großen Aquarien (mindestens 90 x 40 x 40 cm) mit vielen Versteckmöglichkeiten auch als kleine Gruppe (z. B. ein Männchen mit drei Weibchen).
Paramesotriton deloustali: Von allen beschriebenen *Paramesotriton*-Arten ist diese die größte. Die Weibchen erreichen bis zu 22 cm, ausnahmsweise sogar 23 cm Länge, die Männchen bleiben etwas kleiner. Diese Molche haben einen kräftigen Körper mit ausgeprägter Rückenleiste und Seitenleisten. Der Schwanz ist hoch und seitlich abgeflacht. Der Kopf ist eckig und vor allem bei den Weibchen sehr breit. An den Flanken fallen vertikale Hautrillen auf. Ein Bauchmuster aus einer weitmaschigen schwarzen Netzzeichnung auf orangerotem Untergrund wird als typisch für diese Art beschrieben, es sind aber auch schon davon abweichende Ventralfärbungen beobachtet worden. Darüber hinaus ändert sich die Bauchzeichnung bei jedem Individuum auch stark mit dem Alter. Die Männchen sind sehr territorial und aggressiv gegeneinander. Manchmal werden auch Weibchen angegriffen; solche Angriffe können zu schweren Verletzungen und sogar zum Tod einzelner Tiere führen. Für Weibchen hingegen ist Aggressivität eher ungewöhnlich. Diese Molche sind am besten als Paar in einem großen Aquarium (Größe mindestens 90 x 40 x 40 cm) bei einem Wasserstand von 25–30 cm zu halten, wobei das Becken viele Versteckbereiche aufweisen muss. Mit sinkender Wassertemperatur auf etwa 15–16 °C werden die Tiere im Winter sexuell aktiv. Sobald die Temperatur wieder auf etwa 18 °C ansteigt, beginnen die Weibchen ihre Eier abzulegen, vorzugsweise in langsam strömenden Gewässern an robusten Pflanzen wie Cryptocorynen.
Neben den oben genannten *Paramesotriton*-Arten sind *P. guangxiensis*, *P. zhijinensis*, *P. longliensis*, *P. yunwuensis*, *P. maolanensis*, *P. wulingensis* und *P. labiatus* (ehemals *P. ermizhaoi* bzw. „*Pachytriton* C“) beschrieben worden. Mit Ausnahme von *P. labiatus* und *P. guangxiensis* gibt es aber bisher keine Erfahrungen bei der Terrarienhaltung und Nachzucht dieser Arten. Im Tierhandel tauchen gelegentlich weitere *Paramesotriton*-Formen auf, die noch nicht als eigene Arten wissenschaftlich beschrieben wurden und von denen nichts bekannt ist – nicht einmal, wo genau sie gefangen wurden. Allerdings wurden zwei dieser Formen bereits erfolgreich in menschlicher Obhut nachgezogen.

Literatur:

Bischoff, W. & W. Böhme (1980): Zur Kenntnis von *Paramesotriton caudopunctatus* (Hu, Djao & Liu, 1973) n. comb. (Amphibia: Caudata: Salamandridae). – Salamandra 16: 137–148.

Hu, S., E. Zhao & C. Liu (1973): A survey of amphibians and reptiles in Kweichow Province, including a herpetofaunal analysis. – Acta Zoologica Sinica 19: 149–181.

Merkmale zur Unterscheidung adulter Exemplare einiger *Paramesotriton*-Arten

Art	*P. hongkongensis*	*P. chinensis*	*P. fuzhongensis*	*P. deloustali*	*P. caudopunctatus*
Rückenleiste	Prominent, glatt, oft orange und unterteilt in Segmente	Wenig prominent, glatt, oft orange	Wenig prominent, mit kleinen Warzen	Prominent, unterteilt in Segmente, mit kleinen Warzen	Prominent, mit winzigen Warzen, oft orange
Seitenleisten	Prominent	Wenig prominent	Prominent, dicht mit größeren Warzen besetzt	Prominent, moderat mit größeren Warzen besetzt	Ziemlich prominent, mit hellen kleinen Warzen besetzt
Warzen	Klein, Haut relativ glatt	Größere und kleinere runde Warzen in großen Dichten	Größere und kleinere kegelförmige Warzen in großer Dichte	Moderat in Größe und Besatzdichte	Sehr kleine Warzen
Bauchzeichnung	Orangerote Flecken auf schwarzem bis grauem Untergrund	Orangerote Flecken auf variablem Untergrund	Orangerote Flecken auf dunklem Untergrund, oft in doppelter Reihe	Variabel, siehe Text	Unterschiedlich je nach Herkunft, Geschlecht und Alter
Hautsäume an Fingern und Zehen	Fehlen	Vorhanden	Fehlen	Fehlen	Vorhanden
Schwanzfarbe der Weibchen	Schwanzsaum heller als Körperfarbe, oft rötlich oder orange	Zunehmende Dichte schwarzer Flecken bis zur völlig schwarzen Schwanzspitze	Hintere Schwanzhälfte heller, dunkler oder gleich wie Körperfarbe	Hintere Hälfte heller, rötlich bis rostbraun, zur Fortpflanzungszeit mit dem Hauch eines silberweißen Streifen	Gleich wie Körperfärbung, gelegentlich mit winzigem Fleck an der Schwanzspitze
Streifen am unteren Schwanzrand	Vorhanden, orange bis rot, bei Männchen manchmal nur zum Teil sichtbar	Vorhanden, rot, bei älteren Tieren meist nur noch Reste sichtbar	Vorhanden, orange bis rot, auch bei älteren Tieren gut sichtbar	Vorhanden, orange, auch bei älteren Tiere gut sichtbar	Vorhanden, orange bis gelb, oft eher unscharf und unauffällig
Schwanzfarbe der Männchen	Dunkel mit silberweißem Streifen	Zumindest hintere Hälfte sehr dunkel mit silberweißem Streifen	Zumindest hintere Hälfte sehr dunkel mit silberweißem Streifen	Rostbraun und dunkelbraun gefleckt, mit breitem silberweißem Streifen	Gleich wie Körperfärbung, mit auffälligen, schwarz umrandeten Flecken

Pleurodeles waltl (Spanischer Rippenmolch)

Kennzeichen: Ein großer, rundlich gebauter Molch mit abgeflachtem Schwanz, flachem Kopf und körniger, matt glänzender Haut. Die Rückenfarbe ist Braun bis Grau, typisch ist eine Reihe orangefarbener Warzen an den Flanken, die die Position der darunterliegenden Rippenenden anzeigen. **Herkunft:** Spanien, Portugal, Marokko. **Größe und Geschlechtsunterschiede:** Sehr großer Molch, der eine Länge von 30 cm erreichen kann, aber normalerweise nicht größer als 20 cm wird. Die Geschlechter sind durch die verdickten Oberarme, den relativ längeren Schwanz und die schlankere Konstitution der Männchen unterscheidbar.

Lebensweise: Außerhalb der Fortpflanzungszeit (im Winter und Frühling) sind die Tiere oft an feuchten Stellen an Land zu finden, wo sie den Sommer verbringen.

Aquarium/Terrarium: Spanische Rippenmolche sind gegeneinander nicht aggressiv und können dauerhaft zusammen im Wasser gehalten werden.

Beckengröße: Mindestens 20 Liter Wasser pro

Temperatur: 15–20 °C.

Überwinterung: Eine Abkühlung auf 10–15 °C im Winter ist ausreichend.

Fortpflanzung: Sinkende Temperaturen im Herbst lösen das Balz- und Paarungsverhalten aus. Die Männchen umklammern im Amplexus die Weibchen mit ihren Vorderbeinen und tragen sie auf diese Weise auf dem Rücken. Die bis maximal 1.303 kleinen weißen Eier werden in kleinen Gruppen an Pflanzen, Steinen usw. abgelegt. Nach 3–4,5 Monaten metamorphosieren die Larven mit Körperlängen von 50–110 mm. Die Jungtiere können aquatisch aufgezogen werden und pflanzen sich meist schon im zweiten Lebensjahr fort. **Hinweise:** Ein einfach zu pflegender Molch, der in großer Zahl gezüchtet wird. Nachzuchten sind daher leicht zu bekommen, werden aber oft unter dem Namen *P. poireti* angeboten. Nach unserer Kenntnis ist *P. poireti* noch nie importiert worden, sporadisch werden allerdings auch Nachzuchten von *P. nebulosus* angeboten. Diese Art bleibt kleiner, und es fehlen ihr die typischen orangen Warzen an den Rippenenden. *Pleurodeles nebulosus* stammt aus dem nördlichen Tunesien und Algerien und kann in der gleichen Weise gehalten werden, hat aber eine landorientiertere Lebensweise und ist schwieriger zur Nachzucht zu bringen.

Männlicher Rippenmolch, *Pleurodeles waltl* Foto: F. Pasmans

Weibchen des nordafrikanischen Rippenmolches *Pleurodeles nebulosus* Foto: F. Pasmans

Salamandra atra *Salamandra lanzai* (Alpensalamander)

Kennzeichen: *Salamandra atra*, der Alpensalamander, ist ein kleiner, schlanker Landsalamander mit kräftigem Körper. Dorsal ist er glänzend schwarz, auch Flanken und Bauch der Tiere sind schwarz. Die Unterarten *S. a. pasubiensis* und *S. a. aurorae* zeigen zusätzlich verschwommene gelbe bis weiße Flecken auf Kopf und Rücken. Lanzas Alpensalamander, *Salamandra lanzai*, ist ebenfalls schwarz und eng verwandt, aber wesentlich größer als *S. atra*. Er ist einfach von den anderen Arten und Unterarten zu unterscheiden, da er in der Rückenmitte vom Kopf bis zum Schwanz nicht die charakteristische Doppelreihe kleiner poriger Warzen aufweist.

Herkunft: *Salamandra atra* kommt in den Alpen und auf dem Balkan bis nach Albanien vor. *Salamandra lanzai* hingegen hat ein sehr kleines Verbreitungsgebiet in der Grenzregion von Frankreich und Italien (Cottische Alpen).

Größe und Geschlechtsunterschiede: *Salamandra atra* ist ein mittelgroßer Landsalamander mit Längen bis 15 cm, während *S. lanzai* etwas größer ist und Längen von bis zu 18 cm erreichen kann. Männliche Exemplare sind durch die leicht geschwollene Kloake zu erkennen und generell etwas schlanker gebaut. Auch die Beine sind bei männlichen Exemplaren relativ gesehen länger.

Lebensweise: Alpensalamander sind nur bei hoher Luftfeuchtigkeit aktiv, in der Regel nachts. Sie leben in kargen Gebirgsregionen auf offenen Geröllfeldern, aber auch in feuchten Bergwäldern. *Salamandra atra* wird in Höhenlagen von etwa 400–2.500 m ü. NN, *S. lanzai* auf 1.200–2.600 m ü. NN gefunden. Die Winterruhe dauert

Weiblicher Alpensalamander, *Salamandra atra* Foto: F. Pasmans

bei diesen Tieren mit 6–8 Monaten relativ lange und geht etwa von Oktober bis Mai. Bei *S. lanzai* ist territoriales Verhalten bekannt, indem die Tiere ihre Reviere mit Kot abgrenzen. Die gemeinsame Pflege von zwei Männchen im selben Terrarium kann daher zur Unterdrückung eines Tieres durch das dominante Männchen führen. Hierdurch ist das unterlegene Tier dauerhaft gestresst, es wird weniger aktiv sein und auch weniger fressen. Sobald man dies beobachtet, sollten die Männchen getrennt werden.

Aquarium/Terrarium: Terrarium für Landsalamander mit vielen Verstecken und guter Belüftung. Eine sehr flache Wasserschale ist nur für die Aufnahme von Feuchtigkeit erforderlich. Wichtig ist dann jedoch, das Wasser regelmäßig auszutauschen (ein Mal wöchentlich) und die Schale gründlich zu reinigen.

Beckengröße: Mindestens 80 x 40 cm Bodenfläche für ein Paar.

Temperatur: Die Temperaturen sollten 18 °C nicht überschreiten.

Überwinterung: Ein langer und kalter Überwinterungszeitraum bei 0–5 °C ist erforderlich.

Fortpflanzung: Die Aktivität dieser lebendgebärenden Salamander wird bestimmt durch die Höhenlagen, auf der sie vorkommen: In tieferen Lagen sind die Tiere während einer längeren Periode aktiv als in großen Höhen. Die Tiere paaren sich wie *Salamandra salamandra*. Die Dauer der Tragzeit ist vom Lebensraum abhängig und liegt im Bereich von 2–4 Jahren! Beide Alpensalamanderarten bringen 1–4 (*S. atra*) bzw. 1–6 (*S. lanzai*) vollentwickelte Junge zur Welt, die schon 4–5 cm groß sind.

Hinweise: Alpensalamander sind eigentlich nicht schwer zu halten, aber es scheint schwierig zu sein, sie auch nachzuziehen, was zum Teil an der geringen Anzahl der Würfe und an der langen Tragzeit liegt. In menschlicher Obhut wurde schon eine Kreuzung zwischen den beiden Unterarten *S. a. atra* und *S. a. aurora* bekannt. Wegen des extrem kleinen Verbreitungsgebiets von *S. a. aurora*, *S. a. pasubiensis* sowie *S. lanzai* und aufgrund der Tatsache, dass diese Tiere nicht einfach nachzuzüchten sind, ist von ihrer Pflege stark abzuraten.

Salamandra salamandra *Salamandra algira* *Salamandra corsica* *Salamandra infraimmaculata* (Feuersalamander)

Kennzeichen: *Salamandra salamandra*, der Europäische Feuersalamander, ist ein kräftig gebauter Landsalamander mit mehreren Unterarten – alle sind glänzend schwarz mit gelben Flecken auf Kopf, Rücken und Schwanz. Diese Flecken können rund oder unregelmäßig geformt sein und bilden manchmal auch Streifen (z. B. bei den Unterarten *terrestris, fastuosa, bernardezi*). Der Kopf ist länger als breit, und die Augen stehen deutlich hervor. Die Schnauze kann rund oder spitz geformt sein, je nach Unterart. Die Flanken und der Bauch der Feuersalamander können unregelmäßig gefleckt oder auch ungefleckt sein, die Kehle weist fast immer einen halbmondförmigen gelben Fleck entlang des Unterkiefers auf. Darüber hinaus treten teilweise gelbe Flecken an Kopf, Schwanz, Flanken und Bauch auf. Die Farbe Rot tritt besonders häufig bei den Unterarten *gallaica, bejarae* und *werneri* auf.

Der Nordafrikanische Feuersalamander (*Salamandra algira*) hat einen schlankeren Körperbau als der Europäische Feuersalamander. Seine Flanken und der Bauch sind meist ungefleckt, sehr selten sind kleine gelbe Flecken an Hals oder Bauch zu finden. Bei der Unterart *S. a. splendens* sind oft Teile von Kopf, Schwanz, Bauch und Flanken rötlich gefärbt.

Der Korsische Feuersalamander (*Salamandra corsica*) hingegen ist ein eher plump gebauter Feuersalamander mit rundem Kopf und einer sehr variablen Fleckenzeichnung; nie zeigt er ein Streifenmuster.

Der Kleinasiatische Feuersalamander (*Salamandra infraimmaculata*) ähnelt dem Europäischen Feuersalamander, hat aber fast immer einen ungefleckten Bauch, selten mit einigen sehr kleinen Sprenkeln. Die Unterart *S. i. se-*

Salamandra salamandra terrestris **(Männchen)** Foto: F. Pasmans

Salamandra corsica **(Weibchen)** Foto: F. Pasmans

Weibchen von *Salamandra infraimmaculata semenovi* Foto: F. Pasmans

Salamandra salamandra gallaica Foto: S. Bogaerts

menovi ist kleiner als die Nominatform, ihre Rückenflecken weisen mit zunehmendem Alter die Form blumenartiger Ringe auf, und auch der Bauch ist mit kleinen Flecken versehen.

Herkunft: *Salamandra salamandra* kommt in fast ganz Europa vor, mit Ausnahme von Großbritannien, Dänemark und Skandinavien sowie praktisch aller Inseln im Mittelmeer. *Salamandra algira* bewohnt Marokko und Algerien; die Tiere, die sich jetzt in menschlicher Obhut befinden, sollen alle aus Marokko stammen. *Salamandra infraimmaculata* tritt im Süden und Osten der Türkei sowie zerstreut in Syrien, Libanon, Israel, Irak und Iran auf. *Salamandra corsica* findet man ausschließlich auf Korsika.

Größe und Geschlechtsunterschiede: *Salamandra salamandra* ist ein mittelgroßer bis großer Landsalamander, der Längen bis zu 28 cm (südliche Unterarten) erreichen kann. *Salamandra algira* ist ein ebenfalls recht großer, dabei aber schlanker Salamander mit einer Länge von bis zu 24 cm. *Salamandra corsica* wird bis zu 22 cm lang, und *S. infraimmaculata* kann sogar eine Länge von 31 cm erreichen. Männliche Feuersalamander lassen sich durch ihre kräftigere Kloake leicht identifizieren; insbesondere bei *S. infraimmaculata* ist die Kloake der Männchen stark angeschwollen. Männchen sind im Allgemeinen auch schlanker gebaut und ihre Beine sind relativ länger als die weiblicher Exemplare.

Lebensweise: Alle Feuersalamander sind in der Regel nur nachts aktiv. Sie leben in der Nähe von Bächen und Quellen in Laubwäldern, in der Macchia, aber auch in Gebieten, die vollständig abgeholzt wurden. Abhängig von ihrer Herkunft sind die Tiere im Winter oder im Sommer meist inaktiv. Die Männchen können sich in der Paarungszeit zwar gegenseitig bekämpfen, verletzen sich dabei aber nie. Die Vergesellschaftung zweier Männchen im selben Terrarium führt jedoch oft zur erkennbaren Unterdrückung eines der Tiere, das immer weniger aktiv sein und immer weniger fressen wird. Sobald man das feststellt, muss sofort eine Trennung erfolgen.

Aquarium/Terrarium: Terrestrisches Salamanderterrarium. Eine Wasserschale ist nur dann zwingend erforderlich, wenn die Weibchen trächtig sind; sie wird aber dennoch gerne ganzjährig von beiden Geschlechtern aufgesucht. Wichtig ist hierbei, das Wasser regelmäßig auszutauschen und die Wasserschale mindestens ein Mal pro Woche gründlich zu reinigen.

Beckengröße: Mindestens 80 cm x 40 cm Bodenfläche für ein Paar.

Temperatur: 10–20 °C. Obwohl die Tiere vorübergehend auch höhere Temperaturen tolerieren, sind sie dann anfälliger für Infektionen (z. B. Chlamydien).

Überwinterung: Für Tiere aus Gebieten mit winterlichen Kälteperioden (in Mitteleuropa, Tiere aus Bergregionen) ist eine kühle Überwinterung notwendig (bei ca. 5 °C). Salamander aus dem mediterranen Klimaraum hingegen sind während des Winters aktiv; sie können bei 5–15 °C gehalten werden.

Fortpflanzung: Die Paarung erfolgt im Herbst an Land, wobei das Männchen unter das Weibchen kriecht und dessen Vorderbeine ergreift (ventraler Amplexus). Die Weibchen setzen ihre Larven im folgenden Frühjahr, einige mediterrane Arten und Unterarten auch schon im Herbst, im flachen Wasser von Bächen u. Ä. ab. Es werden mehrere, bis zu 75 (*S. salamandra*) oder gar 100 (*S. infraimmaculata*) vollentwickelte Larven abgesetzt, die ca. 2–4 cm lang sind. Die Larven können in einfacher Weise im Aquarium aufgezogen werden, solange nur ausreichend Versteckplätze vorhanden sind und das Wasser sauber und genügend mit Sauerstoff versorgt ist. An Futtertieren können *Tubifex*, Daphnien und Enchyträen gereicht werden. Ab einer Länge von 5–6 cm wandeln sich die Larven um und gehen als Jungtiere an Land. Es gibt auch einige Feuersalamanderpopulationen (z. B. von *S. s. bernardezi*, *S. s. alfredschmidti* und *S. algira tingitana*), die vollständig entwickelte Jungtiere an Land gebären. Diese jungen Salamander sind meist sehr klein, etwa 2–3 cm lang,

Weibchen von *Salamandra algira splendens* Foto: F. Pasmans

***Salamandra infraimmaculata semenovi* aus dem Irak** Foto: S. Bogaerts

Salamandra infraimmaculata orientalis Foto: F. Pasmans

und müssen getrennt von den Elterntieren aufgezogen werden. Die Aufzucht der Larven und Jungtiere von *S. corsica* ist etwas schwieriger als die von *S. salamandra*, weil sie empfindlicher gegenüber Wasserverschmutzung reagieren.

Salamandra infraimmaculata wird nur noch selten in menschlicher Obhut gezüchtet. Ein

***Salamandra infraimmaculata infraimmaculata* aus Syrien** Foto: F. Pasmans

zehn Jahre altes Pärchen aus dem Libanon brachte BOGAERTS (pers. Beob.) zur Nachzucht, indem er die Tiere nach einer längeren Periode der getrennten Haltung im Herbst zusammensetzte. Im Jahr 2007 wurden auf diese Weise 71 Larven erzielt, von denen einige deformiert waren, sowie acht unbefruchtete Eier. 2011 wurden 99 Larven, ein totes Exemplar sowie ein unbefruchtetes Ei abgesetzt. Bei den ersten Bruten junger weiblicher Feuersalamander kommt es generell oft zur Ablage unbefruchteter Eier und missgebildeter Jungtiere. Für die Aufzucht der metamorphosierten Jungsalamander sind die richtigen Futtertiere wichtig und vor allem, dass diese auch genügend Kalzium enthalten. Besonders die südlichen Feuersalamanderunterarten (*S. s. crespoi, S. s. morenica, S. s. gigliolii, S. s. werneri*) sowie *S. corsica, S. infraimmaculata* und *S. algira* sind anfällig für Kalziummangel.

Hinweise: Feuersalamander sind einfach zu pflegende, sehr schöne Schwanzlurche. Nachzuchten sind regelmäßig verfügbar. Bei zu hohen Temperaturen sind Feuersalamander allerdings anfällig für Infektionen mit *Candidatus Amphibiichlamydia salamandrae*, die zu massenhaften Ausfällen führen können. Feuersalamander reagieren zudem äußerst empfindlich auf den neu beschriebenen Chytridpilz *Batrachochytrium salamandrivorans*. Einige Arten Feuersalamander (z. B. *S. algira, S. infraimmaculata*) sind in der Natur generell selten, zusätzlich stehen sie durch negative Veränderungen ihres Lebensraums unter Druck. Der Kauf von Nachzuchten ist daher unbedingt zu empfehlen. Die am meisten gehaltene und auch nachgezüchtete Feuersalamanderform ist die Unterart *S. s. terrestris*, von der inzwischen Zuchtlinien wie jene aus der Sollingregion (Niedersachsen) existieren, die durch ihren hohen Gelbanteil fast wie die Unterart *S. salamandra fastuosa* erscheint. Es gibt aber auch Albinos und rote Zuchtformen des Feuersalamanders. *Salamandra s. gallaica* ist aufgrund ihrer einfachen Haltung und Nachzucht eine der beliebtesten Unterarten. Gerade diese Tiere sind farblich äußerst variabel.

Salamandrina perspicillata Salamandrina terdigitata (Brillensalamander)

Kennzeichen: Kleiner Landsalamander mit trockener, körniger Haut. Die Oberseite ist schwarz oder dunkelbraun, mit einem V-förmigen Fleck zwischen den Augen (die „Brille"). Der Bauch ist weiß und schwarz gezeichnet, mit einer scharlachroten Färbung. Bei diesen Salamandern sind die Rippen immer sichtbar, sodass die Tiere permanent einen abgemagerten Eindruck machen.

Herkunft: Apenninen in Italien.

Größe und Geschlechtsunterschiede: Der Nördliche Brillensalamander (*S. perspicillata*) ist 8–9 cm, maximal bis 12 cm lang. Der Südliche Brillensalamander (*S. terdigitata*) ist in der Regel kleiner und wird meist nicht länger als 6–7 cm. Die Geschlechter sind aufgrund ihrer Kloakenmorphologie unterscheidbar: Wenn die Kloakenlippen mit den Fingernägeln sanft geöffnet werden, zeigen die Kloakenwände der Männchen innen Ausdellungen oder kleine Beulen, die der Weibchen hingegen nicht. Darüber hinaus ist die Innenwand der männlichen Kloake gerippt, die der Weibchen glatt. Weibliche Exemplare sind normalerweise auch kräftiger gebaut. Die Männchen haben zudem relativ größere Köpfe.

Lebensweise: Brillensalamander bewohnen die kühlen, dunklen und feuchten Bachtäler in den Apenninen, von Meereshöhe bis auf über 1.300 m ü. NN. Die Männchen verbringen ihr ganzes Leben an Land. Die Weibchen dagegen wandern im Frühjahr in die Gewässer, um dort ihre Eier abzusetzen. Je nach Witterung sind die Tiere das ganze Jahr über aktiv, nur in Zeiten starker Dürre oder Kälte sind die Salamander inaktiv.

Aquarium/Terrarium: Brillensalamander können in einem kleinen, sehr einfach eingerichteten Terrarium für terrestrische Schwanzlur-

Weiblicher Brillensalamander, *Salamandrina perspicillata* Foto: F. Pasmans

che gehalten werden. Der Bodengrund sollte aus feuchtem Eichen-Buchen-Waldboden mit aufgestapelten Rindenschichten bestehen. Für die Tiere kann aber auch ein Aqua-Terrarium eingerichtet werden, ebenfalls mit einer einfachen Austattung, wobei der Landteil aus aufgeschichteten flachen Steinen besteht, auf die mehrere Schichten Rindenstückchen gelegt werden.

Beckengröße: Mindestens 40 x 20 cm für ein Paar.

Temperatur: 10–18 °C; diese Salamander tolerieren aber kurzzeitig auch höhere Temperaturen von 20–25 °C recht gut.

Überwinterung: Je nach Herkunft der Tiere ist eine Winterruhe in der Regel nicht notwendig. Salamander aus großen Höhenlagen können über drei Monate bei 4–6 °C überwintert werden, ansonsten lassen sich aktive Tiere bei Temperaturen von 8–15 °C gut über den Winter bringen.

Fortpflanzung: Brillensalamander paaren sich von Oktober bis April, wobei die Paarung an Land stattfindet. Die bis zu 60 Eier werden von den Weibchen zwischen Oktober und Juni in kleinen Bächen, in der Regel an Ästen, Steinen, Laub etc., abgelegt. Nach 2–5 Monaten verwandeln sich die Larven mit einer Gesamtlänge von 2–3,5 cm. Die winzigen Jungtiere erreichen nach einem Jahr Längen von 5,5 cm. Im Terrarium werden Brillensalamander erst mit vier Jahren geschlechtsreif.

Hinweise: Dieser schöne kleine Salamander wird nur selten gepflegt. Es handelt sich um ziemlich aktive, aber streng nachtaktive Tiere. Obwohl diese Art durchaus gehalten werden kann und auch schon Jungtiere nach der Metamorphose aufgezogen wurden, wird oft von einer erhöhten Sterblichkeit bei den Jungtieren berichtet, ohne dass hierfür eine eindeutige Ursache gefunden werden konnte.

Taricha granulosa (Rauhäutiger Molch)

Kennzeichen: Olivbrauner Molch mit oft rauer Haut und einfarbig orangefarbenem Bauch.

Herkunft: Die Tiere kommen entlang der US-Ostküste von Alaska bis Kalifornien, südlich etwa bis in Höhe San Francisco vor, wo sich ihre Vorkommen mit dem Verbreitungsgebiet von *T. torosa* und *T. rivularis* überschneiden.

Größe und Geschlechtsunterschiede: Die maximale Größe dieser Art beträgt 22 cm. Im Allgemeinen macht die Schwanzlänge der männlichen Exemplare etwas mehr als die Hälfte der Gesamtlänge aus. Bei den Weibchen hingegen ist die Schwanzlänge geringer als die Hälfte der Gesamtlänge. Die Haut der Tiere fühlt sich in der Landphase sehr rau an (daher der Name); während der Paarungszeit hingegen ist sie zumindest bei den Männchen glatt und schleimig. Die Männchen entwickeln während der Paarungszeit hohe Schwimmsäume am Schwanz und verhornte Brunftschwielen an den Zehenspitzen. Bei den Weibchen, die generell kleiner und kräftiger gebaut sind, wird die Haut während der Paarungszeit ebenfalls etwas glatter, aber bei weitem nicht so sehr wie bei den Männchen. Darüber hinaus ist eine Unterscheidung der Geschlechter auch außerhalb der Paarungszeit anhand der etwas größeren Kloake des Männchens möglich.

Lebensweise: Wegen ihrer Giftigkeit vor allem für kleinere Raubtiere sind die Molche recht weit verbreitet und bewohnen unterschiedliche Lebensräume wie Tieflandteiche oder Wegesränder und sind hoch in den Bergen (bis 2.800 m ü. NN) noch anzutreffen. Dort leben sie in stehenden und langsam fließenden Gewässern sowie an den Rändern großer Seen. Die Tiere überwintern an Land. Im zeitigen Frühjahr gehen zuerst die Männchen in das eisige Wasser, wo sie nicht versuchen, sich zu verstecken. Die Weibchen wandern später ein

Kalifornischer Gelbbauchmolch, *Taricha torosa torosa* Foto: J. Nerz

und verbergen sich in der Vegetation entlang der Gewässerufer. Die aquatische Phase dieser Molche dauert ziemlich lange (bei männlichen Exemplaren bis zu zehn Monate).

Aquarium/Terrarium: Ein Aquaterrarium ist für die Haltung dieser Molche am besten geeignet. Der Landteil kann entsprechend klein ausfallen, solange die Tiere im Wasser bleiben. Oft können die Tiere auch ganzjährig aquatisch gepflegt werden.

Beckengröße: Mindestens 80 x 40 x 40 cm für eine Gruppe von 4–6 Molchen (20 Liter Wasser pro Tier).

Temperatur: Diese Tiere sind gegenüber Temperaturschwankungen sehr tolerant. Sie ertragen sowohl eisige Temperaturen im Winter als auch um 30 °C im Sommer. Solch hohe Temperaturen sollten jedoch vermieden werden.

Überwinterung: Sie sollte am besten an Land durchgeführt werden. Wenn die Herkunft der Tiere nicht bekannt ist, kann man sie während der Wintermonate bei Temperaturen um 10 °C halten.

Fortpflanzung: Erfolgt in der Regel im Frühjahr. Die Männchen begeben sich zunächst in das noch eisige Wasser. Ihr Schwanzsaum ist nun erhöht (bessere Schwimmfähigkeit), und die körnige Haut wird schleimig und bekommt manchmal einen blaugrünen Unterton. Die Haut der Weibchen hingegen bleibt körnig. Sobald ein Männchen ein Weibchen erkennt, versucht es dieses festzuhalten. Er klammert sich an der Oberseite des Weibchens fest und versucht, mit der Partnerin schnell wegzuschwimmen, um konkurrierenden Männchen aus dem Weg zu gehen. Während des Amplexus reibt das Männchen seine Kinnregion regelmäßig am Kopf des Weibchens; die Partnerin wird aber auch an den Hinterbeinen gerieben, damit sich ihre Kloake entspannt und aufnahmebereit wird. Schließlich lässt das Männchen los und positioniert ein Spermienpaket am Bodengrund, wo es das Weibchen mit seiner Kloake aufnehmen kann. Die bis etwa 160 Eier (2 mm im Durchmesser) werden später über mehrere Wochen einzeln an Pflanzen angeheftet. Hierfür ist eine entsprechend feinblättrige Vegetation im Aquarium angebracht. Nach 2–5 Monaten verwandeln sich die Jungmolche bei Gesamtlängen von 50–75 mm und müssen ab jetzt terrestrisch aufgezogen werden. Im Freiland sind die Tiere nach 4–5 Jahren (im Terrarium bei starker Fütterung schon früher) geschlechtsreif.

***Taricha rivularis*, der Rotbauchmolch** Foto: J. Nerz

Männchen von *Taricha granulosa* in Prachtfärbung, mit kräftigem Körper und verdickten Gliedmaßen Foto: H. Janssen

Hinweise: Diese Molche wurden in den letzten Jahren regelmäßig, aber in kleinen Stückzahlen importiert. Im Aquarium können sich die Weibchen den anhaltenden Paarungsumklammerungen der größeren und stärkeren Männchen oft nicht entziehen; so werden immer wieder Weibchen ertränkt, wenn man nicht aufpasst. Es ist daher empfehlenswert, mehr Weibchen als Männchen zusammen in einem Aquarium zu halten. Wegen des ausgeprägten Klammerverhaltens sollten diese Molche auch nicht mit anderen Arten zusammen gepflegt werden, nicht einmal mit viel größeren *Ambystoma*-Arten.

Taricha granulosa gehört zu den giftigsten Molchen, die bisher bekannt sind. Das neurotoxische Gift wird allerdings nur in Notfällen abgesondert, und in der Regel auch nur dann, wenn ein Tier sehr fest in die Hand genommen wird!

Gelegentlich werden auch andere *Taricha*-Arten importiert. Die seltene *T. rivularis* hat im Gegensatz zu *T. granulosa* einen roten Bauch. Die Unterscheidung von der eng verwandten Art *T. torosa* kann auf der Grundlage der Position der Augen erfolgen: Die Augen von *T. torosa* wölben sich von oben betrachtet über den Rand des Kopfes, was bei *T. granulosa* nicht der Fall ist. Darüber hinaus zeigt *T. torosa* gewöhnlich ein gelb gefärbtes unteres Augenlid, während das Lid von *T. granulosa* dunkelbraun ist.

Taricha torosa hat eine sehr südliche Verbreitung, paart sich im Winter und Frühjahr und legt kleine Laichballen mit bis zu 30 Eiern ab. *Taricha rivularis* pflanzt sich vor allem in Bächen in Redwood-Wäldern (Mammutbaum) fort; sie meidet stehende Gewässer.

Triturus carnifex (Italienischer Kammmolch)

Kennzeichen: Italienische Kammmolche zeichnen sich aus durch ihre braune bis schwarze Rückenfärbung, die körnige, stumpfe Haut, den abgeflachten Schwanz, einen gelborangen Bauch mit dunklen runden Flecken und den typisch gezackten Kamm der männlichen Tiere. Vom ähnlichen *T. cristatus* kann *T. carnifex* durch den dorsalen gelben Streifen des Weibchens und das weitgehende Fehlen weißer Punkte an den Flanken unterschieden werden. Bei der Bestimmung männlicher Tiere dieser Art sind außerdem die weißen, wurmähnlichen Markierungen am Kopf und die relativ großen schwarzen Flecken auf dem Bauch hilfreich.

Herkunft: Italien, Alpen und westlicher Balkan.

Größe und Geschlechtsunterschiede: Großer Molch, dessen Länge bis zu 18 cm betragen kann. Die Männchen sind an der größeren, schwarzen Kloake und während der Paarungszeit am hohen, meist ein wenig gezackten Kamm auf Rücken und Schwanz sowie an einem silbrigweißen Band seitlich am Schwanz gut zu erkennen.

Lebensweise: Die Paarung dieser Molche erfolgt im Frühjahr im Wasser, wo die Männchen einen hohen Rückenkamm entwickeln und ihre Eier absetzen. Nach einiger Zeit gehen die Molche an Land und verbringen den Rest des Jahres an kühlen, feuchten Orten. Obwohl die Männchen in der Paarungszeit mehr oder weniger große Territorien besetzen, sind sie doch nicht aggressiv gegenüber anderen Männchen.

Aquarium/Terrarium: Diese Kammmolche können während des ganzen Jahres im Aquarium gehalten werden. Wahlweise können sie im Sommer, Herbst und Winter aber auch ein Terrarium für terrestrische Salamander bewohnen.

Beckengröße: Mindestens 15 Liter Wasser pro Tier oder ein Terrarium mit der Grundfläche 80 x 40 cm für 4–5 Tiere.

Temperatur: 15–25 °C.

Überwinterung: Notwendig bei 2–10 °C, entweder im Wasser oder an Land.

Fortpflanzung: Kammmolche sind nach der Winterruhe recht einfach zu züchten. Sie zeigen ein gattungstypisches Balzverhalten, indem die Männchen durch Schwanzschlagen die Weibchen anbalzen. Die insgesamt etwa

Männchen des Persischen Kammmolchs, *Triturus karelinii* Foto: S. Bogaerts

Männlicher Italienischer Kammmolch (*Triturus carnifex*) Foto: H. Wallays

200 Eier werden einzeln zwischen den Blättern von Wasserpflanzen abgesetzt. Bei Kammmolchen und den eng verwandten Marmormolchen (*T. marmoratus* und *T. pygmaeus*) stirbt im Aquarium manchmal bis zur Hälfte der Eier durch Gendefekte ab. Nach der Metamorphose, die nach etwa drei Monaten bei einer Körperlänge von 50–70 mm stattfindet, können die Jungtiere des Italienischen Kammmolches einfach weiterhin in einem Aquarium gehalten werden und erreichen nach 2–3 Jahren die Geschlechtsreife. Dies vereinfacht ihre Aufzucht erheblich.

Hinweise: Ein einfach zu pflegender und gut zu züchtender Molch. Diese Art ist in Europa geschützt und kann nur als Nachzucht aus legalen Beständen erworben werden. Alle wildgefangenen Tiere sind illegal, außer wenn der Fang mit einer Ausnahmegenehmigung erlaubt wurde. Diese Kammmolche werden aber in großen Stückzahlen in den Niederlanden, Belgien und Deutschland gehalten, wodurch ein Kauf von Nachzuchten momentan kein Problem darstellt. Es gibt sogar eine Zuchtlinie aus flavistischen (gelben) Tieren. Eng verwandte Arten wie der Donau-Kammmolch, *T. dobrogicus*, oder der Persische Kammmolch, *T. karelinii*, können ähnlich gehalten und nachgezüchtet werden. Die Donau-Kammmolche sind die schlanksten aller Kammmolcharten und noch stärker ans Wasser gebunden; sie können auch dauerhaft aquatisch gehalten werden.

Männchen von *Triturus dobrogicus* Foto: S. Bogaerts

Triturus marmoratus (Marmormolch)

Kennzeichen: Marmormolche sind auf der Oberseite grün bis grünlich gelb mit unregelmäßigen schwarzen Flecken, die oft zu einem Marmormuster zusammenfließen. In der Landphase sind die Farben meist etwas heller. Während der Brutzeit haben die Männchen einen schwarz-gelb gebänderten, ungezackten Kamm auf dem Rücken. Weibchen und Jungtiere weisen dort nur einen orangegelben Rükkenstreifen auf.

Herkunft: West-, Mittel- und Südfrankreich, Nord- und Nordwestspanien sowie die nördliche Hälfte von Portugal.

Größe und Geschlechtsunterschiede: Mittelgroßer bis großer Molch mit Längen von 12–16 cm. Die Männchen sind an der größeren Kloake erkennbar, die außerdem schwarz gefärbt ist. Darüber hinaus haben sie während der Paarungszeit den oben erwähnten Kamm auf Rücken und Schwanz sowie ein silberweißes Band seitlich am Schwanz. Die Weibchen sind oft größer und besitzen relativ kürzere Gliedmaßen.

Lebensweise: Die Paarung der Molche findet im Frühjahr im Wasser statt. Die Männchen besetzen in der

***Triturus pygmaeus*, Männchen** Foto: S. Bogaerts

Marmormolch, *Triturus marmoratus*, Männchen in Landtracht Foto: F. Pasmans

Paarungszeit mehr oder weniger große Territorien und sind gelegentlich aggressiv gegenüber anderen Männchen. Die Weibchen setzen ihre Eier einzeln an Wasserpflanzen ab. Kurze Zeit später gehen die Molche in der Natur an Land und verbringen den Rest des Jahres an kühlen, trockenen Plätzen.

Aquarium/Terrarium: Diese Molche können während des ganzen Jahres in einem Aquarium gepflegt werden, allerdings ist es besser, sie im Sommer, Herbst und Winter in einem Terrarium für Landsalamander zu pflegen.

Beckengröße: Mindestens 15 Liter Wasser pro Tier.

Temperatur: 10–25 °C.

Überwinterung: Notwendig bei ca. 2–10 °C.

Fortpflanzung: Marmormolche sind nach der Winterruhe einfach zur Nachzucht zu bringen. Die Weibchen legen bis zu 416 Eier einzeln zwischen Blättern und Pflanzenteilen ab. Die Larven sind kannibalisch; sie gehen nach der Metamorphose (nach etwa drei Monaten bei Körperlängen von 40–70 mm) an Land und bleiben dort in der Regel, bis sie die Geschlechtsreife erreicht haben. In der Natur kehren sie nach 3–4 Jahren wieder ins Wasser zurück. Manchmal kommt es allerdings auch vor, dass schon Jungtiere bald wieder ins Wasser gehen, um dort heranzuwachsen.

Hinweise: Ein einfach zu haltender und gut zu züchtender Molch, der in den Niederlanden, Belgien und Deutschland regelmäßig nachgezogen wird. Dadurch ist die Beschaffung von Nachzuchten kein Problem. Im Süden von Spanien und Portugal kommt der kleinere, kleinere, eng verwandte Südliche Marmormolch, *Triturus pygmaeus*, vor. Diese Art beginnt oft schon im Herbst mit der Reproduktion und hält zuvor eine Sommerruhe an Land, die für eine erfolgreiche Fortpflanzung Voraussetzung ist. Die Haltung des Südlichen Marmormolchs ist damit vergleichbar mit der des Südlichen Bandmolchs.

Tylototriton kweichowensis (Kweichow-Krokodilmolch)

Kennzeichen: Ein flach gebauter Molch mit seitlich abgeflachtem Schwanz, mehr oder weniger dreieckigem, flachem Kopf, sehr hoher Rückenleiste und entlang der Flanken verlaufenden Rippenwarzen. Die Tiere sind oberseits dunkelbraun bis schwarz mit charakteristischen orangebraunen Längsstreifen entlang des Rückens und der Seiten; auch Zehen und Parotoiddrüsen sind orangebraun gefärbt. Die Haut ist trocken und körnig.

Herkunft: In China, im Westen der Provinzen Kweichow (Guizhou) und des nördlichen Yunnan; Gebirge zwischen 1.500 und 2.500 m ü. NN.

Größe und Geschlechtsunterschiede: Dieser Molch wird bis zu 21 cm lang. Die Männchen sind meist kleiner und schlanker gebaut als die Weibchen. Die Kloake des Weibchens ist klein und spitz zulaufend, die der Männchen größer und runder.

Lebensweise: Diese Molche kommen in offenen Landschaften in Berggebieten vor. Erwachsene Exemplare leben hauptsächlich an Land. Nur für die Paarung und zur Eiablage werden kurzzeitig Gewässer aufgesucht.

Aquarium/Terrarium: Außerhalb der Paarungszeit kann dieser Salamander in einem Terrarium mit einer kleinen Wasserschale gehalten werden. Die Tiere bevorzugen relativ trockene Flächen mit hoher Luftfeuchtigkeit. Es ist daher wichtig, im Landbereich sowohl trockene als auch nasse Plätze zu schaffen. Während der Fortpflanzungszeit suchen die Tiere Gewässer auf; ein großer Wasserteil mit einem Wasserstand von etwa 10 cm ist dann angemessen.

Beckengröße: Grundfläche mindestens 80 x 40 cm für zwei Paare.

Temperatur: 15–20 °C. Die Tiere stellen bei Temperaturen unterhalb von 15 °C die Futteraufnahme ein.

Der Kweichow-Krokodilmolch, *Tylototriton kweichowensis* Foto: F. Pasmans

Überwinterung: In den Wintermonaten ist eine kühle und trockene Phase (ein kleiner Wasserteil muss stets vorhanden sein) bei 10–15 °C zu empfehlen.

Fortpflanzung: Die Molche beginnen im Frühjahr mit der Fortpflanzung, wenn die Temperatur- und Feuchtigkeitswerte ansteigen und sich durch Regenfälle genügend stehende Gewässer gebildet haben. Bei Temperaturen ab 15 °C beginnen die Männchen die Weibchen zu umwerben. Sie wedeln hierbei mit dem Schwanz, ähnlich wie europäische Wassermolche. Danach umkreist sich das Paar in einer Art Kreiseltanz, wobei das Männchen das Weibchen über das von ihm zuvor abgesetzte Samenpaket dirigiert. Nach dessen Aufnahme und der inneren Befruchtung legt das Weibchen insgesamt bis zu 160 Eier ab, sowohl über als auch unter Wasser. Bei einer Temperatur von 18 °C dauert die Entwicklung der Eier etwa drei Wochen bis zum Schlupf der Larven. Etwa drei Monate später metamorphosieren die Jungtiere mit Längen von 5,5–6,2 cm und gehen an Land.

***Tylototriton taliangensis* ist ein eng verwandter Krokodilmolch** Foto: M. Sparreboom

Hinweise: Dieser Krokodilmolch ist vor kurzem schon in größerer Zahl bis zur F_2-Generation gezüchtet worden. Um die Art in menschlicher Obhut zu erhalten und wegen der Gefahr ansteckender parasitärer Infektionen (vor allem Lungenwürmer, *Rhabdias*) oder viraler Erkrankungen wie Ranavirose, aber auch aus Artenschutzgründen, ist es ratsam, keine wildgefangenen Tiere zu kaufen.

Eng verwandt mit dieser Art ist *T. taliangensis*, ein mit Ausnahme leuchtend roter Stellen an Ohrdrüsen, Fingern und Zehen sowie an der Unterseite des Schwanzes fast vollständig schwarzer Krokodilmolch. Diese Art kann in der gleichen Weise gehalten werden und wird ebenfalls in begrenzter Zahl nachgezüchtet. Bei allen wildgefangenen *Tylototriton*-Arten wurden leider schon sehr hohe Sterblichkeitsraten nach dem Import beobachtet. Der Tod frisch importierter Tiere wird durch eine Kombination mehrerer Faktoren speziell während der Fortpflanzungszeit verursacht, wie starke Parasitenlasten, und zumindest in einem Fall durch eine *Ranavirus*-Infektion.

Literatur:

Fleck, J. (1992): Haltung und Zucht von *Tylototriton kweichowensis* (Fang & Chang, 1932). – Salamandra 28(2): 97–105.

– (2010a): Die Krokodilmolche der Gattung *Tylototriton* Anderson, 1871 (Teil 1). – Elaphe 2010(1): 38–45.

– (2010b): Die Krokodilmolche der Gattung *Tylototriton* Anderson, 1871 (Teil 2). – Elaphe, 2010(2): 38–45.

Tylototriton shanjing (Mandarin-Krokodilmolch)

Kennzeichen: Ein rundlicher, kräftig gebauter Krokodilmolch mit rauer, matt glänzender Haut, abgeflachtem Schwanz und flachem, dreieckigem Kopf. Auf dem dunkelbraunen bis schwarzen Rücken befinden sich eine orange Mittellinie und beiderseits an den Flanken auffällige orangefarbene „Knopfleisten" (Warzen). Schwanz und Beine sind ebenfalls gelblich bis orange, manche Tiere sind auch am Bauch und an den Flanken gelb. Dieser Molch wird in der älteren Literatur oft als *T. verrucosus* bezeichnet, und die ersten Zuchtberichte zum Thema „*T. verrucosus*" behandeln in Wirklichkeit *T. shanjing*.

Herkunft: China, Berggebiete in der Provinz Yunnan.

Größe und Geschlechtsunterschiede: Dieser Krokodilmolch kann eine Länge von maximal 17 cm erreichen, wird aber in der Regel nur 12–14 cm lang. Die Geschlechter unterscheiden sich durch den längeren Schwanz und die größere Kloake des Männchens. Dieses Merkmal ist jedoch v. a. außerhalb der Paarungszeit nicht einfach zu erkennen.

Lebensweise: Die Tiere verbringen die meiste Zeit ihres Lebens an Land in den Boden- und Falllaubschichten von Wäldern. Sie reagieren nicht aggressiv gegeneinander. Die Paarung fällt mit der Regenzeit zusammen, während der es relativ warm und sehr feucht ist.

Aquarium/Terrarium: Ein terrestrisch eingerichtetes Terrarium für Landsalamander mit relativ großem Wassergefäß. Das Becken sollte im Winter trocken und im Sommer relativ feucht gehalten werden.

Weibchen des Mandarin-Krokodilmolches, *Tylototriton shanjing* Foto: F. Pasmans

Beckengröße: Mindestens 60 x 30 x 30 cm für eine Gruppe von 3–5 Tieren.

Temperatur: 15–25 °C; diese Molche vertragen aber auch höhere Temperaturen bis 30 °C sehr gut.

Überwinterung: Eine geringfügige Abkühlung auf ca. 15 °C in den Wintermonaten ist zu empfehlen.

Fortpflanzung: Die Krokodilmolche können durch steigende Lufttemperaturen, bei einem gleichzeitigen Anstieg der Luftfeuchte, zur Fortpflanzung und Balz stimuliert werden. Man erreicht dies z. B. dadurch, dass die Temperatur im Terrarium auf 25 °C erhöht und das Becken zusätzlich mit einer Glasplatte abgedeckt wird, was zu einer deutlichen Erhöhung der Luftfeuchtigkeit führt. Die Männchen führen nicht nur im Wasser, sondern auch an Land eine Art Kreiseltanz – Kopf an Kopf mit dem Weibchen – durch. Die etwa 100 (bis maximal 291) Eier werden später zu mehreren auf allen möglichen Substraten an Land und im Wasser abgesetzt. Die Jungmolche wandeln sich bei einer Gesamtlänge von 40–60 mm um und können nach drei Jahren geschlechtsreif sein.

Hinweise: Wenn gesunde Molche erworben werden, handelt es sich um einfache Pfleglinge, die zu der relativ kleinen Zahl von Salamandriden mit Temperaturansprüchen gehören, die auch eine Haltung im Wohnzimmer erlauben. Mandarin-Krokodilmolche sind ansprechend gefärbt und können regelrecht „zahm" werden. Diese Art ist etwas schwieriger nachzuzüchten als z. B. der Geknöpfte Krokodilmolch, *T. verrucosus*. Sie wird gelegentlich in größeren Stückzahlen importiert, obwohl sie in China vollständig geschützt ist. Dasselbe gilt für den verwandten *Tylototriton yangi*. Es ist daher nicht ratsam, importierte Molche zu kaufen, sondern vielmehr die in begrenzten Stückzahlen in menschlicher Obhut gezüchteten Tiere – sofern sie erhältlich sind. Nachzuchten passen sich auch viel besser an Terrarienbedingungen an.

Tylototriton verrucosus (Geknöpfter Krokodilmolch)

Kennzeichen: Ein kräftiger, stämmig gebauter Molch mit rauer, matt glänzender Haut, seitlich abgeflachtem Schwanz und einem flachen, dreieckigen Kopf. Die dunkelbraune bis schwarze Oberseite weist eine Reihe meist heller gefärbter, knopfartiger Warzen an den Flanken sowie eine Rückenleiste auf.

Herkunft: Südostasien, von Nordindien über Yunnan (China), Burma, Nepal bis Thailand und Nordvietnam.

Größe und Geschlechtsunterschiede: Großer Molch, der Längen von 18 cm erreichen kann. Die Geschlechter unterscheiden sich an den längeren Schwänzen und der größeren, zugleich schlankeren Kloake der Männchen.

Lebensweise: In der Natur verbringen diese Tiere vermutlich einen Großteil ihres Lebens an Land in der Falllaubschicht von Wäldern. Während der Paarungszeit halten sich die Molche im Wasser auf.

Aquarium/Terrarium: Terrestrisches Salamanderterrarium mit relativ großem Wassergefäß. Wahlweise können die gegen Artgenossen nicht aggressiv auftretenden Tiere auch ganzjährig aquatisch gehalten werden.

Beckengröße: Mindestens 80 x 40 x 40 cm für eine Gruppe von 3–5 Tieren oder 20 Liter pro Tier.

Temperatur: 15–25 °C. Die Temperaturansprüche dieser Art liegen relativ hoch, und Temperaturen von über 20 °C sind für eine gute Futteraufnahme nötig. Die meisten Tiere aus dem Zoofachhandel vertragen auch noch höhere Temperaturen von bis zu 32 °C.

Überwinterung: Bestenfalls eine geringfügige zeitweise Abkühlung auf etwa 15 °C ist zu empfehlen. Da die genaue Herkunft der Tiere im Handel leider fast nie bekannt ist, muss beobachtet werden, ob die Tiere diese vergleichsweise niedrigen Temperaturen tolerieren.

Die „dunkle Form" ...

Fortpflanzung: Eine relativ trockene Haltung im Winter bei Temperaturen um 15 °C und anschließend die Unterbringung in einem Aquarium bei Temperaturen von 20 °C und mehr löst (zumindest bei einigen Linien) die Fortpflanzung aus. Die Paarungsaktivitäten beginnen zumeist, wenn die Temperaturen im Frühling über 20 °C ansteigen. Die Männchen umwerben die Weibchen, indem sie mit dem Schwanz wedeln und den oben bereits beschriebenen Kreiseltanz – Kopf an Kopf – zeigen; manchmal kommt es auch zum Umklammern der Weibchen (Amplexus), ähnlich wie bei Rippenmolchen. Die bis zu 400 Eier werden in kleinen Gruppen an verschiedenen Substraten abgesetzt. Bei Temperaturen zwischen 20 und 25 °C wandeln sich die Larven nach 2–4 Monaten bei Gesamtlängen von 5–7,5 cm um. Die Jungmolche können meist aquatisch aufgezogen werden und sind innerhalb von zwei Jahren geschlechtsreif.

Hinweise: Einfach zu haltender und gut zu züchtender Molch, von dem Nachzuchten auch leicht erhältlich sind. Den relativ hohen Temperaturansprüchen entsprechend eignet sich diese Art hervorragend für eine Haltung im Wohnzimmer. In Zoohandlungen werden verschiedene Farbvariationen, von sehr dunkel bis sehr hell, angeboten – Letztere sehen oft *T. shanjing* sehr ähnlich. Die Herkunft dieser Farbvariationen ist jedoch nicht bekannt.

... und die „helle Form" von *Tylototriton verrucosus* Fotos: F. Pasmans

Tylototriton wenxianensis (Wenxian-Krokodilmolch)

Kennzeichen: Runder, kräftig gebauter Molch mit rauer, matt glänzender Haut, abgeflachtem Schwanz und flachem, dreieckigem Kopf. Diese Krokodilmolche sind vollständig schwarz gefärbt, außer den Finger- und Zehenspitzen sowie der Unterseite des Schwanzes, die orange sind. Eine mediane Rückenleiste ist deutlich ausgeprägt, ebenso sind jeweils seitliche Drüsenleisten erkennbar – im Gegensatz zu den einzelnen prominenten Warzen der anderen eng verwandten Arten.

Herkunft: Berggebiete (650–2.500 m ü. NN) in drei isolierten Regionen im Süden Chinas.

Größe und Geschlechtsunterschiede: Dieser Molch kann eine Länge von 14 cm erreichen. Die Geschlechter unterscheiden sich am längeren Schwanz und der größeren Kloake des Männchens. Insbesondere außerhalb der Paarungszeit ist dieses Merkmal jedoch nicht einfach zu erkennen.

Lebensweise: Die Tiere verbringen den Großteil ihres Lebens in den Boden- und Falllaubschichten der Wälder an Land. Sie sind nicht aggressiv gegeneinander. Ihre Paarungszeit fällt mit der Regenzeit zusammen, in der es relativ warm und sehr feucht ist.

Aquarium/Terrarium: Terrarium für terrestrische Salamander mit einem relativ großen Wassergefäß. Das Becken sollte im Winter trocken und im Sommer relativ feucht sein.

Beckengröße: Mindestens 80 x 40 x 30 cm für eine Gruppe von 3–5 Tieren.

Temperatur: 15–25 °C.

Überwinterung: Eine Abkühlung auf 10–15 °C in den Wintermonaten wird gut vertragen. Bei diesen relativ niedrigen Temperaturen fressen die Tiere meist nicht.

Fortpflanzung: Die Molche können durch ansteigende Lufttemperaturen, kombiniert mit einem gleichzeitigen Anstieg der Luftfeuchte, zur Paarung stimuliert werden. Bei PASMANS (pers. Beob.) fingen die Tiere bei Temperaturen über 15 °C an, aktiv zu werden und sehr viel zu fressen. Während der Paarungszeit befinden sich die Männchen vor allem im Wasser, die Weibchen hingegen bleiben die meiste Zeit an Land. Vollständige Paarungen wurden noch nicht beschrieben, aber es konnten schon Teile des Balzverhaltens beobachtet werden, und zwar sowohl das Schwanzwedeln und der bei *T. shanjing* beschriebene Kreiseltanz (Kopf an Kopf) als auch ein ventraler Amplexus. Drei Paarungen mit drei verschiedenen Weibchen führten jeweils zu Gelegen mit 53, 44 und 80 Eiern, die am 20.3.2011, 30.4.2011 und 09.04.2011 abgesetzt wurden. Bei insgesamt neun Gelegen (2011, 2012 und 2013) wurden die Eier immer an Land in einer Art Nest abgesetzt; das Weibchen blieb nicht bei seinem Gelege.

Die Eier können sowohl an Land (auf feuchtem Zellstoffgewebe) als auch im Wasser (in

Tylototriton wenxianensis (hier ein Männchen) ist fast vollständig schwarz gefärbt
Foto: F. Pasmans

Im Handel sind manchmal weitere Krokodilmolcharten erhältlich, hier ein Männchen von *Tylototriton vietnamensis* Foto: F. Pasmans

Tylototriton broadoridgus Foto: M. Sparreboom

einer flachen Wasserschale) inkubiert werden. An Land geschlüpfte Larven springen aktiv ins Wasser. Bei Temperaturen von 18–25 °C verwandeln sich die Jungtiere nach 2–4 Monaten bei einer Gesamtlänge von etwa 5 cm. Die metamorphosierten Jungmolche sind mit vitaminisierten kleinen Grillen leicht aufzuziehen und nach 4–5 Jahren geschlechtsreif.

Hinweise: Die Art wird derzeit ziemlich regelmäßig importiert, obwohl sie in China vollständig geschützt ist. Es ist nicht zu empfehlen, diese importierten Molche zu erwerben, sondern man sollte auf die in begrenzten Stückzahlen nachgezüchteten Tiere zurückgreifen, sofern sie erhältlich sind. Nachzuchten sind auch besser an die Terrarienbedingungen in menschlicher Obhut angepasst.

Sporadisch tauchen im Handel manchmal auch verwandte Arten auf, so *Tylototriton asperrimus*, *T. hainanensis*, *T. lizhenchangi*, *T. vietnamensis* oder *Echinotriton andersoni*. All diese Arten können in ähnlicher Weise gehalten werden.

Echinotriton andersoni Foto: F. Pasmans

Querzahnmolche, Ambystomatidae

Ambystoma laterale (Blauflecken-Querzahnmolch)

Kennzeichen: Ein grauschwarzer Molch mit leuchtend blauen Flecken und Punkten, die vor allem an den Seiten meist zahlreich sind. In freier Wildbahn kreuzt sich diese Art mit dem ähnlichen, aber größeren *A. jeffersonianum*. Im Ergebnis sind diese beiden Arten und die verschiedenen Mischformen nur schwer voneinander zu unterscheiden. Auch Hybriden mit *Ambystoma texanum* sind bekannt.
Herkunft: Diese Art besiedelt das nördlichste Verbreitungsgebiet der Familie der Querzahnmolche. Die genaue Verbreitung ist jedoch aufgrund der Hybridisierung mit *A. texanum* und *A. jeffersonianum* nicht bekannt. Tiere aus dem *A.-laterale*-Komplex (einschließlich Hybriden) sind in Kanada und im Nordosten der Vereinigten Staaten zu finden, konzentriert rund um die Großen Seen und an der Ostküste. In Wisconsin ist dies eine sehr häufige Art.
Größe und Geschlechtsunterschiede: Diese Molche sind im Durchschnitt 10–13 cm lang. Die Männchen sind meist schlanker als die Weibchen. Die Geschlechter sind während der Fortpflanzungszeit auch leicht an der größeren Kloake des Männchens zu erkennen.
Lebensweise: Blauflecken-Querzahnmolche bewohnen Pinien- und Laubwälder. Für ihre Fortpflanzung nutzen sie alle Arten fischfreier Gewässer. Die Tiere sind sogenannte Explosivlaicher, deren Fortpflanzungsaktivitäten innerhalb von 2–3 Wochen meist abgeschlossen sind. Wie andere Querzahnmolche leben auch diese Tiere relativ versteckt, oftmals unterirdisch. Eine Ausnahme sind die Frühjahrswanderungen ab Mitte April, wenn sich die Männchen und Weibchen an die Gewässer begeben, um sich zu verpaaren.

***Ambystoma laterale*, ein Exemplar aus Wisconsin** Foto: F. Pasmans

Aquarium/Terrarium: Während der Landphase können die Tiere in einem kühlen, feuchten (aber nicht nassen) Waldterrarium mit Moos, Laub und Holz gehalten werden. Im Terrarium fällt meist auf, dass die Molche nie gemeinsam an den gleichen Versteckplätzen gefunden werden, sodass eine gewisse Territorialität/Aggression unter den Tieren nicht auszuschließen ist. Es sollten im Terrarium daher möglichst mehr Unterstände als Molche vorhanden sein.

Beckengröße: Mindestens 60 x 40 x 40 cm für eine Gruppe von 4–6 Tieren.

Temperatur: 2–18 °C, vorzugsweise 9–15 °C.

Überwinterung: Um die Fortpflanzung im Frühjahr auszulösen, müssen die Tiere in ihrem Waldterrarium in einem kühlen Raum bei Temperaturen knapp über dem Gefrierpunkt überwintern. Es ist zu empfehlen, die Tiere auch während des Winters hin und wieder etwas zu füttern, damit sie durch die zusätzliche Nahrung Reserven für die anstehende Fortpflanzungssaison bilden können.

Fortpflanzung: Blauflecken-Querzahnmolche paaren sich im Wasser. Das Männchen umklammert das Weibchen hierbei am Rükken (Dorsalamplexus). Für die Nachzucht sollten die Molche relativ schnell im März in ein Aquarium mit Temperaturen von 5–7 °C bei einem Wasserstand von ca. 20 cm überführt werden, das ausgestattet ist mit einer Insel oder einem schwimmenden Fadenalgen- oder Wasserpflanzenteppich, um der Gefahr des Ertrinkens entgegenzuwirken. Die Fortpflanzung erfolgt in menschlicher Obhut meist erst im April. Die bis über 500 Eier werden genau wie beim Axolotl einzeln oder in kleinen Klumpen zwischen dem Pflanzenteppich oder in den Fadenalgen abgelegt. Die Aufzucht der Larven ist recht einfach. Nach 2–3 Monaten wandeln sie sich zu Jungtieren mit einer Kopf-Rumpf-Länge von 25–35 mm um und sind innerhalb von zwei Jahren geschlechtsreif.

Ambystoma macrodactylum (Langzehen-Querzahnmolch)

Kennzeichen: Ein grauer, insgesamt eher unscheinbar gefärbter Querzahnmolch, der auf dem Rücken einen typischen gelbgrünen Streifen oder mehrere gelbliche Flecken aufweist, die sich in Form eines Längsstreifens über den Körper ziehen. Die Flanken sind manchmal zusätzlich mit kleinen weißen Punkten übersät. Entsprechend seinem Namen besitzt dieser Molch relativ lange Zehen.

Herkunft: Kanada und Westen der Vereinigten Staaten (Washington, Oregon, Kalifornien).

Größe und Geschlechtsunterschiede: Diese Molche sind im Durchschnitt 10–12 cm, selten bis maximal 17 cm lang. Die Geschlechter können durch die größere Kloake des Männchens unterschieden werden. Männchen sind außerdem schlanker und haben einen längeren Schwanz.

Lebensweise: Außerhalb der Fortpflanzungszeit leben diese Tiere sehr versteckt, oft unterirdisch. Sie kommen in der Regel nur heraus, wenn es regnet oder nach Einbruch der Dunkelheit (feuchte Luft). Lediglich im Frühjahr, ausgelöst durch die Schneeschmelze, wandern die Tiere in großer Zahl von ihren Versteckplätzen in die Laichgewässer.

Aquarium/Terrarium: Aquaterrarium, bei dem etwa zwei Drittel der Fläche aus einem Landteil mit tiefen Bodengrund bestehen sollte. Auch wenn es zu keinen Aggressionen zwischen adulten Tieren kommt, sind zahlreiche unterirdische Höhlungen und andere Versteckmöglichkeiten ein Muss.

Beckengröße: Mindestens 60 x 40 x 40 cm für eine Gruppe von 4–6 Tieren.

Temperatur: 2–18 °C, vorzugsweise 9–15 °C.

Überwinterung: Eine kalte Überwinterung für mehrere Monate an Land, mit kurzzeitigen Temperaturperioden von etwa 0 °C, ist für die Nachzucht wichtig. In dieser Periode bereitet sich der Körper auf die anstehende Fortpflanzung vor.

Fortpflanzung: In den letzten zehn Jahren wurden diese Molche regelmäßig in menschlicher Obhut nachgezüchtet. Als kälteliebende Art sind die Tiere schon früh im Jahr aktiv; die Fortpflanzung findet oft schon im Januar oder Februar statt. Die Männchen umklammern hierbei die Weibchen wie bei *A. laterale* beschrieben. Die bis zu 378 Eier werden einzeln oder in kleinen Klumpen an allen möglichen im Wasser vorhandenen Substraten abgelegt (Äste, Pflanzen, Steine usw.), wobei die Molche bei uns eine Vorliebe für Brunnenmoos (*Fontinalis*) zeigten. Die Aufzucht der Larven erfolgt wie beim Axolotl (*A. mexicanum*) geschildert. Kannibalismus unter den Larven kann zwar auftreten, in der Regel allerdings nicht bei Tieren aus derselben Paarung (wegen sogenannter „kin recognition", Verwandtschaftserkennung). Die Larven können sich bereits nach drei Monaten mit 4–9 cm Länge umwandeln, aber dies hängt auch stark von der Wassertemperatur ab.

Ambystoma maculatum (Gefleckter Querzahnmolch)

Kennzeichen: Ein kräftig gebauter Querzahnmolch mit schwarzer bis blaugrauer Oberseite und kleinen gelben bis orangefarbenen Flecken, die meist in zwei parallelen Punktereihen vom Kopf über den Rücken bis zum Schwanz verlaufen. Oberflächlich betrachtet kann diese Art mit dem Feuersalamander (*Salamandra salamandra*) verwechselt werden, der jedoch auf der gesamten Oberseite schwarz und gelb gefleckt ist und hinter den Augen stets deutlich erkennbare Poren aufweist. Diese fehlen beim Gefleckten Querzahnmolch.

Herkunft: Diese Art hat eine sehr weite Verbreitung, die fast den gesamten Osten der USA (außer Florida) und das südöstliche Kanada umfasst.

Ambystoma macrodactylum Foto: H. Wallays

Größe und Geschlechtsunterschiede: Ein großer Landsalamander, der bis zu 25 cm lang werden kann. Die Männchen sind an der größeren Kloake erkennbar.

Lebensweise: Die Tiere bewohnen vornehmlich Laubwälder (gelegentlich auch Nadelwälder) in geringen Höhenlagen. Sie pflanzen sich dort in fischfreien, oft temporären Gewässern fort. Im Frühling (abhängig vom Breitengrad), wandern die Molche in die Laichgewässer. Während der Fortpflanzung kommt es bei dieser Art zu keinem Amplexus, sondern nur zu einem Kopfreiben durch das Männchen. Meistens laichen die Tiere in größeren Gruppen. Nach der Paarungszeit gehen sie an Land und verbringen den Rest des Jahres an kühlen, feuchten Orten.

Aquarium/Terrarium: Terrarium für terrestrische Salamander, im Frühjahr mit großem, tiefem Wasserbecken (etwa 20 cm Wasserstand). Die Tiere haben eine sehr versteckte Lebensweise und sind nicht besonders häufig an der Oberfläche zu sehen. Wie andere *Ambystoma*-Arten graben Gefleckte Querzahnmolche sehr viel, wodurch der Bodengrund schnell mit Kot verunreinigt wird.

Beckengröße: Mindestens 80 x 40 x 40 cm für eine Gruppe von 3–5 Tieren.

Temperatur: 10–20 °C.

Der Gefleckte Querzahnmolch, *Ambystoma maculatum* Foto: F. Pasmans

Überwinterung: Die genaue Herkunft der meisten Tiere aus dem Handel ist leider nicht bekannt. In den meisten Fällen dürfte aber eine kalte Überwinterung bei 2–6 °C über 2–3 Monate angemessen sein.

Fortpflanzung: Die Nachzucht dieser Art in menschlicher Obhut bleibt eine Herausforderung, auch wenn sie vor kurzem mehrfach sowohl in Zimmerterrarien als auch Freilandanlagen gelungen ist. Das Einsetzen der Reproduktionsphase wird durch eine Winterruhe und anschließende Haltung im Frühjahr bei niedrigen Temperaturen von 10–15 °C stimuliert, woraufhin die Weibchen ihre Eipakete im Wasserteil absetzen. Die Tiere paaren sich unter Wasser und setzen ihre Eier in Laichballen mit jeweils bis zu 250 Eiern pro Gelege ab. Die Eier (jedes Weibchen legt mehrere Ballen ab, insgesamt bis etwa 400 Eier pro Weibchen) können transparent oder milchigweiß sein. Die Larven wandeln sich nach etwa 2–4 Monaten bei Gesamtlängen von 5–6 cm um. Die jungen Molche können innerhalb von 2–3 Jahren ihre Geschlechtsreife erreichen.

Hinweise: Es handelt sich um einen relativ einfach zu haltenden, aber sehr versteckt lebenden Querzahnmolch. Wie bei anderen Arten der Gattung muss sichergestellt sein, dass das Bodensubstrat immer sauber ist (keine Anhäufung von Kot und Futterresten!), da sonst sehr schnell Hautprobleme auftreten. Ein weiterer Querzahnmolch, der auf ähnliche Weise gehalten werden kann, ist der Jefferson-Querzahnmolch (*A. jeffersonianum*).

Ambystoma mavortium (Westlicher Tiger-Querzahnmolch, Tigersalamander)

Kennzeichen: Sehr großer Salamander mit glatter Haut, der durch seine graue bis schwarze, mit gelbgrünen Flecken durchsetzte Rükkenfärbung auffällt.

Herkunft: Nordamerika, von Nebraska bis ins südliche Texas, westlich bis Colorado und New Mexico.

Größe und Geschlechtsunterschiede: Der Westliche Tiger-Querzahnmolch ist mit einer Gesamtlänge von selten über 30 cm einer der größten und eindrucksvollsten Landsalamander der Welt. Die Männchen sind an ihrer größeren Kloake erkennbar, die vor allem während der Fortpflanzungszeit, manchmal aber auch darüber hinaus stark angeschwollen ist. Die Weibchen sind in der Regel kräftiger und stämmiger gebaut. Es gibt von dieser Art auch viele Populationen mit neotenen Tieren.

Lebensweise: Tigersalamander bewohnen eine Vielzahl unterschiedlicher Habitate, von Wäldern bis Offenland und von Meeresspiegelniveau bis auf 3.350 m ü. NN. Im Frühling (von Januar bis Mai) beginnt die Frühjahrswanderung zu den Laichplätzen (meist fischfreie Gewässer), wobei zunächst die Männchen die Gewässer erreichen, gefolgt von den Weibchen. Außerhalb der Fortpflanzungszeit sind die Tiere nur wenig aktiv. Sie leben versteckt, ein Großteil der Tiere unterirdisch, und sie praktizieren bei der Beutesuche die sogenannte „sit and wait"-Strategie („sitzen und warten") der Lauerjäger – indem sie ruhig in ihrem Versteck auf zufällig vorbeikommende Beutetiere warten und diese plötzlich überwältigen.

Aquarium/Terrarium: Im Vergleich zu anderen Querzahnmolchen sind Tigersalamander im Terrarium weniger scheu und daher meist recht gut sichtbar. In menschlicher Obhut kommen sie bei Bewegungen oder leichten Erschütterungen in der Regel sogar interessiert (und immer hungrig) aus ihrem Versteck hervor. Wegen ihrer Kraft und Größe – und weil sie sich wirklich tief in den Untergrund eingraben können – sind sie dazu in der Lage, ihr Terrarium gründlich auf den Kopf zu stellen. Auch das Wasserbecken ist daher meist schnell verschmutzt; ein einfacher, sauberer Wasserteil ist jedoch wichtig.

Was das Futter angeht, sind die Tiere nicht wählerisch: Fast alles, was in das große Maul

Ambystoma mavortium Foto: H. Wallays

Der eng verwandte Östliche Tigersalamander, *Ambystoma tigrinum* aus Wisconsin
Foto: F. Pasmans

passt, gilt als Beute (einschließlich der Finger des Pflegers). Tigersalamander sind sogar in der Lage, kleine Mäuse zu überwältigen, neben Schnecken, großen Regenwürmern, Insekten und anderen Amphibien. In der Regel werden auch Beutetiere, die über eine Pinzette gereicht werden, problemlos akzeptiert. Die Größe der Tiere, in Verbindung mit ihrem riesigen Appetit, macht eine gute Hygiene bei der Pflege dieser Vielfraße nicht einfach. Wenn der Bodengrund zu stark verschmutzt ist, entwickeln sich bei den Tigersalamandern schnell Hauterkrankungen.

Beckengröße: Mindestens 80 x 40 x 40 cm für eine Gruppe von 2–3 Tieren.

Temperatur: 15–20 °C. Temperaturen über 25 °C sollten vermieden werden.

Überwinterung: Die genaue Herkunft der meisten Tiere im Zoohandel ist leider nicht bekannt. In den meisten Fällen ist aber eine Überwinterung über 2–3 Monate bei 2–6 °C angebracht.

Fortpflanzung: Tigersalamander wurden in menschlicher Obhut erstmals im Jahr 2004 in Frankreich nachgezüchtet; mittlerweile gelingt ihre Zucht bei mehreren europäischen Züchtern ziemlich regelmäßig, und es gibt bereits eine F_2-Generation. Nach einer kalten Überwinterungsphase werden die Tiere im Frühjahr (März) abrupt in ein kühl temperiertes Aquarium gesetzt. Schon zwei Wochen später werden meist die ersten Eier einzeln oder in kleinen Ballen in Schwimmpflanzenteppichen oder zwischen Steinen auf dem Gewässerboden abgesetzt. Selbst Eier, die im Eis eingefroren waren, entwickelten sich auf normale Weise. Neotene Weibchen, die sich also im Larvenstadium fortpflanzen, setzen meist mehrere Tausend (bis 7.631) Eier pro Tier ab, umgewandelte Molche im Durchschnitt 800 Eier. Die Larven können bei höheren Temperaturen erstaunlich schnell wachsen und eine Länge von bis zu 8 cm innerhalb von 19 Tagen nach dem Schlupf erreichen. Die Jungtiere sind innerhalb von zwei Jahren meist geschlechtsreif.

Die Larven aller (Unter-)Arten aus der Gruppe der Tigersalamander sind für Kannibalismus bekannt: Innerhalb einer Population entwickeln sich meist einige Larven schnell zu kannibalischen Larven, die an ihrem großen Kopf erkennbar sind – im Gegensatz zu den normalen Larven mit einem kleineren Kopf. Für eine erfolgreiche (Massen-)Aufzucht ist es daher empfehlenswert, die Larven sortiert nach Größen aufzuziehen.

Hinweise: Diese Art wurde bis vor kurzem noch als Unterart des Östlichen Tigersalamanders (*A. tigrinum*) angesehen, der in der gleichen Weise gehalten werden kann.

Ambystoma mexicanum (Axolotl)

Kennzeichen: Ein großer und kräftiger, aquatiler Schwanzlurch mit ausgeprägten Rükken- und Schwanzflossensäumen sowie äußeren Kiemen. Es handelt sich um eine neotene Art, die die larvalen Merkmale auch im Adultstadium beibehält. Die Farbe der Wildform ist Dunkelbraun mit schwarzen Flecken bis fast Schwarz. Oft werden vom Axolotl aber auch verschiedene Farbmutationen angeboten.

Herkunft: Zentralmexiko, Kanäle des Xochimilco-Sees in Mexiko-Stadt.

Größe und Geschlechtsunterschiede: Sehr großer Querzahnmolch, der eine Länge von 30 cm erreichen kann. Die Männchen sind einfach an der größeren Kloake erkennbar.

Lebensweise: Die Tiere verbringen ihr gesamtes Leben aquatisch. In der Natur ist die Art vom Aussterben bedroht, v. a. durch Habitatzerstörung, aber auch durch Abfangen. Axolotl kommen ausschließlich in den Xochimilco-Kanälen vor, einem umfangreichen System von Kanälen und Teichen mit einer durchschnittlichen Tiefe von rund 1 m.

Aquarium/Terrarium: Diese Art muss dauerhaft im Aquarium gehalten werden. Verstecke und Höhlen können in Form von PVC-Röhren, Blumentopffragmenten und dergleichen bereitgestellt werden. Obwohl der Axolotl unter natürlichen Bedingungen fast immer seine Kiemen beibehält, kann die Metamorphose einfach durch das Verfüttern von Schilddrüsengewebe ausgelöst werden. Umgewandelte Axolotl kann man in der gleichen Weise wie Tigersalamander halten.

Beckengröße: Mindestens 20 Liter pro Tier; angesichts der Größe dieser Molche ist ein Aquarium von mindestens 80 cm Länge zu empfehlen. Auch wenn keine wirkliche Aggression zwischen den Tieren auftritt, führt eine zu enge Gruppenhaltung insbesondere bei juvenilen Axolotln oft zum Verlust von Fingern, Zehen, Schwanzspitzen oder Kiemen durch die Artgenossen.

Temperatur: 15–22 °C.

Weiße Zuchtform des Axolotls, *Ambystoma mexicanum* Foto: F. Pasmans

Ambystoma andersoni **kann ähnlich wie der Axolotl gehalten werden** Foto: F. Pasmans

Überwinterung: Nicht erforderlich.

Fortpflanzung: Die Reproduktionsperiode dieser Molche kann im Frühjahr eingeleitet werden, indem man die Wassertemperatur plötzlich um einige Grad ansteigen lässt oder die Temperatur zunächst für ein paar Tage auf 10 °C abkühlt und dann schrittweise wieder erhöht. Meist genügt es schon, die Temperaturen über das Jahr etwas zu variieren (15 °C im Winter und 20 °C im Sommer). Ein Weibchen kann mehr als 1.000 Eier absetzen, die meist in kleinen Klumpen zwischen Wasserpflanzen deponiert werden. Die Aufzucht der Eier und Larven macht in der Regel keine Probleme. Die Jungtiere können schon innerhalb eines Jahres die Geschlechtsreife erlangen.

Hinweise: Ein einfach zu haltender und gut zu züchtender Molch, der auch tatsächlich in Massen (einschließlich Versuchstieren) nachgezogen wird. Es gibt neben der Wildvariante eine große Zahl von Zucht- und Farbformen, wie weiße, goldfarbene oder bunte Tiere sowie Albinos in verschiedensten Ausprägungen. Das oft zu beobachtende Abfressen der Extremitäten lässt sich bei Jungtieren durch eine adäquate, ausreichende Fütterung weitgehend vermeiden.

Vor kurzem gelang der Privatimport einer verwandten Art, *A. andersoni*, die nun ebenfalls bereits in größerer Zahl in Deutschland nachgezüchtet wird. Ihre Haltung ist der des Axolotls sehr ähnlich, wobei *A. andersoni* neutrale (pH 6,8–7,5) und weiche Wasserparameter (GH und KH unter 5°) benötigt sowie ein relativ feines Bodensubstrat (nicht zu scharfkantige und große Kiesel), Wassertemperaturen zwischen 10 und 22 °C und ein gut bepflanztes Becken. Die Nachzucht von *A. andersoni* erfolgt sowohl in Frühling als auch im Herbst. Die Verfütterung von Regenwürmern kann bei dieser Art die Metamorphose auslösen.

Literatur:

Allmeling, C. (2010): Zur Haltung und Entwicklung von Andersons Querzahnmolch (*Ambystoma andersoni*). – Elaphe 18: 30–38.

Ambystoma opacum (Marmor-Querzahnmolch)

Kennzeichen: Ein kräftiger, robust gebauter Querzahnmolch mit schwarzer bis blaugrauer Rückenfärbung, die von sattelförmigen, silberweißen bis grauen Flecken durchsetzt ist.

Herkunft: Östliche Gebiete der USA.

Größe und Geschlechtsunterschiede: Mittelgroßer Querzahnmolch, der Längen von bis zu 13 cm erreichen kann. Die Männchen sind an der größeren Kloake und an der silbernen Fleckung erkennbar (bei Weibchen sind die Flecken grau).

Lebensweise: Diese Art lebt in dynamischen Fluss- oder Auwäldern, in denen sich kleine Vertiefungen mit Regenwasser füllen und die Larvengewässer bilden.

Aquarium/Terrarium: Terrestrisches Salamanderterrarium; eine Wasserschale ist nicht notwendig, aber wenn Eier abgelegt wurden (siehe unten), muss das Gelege nach ca. sechs Wochen in ein Aquarium überführt werden. Die Tiere können untereinander unverträglich sein, es sollte daher eine ausreichende Zahl an Versteckplätzen im Terrarium vorhanden sein.

Beckengröße: Mindestens 60 x 30 x 30 cm für eine Gruppe von 3–5 Tieren.

Temperatur: 15–20 °C.

Überwinterung: Für Tiere aus dem nördlichen Verbreitungsareal notwendig bei ca. 2–6 °C. Tiere der südlichen Verbreitungsgebiete benötigen nur eine leichte Abkühlung auf 10–15 °C.

Vermehrung: Im Spätsommer oder Herbst paaren sich die Tiere an Land; die Weibchen legen danach bis zu 200 Eier in einer flachen Grube – ebenfalls an Land – ab. Das Weibchen bleibt oft in seinem „Nest" und legt sich eng um sein Eigelege. Innerhalb von 15 Tagen sind die Embryos schlupfreif entwickelt und können die Eigallerte jederzeit verlassen – dies geschieht aber nur, wenn die Eier überschwemmt werden. In der Natur gelangen die schlüpfenden Larven durch Regen ins nahe Gewässer, im Terrarium muss dies durch eine künstliche Überflutung des Landteiles erfolgen. Sobald die Larven geschlüpft sind, sollten sie in ein Aquarium überführt werden, wo sie sich wie andere Molch- und Salamanderlarven weiterentwickeln. Nach 3–9 Monaten wandeln sie sich bei Gesamtlängen von 5–7 cm um und können bereits nach einem Jahr geschlechtsreif sein.

Hinweise: Ein relativ einfach zu pflegender Querzahnmolch, der in Terrarienhaltung gelegentlich auch nachgezüchtet wird.

Literatur:

GERLACH, U. (o. J.): Haltung und Zucht vom *Ambystoma opacum*. – www.ag-urodela.de/daten_arten/ambystoma/opacum/ambystoma_opacum.pdf.

Ambystoma opacum Foto: F. Pasmans

Lungenlose Salamander, Plethodontidae

Aneides lugubris (Alligatorsalamander)

Kennzeichen: Relativ großer terrestrischer Salamander mit rundem, greiffähigem Schwanz. Rücken braun mit weißlichen bis gelblichen Punkten und 15 Rippenfurchen. Der Bauch ist cremeweiß. Der Kopf erscheint durch die kräftig entwickelte Kiefermuskulatur angeschwollen, besonders bei den Männchen.
Herkunft: Küstenregionen von Kalifornien, südlich bis Nord-Mexiko und bis in die Sierra Nevada, die von jährlichen Niederschlagsmengen von über 250 mm charakterisiert sind.
Größe und Geschlechtsunterschiede: Adulte Männchen zur Paarungszeit unterscheiden sich von den Weibchen durch ihre herzförmige Kinndrüse.

Lebensweise: Die Tiere leben das ganze Jahr über terrestrisch und bevorzugen als Lebensraum Pinien- und Eichenwälder. Diese Art lebt nicht nur am Waldboden, sondern klettert auch gut und wurde auf Bäumen schon in 18 m Höhe gefunden. Die Salamander sind während regenreicher Perioden aktiv, wenn der Boden feucht ist. In Trockenphasen können sich die Tiere in großer Zahl z. B. in Baumhöhlen ansammeln.
Aquarium/Terrarium: Die folgenden Angaben stammen von A. Jamin (pers. Mittlg.), der diese Art erfolgreich gehalten und nachgezüchtet hat. Alligatorsalamander können das ganze Jahr über in einem Landterrarium gehalten werden, das gut belüftet und bis auf einen kleinen Wasserbehälter relativ trocken gehal-

***Aneides lugubris* besitzt eine charakteristische, sehr kräftige Kopfform** Foto: A. Jamin

Ensatina escholtzii platensis **aus der Sierra Nevada, Kalifornien** Foto: F. Pasmans

ten wird. Über eine Bodenlage aus Kies kommt eine Mischung aus Eichenblättern, totem Holz und Moos. Die Tiefe des Bodengrunds sollte 20 cm betragen, um darin einen guten Feuchtigkeitsgradienten zu ermöglichen. Als Futtertiere eignen sich Regenwürmer, Grillen und Heimchen sowie Asseln. Die Männchen dieser Art können gegeneinander sehr aggressiv sein.

Beckengröße: Ein Terrarium mit den Maßen 90 x 60 x 50 cm reicht aus für vier Tiere.

Temperatur: Die Temperaturen sollten zwischen 8 und 20 °C schwanken, dürfen aber während der Sommermonate zeitweise auch bis auf 25 °C ansteigen.

Überwinterung: Bei 5–10 °C.

Fortpflanzung: Reichliches Füttern und jahreszeitlich bedingte Temperaturveränderungen leiten die Fortpflanzung ein. Die meisten Weibchen deponieren ihre Gelege aus bis zu 24 Eiern während der Trockenzeit (etwa Juni bis September) in einer Höhle und bewachen sie. Die Eier werden an der Höhlendekke angebracht, und die Weibchen legen sich um ihr Gelege herum. Nach etwa 3–4 Monaten schlüpfen die Jungtiere und sollten von den Elterntieren getrennt werden. Nach frühestens drei Jahren werden die Salamander geschlechtsreif.

Hinweise: Der Alligatorsalamander kann kräftig zubeißen und blutende Wunde verursachen, wenn er sich bedroht fühlt. Arten der Gattung *Ensatina* können ähnlich gepflegt werden, bevorzugen aber niedrigere Temperaturen (bis 8 °C im Winter und etwa 18 °C in Sommer). *Ensatina escholtzii* ist in sieben unterschiedlich gefärbten, oft recht ansprechenden Unterarten vom südwestlichen Kanada bis in das nordwestliche Mexiko verbreitet.

Bolitoglossa dofleini (Großer Palmensalamander, Dofleins Pilzzungensalamander)

Kennzeichen: Gedrungen gebauter Pilzzungen- oder Lungenloser Salamander mit glatter, glänzender Haut, einem runden, an der Basis leicht eingeschnürten Schwanz sowie einem großen, abgeflachten Kopf und großen Augen. Die Spannhäute zwischen den Zehen sind kräftig entwickelt. Die Grundfarbe der Tiere ist Hell- bis Dunkelbraun mit dunkler Marmorierung.

Herkunft: Atlantikseite von Mittelamerika, von Guatemala und Belize bis Honduras.

Größe und Geschlechtsunterschiede: Ein großer Landsalamander, der im weiblichen Geschlecht eine Gesamtlänge von über 20 cm erreichen kann. Die Männchen bleiben allerdings deutlich kleiner (Länge nur bis ca. 12 cm) und weisen – was aber nicht immer gut erkennbar ist – vor allem in der Paarungszeit eine Kinndrüse auf.

Lebensweise: Diese Salamander leben in den unteren Strauch- und Baumschichten im Wald, wobei die Männchen tendenziell etwas stärker baumorientiert sind. Ihr ursprüngliches Habitat ist der Montan- und Prämontanregenwald auf 500–1.500 m ü. NN, aber man findet die Tiere heutzutage auch in Plantagen. Obwohl nicht sicher belegt, ist doch wahrscheinlich, dass diese Salamander territorial leben.

Bolitoglossa dofleini Foto: F. Pasmans

Aquarium/Terrarium: Pflege in einem Feuchtterrarium für terrestrische Salamander. Ein Wassergefäß ist nicht erforderlich.

Beckengröße: Mindestens 50 x 30 x 30 cm Raum pro Tier sind nötig.

Temperatur: 20–25 °C.

Überwinterung: Nicht erforderlich.

Fortpflanzung: Das Paarungsverhalten dieser Art ist noch nicht beschrieben. Es ähnelt aber vermutlich dem anderer Pilzzungensalamander, indem das Männchen das Weibchen am Rücken umklammert und mit seinen vergrößerten Kieferzähnen Kratzer und kleine Hautwunden verursacht, in die es stimulierende Substanzen (Pheromone) reibt. Vermutlich legen die Weibchen ihre Eier an einer feuchten Stelle an Land ab und betreiben Brutpflege, indem sie sich während der Inkubationsdauer um das Gelege schlingen. Aus den Eiern schlüpfen (vermutlich) voll entwickelte kleine Salamander.

Hinweise: Der einzige Pilzzungensalamander, der mehr oder weniger regelmäßig importiert wird. Die oben genannten Haltungsrichtlinien sind allerdings unter Vorbehalt zu sehen, denn bisher war es kaum möglich, die Tiere für eine längere Zeit am Leben zu erhalten; zumindest sind alle bekannten Exemplare, die in den letzten Jahren nach Belgien importiert wurden, gestorben. Bei der Ermittlung der Todesursachen zeigte sich, dass viele von ihnen die Pilzinfektion Chytridiomykose trugen. Wir raten aus diesem Grund dringend davon ab, diese Art – so interessant sie auch sein mag – zu erwerben. Frisch erhaltene Tiere sollten sofort nach dem Kauf kontrolliert werden, ob sie Chytridiomykose tragen, und – wenn das der Fall ist – direkt mit Voriconazol behandelt werden. Sobald Pilzzungensalamander erkranken oder gestresst werden, werfen sie oft ihren Schwanz ab.

Bolitoglossa mexicana (Mexikanischer Pilzzungensalamander)

Kennzeichen: Relativ großer Landsalamander mit rundem Schwanz und Körperbau, einer glänzend schwarzen Oberseite und einem breiten braunen Streifen entlang der Rücken- und Schwanzmitte. Auf dem Rücken teilt sich der Mittelstreifen in der Regel in schwarze Flecken und drei Linien auf. Die Finger und Zehen sind an der Basis durch Schwimmhäute miteinander verbunden, während die Spitzen frei bleiben.

Herkunft: Vom Südosten Mexikos über Belize und Guatemala bis nach Honduras.

Größe und Geschlechtsunterschiede: Dieser Lungenlose Salamander wird bis zu 20 cm lang, wobei Körper und Schwanz etwa gleich lang sind. Männchen sind generell kleiner als Weibchen und darüber hinaus durch eine kleine drüsenartige Erhebung unter dem Kinn (Kinndrüse) zu unterscheiden. Dieses Merkmal ist jedoch nicht immer deutlich erkennbar.

Lebensweise: Mexikanische Pilzzungensalamander leben hauptsächlich in Wäldern, von Meeresspiegelhöhe bis auf 1.400 m ü. NN. Die Tiere wurden sowohl unter morschen Baumstümpfen auf dem Boden als auch in Bananenstauden oder Bromelien auf Bäumen gefunden. Sie sind nachtaktiv und vor allem während der Regenzeit anzutreffen. Ihre Lebensweise in der Natur ist nahezu unbekannt.

Aquarium/Terrarium: Diese Landsalamander sollten in einem tropischen Regenwaldterrarium mit reichlich Vegetation gepflegt werden. Das Becken kann wie für Pfeilgiftfrösche (Dendrobatidae) eingerichtet werden. Wichtig bei der Haltung dieser Pilzzungensalamander ist es, eine höchstmögliche Lufttfeuchtigkeit zu erzielen.

Beckengröße: Die Tiere können zwar in relativ kleinen Terrarien gehalten werden –

Bolitoglossa mexicana Foto: G. Köhler

Schmidt & Köhler (1996) pflegten acht Tiere in einem kleinen Behälter von 40 x 20 x 28 cm zusammen –, doch zeigten die Weibchen unter diesen Bedingungen bei der Nachzucht keinerlei Brutpflege, was auf Stress hinweisen könnte. Ein Terrarium von 60 x 30 x 30 cm scheint, auch angesichts der Größe der Tiere, besser geeignet. Es ist zudem nicht ganz ausgeschlossen, dass diese Pilzzungensalamander territorial sind. Angesichts der starken Aggressivität vieler Lungenloser Salamander ist es daher am besten, nicht mehr als ein Paar in einem Terrarium gemeinsam zu pflegen.

Temperatur: 22–24 °C. Zu hohe Temperaturen von 30 °C oder mehr sind für die Tiere schnell tödlich.

Überwinterung: Nicht angebracht.

Fortpflanzung: Diese Salamander wurden schon wiederholt zur Fortpflanzung gebracht und lassen sich wahrscheinlich während des ganzen Jahres nachzüchten. Bis zu 40 Eier werden hierbei vom Weibchen an einer feuchten Stelle an Land abgelegt. Die Weibchen legen sich während der Eientwicklung um ihre Gelege, was für die Entwicklung der Embryonen aber nicht notwendig ist. Die jungen Salamander schlüpfen nach Schmidt & Köhler (1996) nach zwei Monaten mit einer Gesamtlänge von ca. 15 mm aus der Eihülle. Bei Bille & Bringsoe (1998) dauerte es nach der Eiablage 3–4 Monate, bevor die ersten jungen Salamander im Terrarium gefunden wurden. Die Jungtiere benötigen sehr kleine Beutetiere, wachsen aber schnell und können innerhalb eines Jahres eine Gesamtlänge von 8 cm erreichen.

Hinweise: Vor allem Pilzzungensalamander aus niedrig gelegenen Verbreitungsgebieten eignen sich durch ihre Temperaturansprüche für eine dauerhafte Haltung das ganze Jahr über im Terrarium, auch wenn bisher kaum biologische Informationen über diese große Gruppe Lungenloser Salamander verfügbar sind. Bille & Fonoll (2005) publizierten immerhin wertvolle Daten zur Haltung verschiedener Gattungen neotropischer Salamander inklusive *Bolitoglossa*-Arten. Für alle neotropischen Salamander gilt, dass sämtliche Tiere direkt nach dem Erwerb auf Chytridiomykose kontrolliert werden sollten (siehe *B. dofleini*). Zumindest die Gattungen *Bolitoglossa* und *Pseudoeurycea* reagieren sehr anfällig auf diese Krankheit.

Literatur:

Bille, T. & H. Bringsoe (1998): Zur Brutpflege und Wachstum bei *Bolitoglossa mexicana* (Caudata: Plethodontidae). – Salamandra 34: 219–222.

– & R. Fonoll (2005): Lungenlose Salamander aus Mexiko und Mittelamerika: Biologie, Pflege und Zucht. – Aquaristik Fachmagazin & Aquarium heute 37(1): 4–11.

Schmidt, A.A. & G. Köhler (1996): Biologie von *Bolitoglossa mexicana*: Freilandbeobachtungen, Pflege und Nachzucht. – Salamandra 32: 275–284.

Desmognathus fuscus (Brauner Bachsalamander)

Kennzeichen: Robuster und kräftig gebauter, glänzender Landsalamander, der oberseits meist braun ist, mit oder ohne schwarze Musterung. Typisch für die Art ist ein weißlicher Streifen vom Auge bis zum Mund.
Herkunft: Im Osten der Vereinigten Staaten weit verbreitet.

Größe und Geschlechtsunterschiede: Die Länge dieser Salamander kann von 6–14 cm variieren. Die Männchen sind von den Weibchen an ihrer kleinen Kinndrüse an der Unterseite des Unterkiefers (oft schwierig zu erkennen), an den vergrößerten prämaxillaren Zähnen im Oberkiefer sowie an der papillösen (mit kleinen Warzen versehenen) Struktur der Kloakenlippen unterscheidbar. Weibchen hingegen haben keine Kinndrüse und besitzen glatte Kloakenlippen.

Lebensweise: Braune Bachsalamander sind in Waldgebieten in der Nähe von Gewässern (Bächen) bis auf eine Höhe von 1.200 m ü. NN anzutreffen. Sie sind in der Nacht aktiv, vor allem nach Regenschauern.

Aquarium/Terrarium: Die Tiere benötigen ein Aquaterrarium mit vielen Versteckplätzen an Land. Das Wasser sollte mithilfe einer Pumpe ständig in Bewegung gehalten werden. Vor allem die kräftigen Männchen, aber auch brutpflegende Weibchen reagieren gegeneinander aggressiv. Angesichts solcher Aggressionen sollten die Salamander am besten paarweise untergebracht werden.

Beckengröße: Mindestens 60 x 30 x 30 cm für ein Paar.

Temperatur: Im Hinblick auf die Herkunft der Tiere, die in der Regel nicht bekannt ist, sollte die Temperatur im Sommer bis maximal 20 °C ansteigen und im Winter um 10 °C betragen.

Desmognathus fuscus Foto: H. Wallays

Überwinterung: Eine etwas kühlere Winterphase, die aber Temperaturen von 10 °C nicht wesentlich unterschreiten sollte.

Fortpflanzung: Die Paarungszeit dauert von Herbst bis Frühling. Die Männchen kratzen zur Paarung mit ihren vergrößerten Kieferzähnen die Haut der Weibchen auf und reiben Sekrete aus der Kinndrüse in die oberflächlichen Wunden; offenbar werden hierbei Pheromone übertragen. Bis zu 34 Eier werden im späten Frühjahr oder Frühsommer abgelegt, in der Regel in einem einzigen Gelege, das sowohl im Wasser als auch an Land deponiert werden kann. Das brutpflegende Weibchen legt sich um seine Eier, aus denen nach 40–60 Tagen die Larven schlüpfen. Sie leben 7–12 Monate im Wasser, bevor sie sich bei einer Länge von etwa 2 cm umwandeln. Manche Weibchen fressen auch ihre eigenen Gelege. Die Jungtiere sind nach zwei (Männchen) bzw. drei (Weibchen) Jahren geschlechtsreif.

Hinweise: Diese Art ist nur sporadisch im Handel vertreten – und dann auch nur als Wildfang. Die Tiere können zur Verteidigung gegen Feinde einen Teil ihres Schwanzes abwerfen.

Eurycea guttolineata (Dreistreifensalamander)

Kennzeichen: Ein schlanker Salamander mit langem, im Querschnitt rundem Schwanz, der bei erwachsenen Tieren bis zu Zweidrittel der Gesamtlänge ausmachen kann. Die Oberseite dieser Salamander ist orangegelb bis gelbbraun mit einem schwarzen Mittelstreifen auf dem Schwanz. Auch seitlich ist jeweils ein schwarzer Streifen vorhanden.

Herkunft: Dreistreifensalamander sind, außer im südlichen Florida, im gesamten Südosten der Vereinigten Staaten anzutreffen.

Größe und Geschlechtsunterschiede: Die Tiere können eine Länge von 18 cm erreichen. Fortpflanzungsaktive Männchen entwickeln an der Schnauze kleine „drahtähnliche" Anhänge unterhalb der Nasenöffnung sowie an den Kloakenlippen kleine Tuberkel und Warzen. Die Anhänge sind bei Weibchen viel schwächer entwickelt, ihre Kloakenlippen glatt.

Lebensweise: Dreistreifensalamander sind vor allem in bewaldeten Gebieten in der Nähe von Gewässern bis auf eine Höhe von 1.000 m ü. NN anzutreffen. Die Tiere sind nachts ak-

***Eurycea guttolineata*, Dreistreifensalamander, aus Georgia, USA** Foto: J. Nerz

Eurycea bislineata Foto: H. Wallays

tiv und vor allem nach Regenschauern zu beobachten. Der Dreistreifensalamander ist einer der wenigen Lungenlosen Salamander, der nicht territorial lebt.

Aquarium/Terrarium: Dreistreifensalamander sind am besten in Aquaterrarien mit vielen Versteckmöglichkeiten zu pflegen. Für die Eiablage sind ausreichend „Etagenplätze" vorzusehen, z. B. in Form aufgeschichteter, mit Spalten durchsetzter Steinplatten. Der Wasserteil sollte immer leicht in Bewegung sein, hierfür ist ein Innenfilter oder eine Luftpumpe geeignet. Als Nahrung können Buffalo-Würmer (Getreideschimmelkäferlarven) und Grillen gereicht werden. Massige Beutetiere wie Regenwürmer und Nacktschnecken sind oft zu groß, um überwältigt werden zu können.

Beckengröße: Mindestens 60 x 30 x 30 cm für 3–5 Tiere.

Temperatur: Je nach Herkunft der Salamander sollte die Temperatur im Sommer etwa 20 °C betragen, auch Temperaturen bis 24 °C werden vorübergehend vertragen; im Winter reichen 10–15 °C.

Überwinterung: Wenn die Herkunft der Tiere oft nicht genau bekannt ist, sollten die Wintertemperaturen möglichst nicht unter 10 °C absinken.

Fortpflanzung: Die Paarungszeit dieser Art liegt wahrscheinlich im Herbst und im frühen Winter. Das Paarungsverhalten wurde bisher noch nicht beschrieben. Die Eier werden im Wasser abgesetzt, in der Regel tief versteckt in Spalten und Steinhaufen. Nach 3–5 Monaten verwandeln sich die Jungtiere bei einer Länge von etwa 2,5 cm.

Hinweise: Es handelt sich um aktive Salamander, die relativ einfach zu halten sind. Sie werden gelegentlich importiert und sind sporadisch auch als Nachzuchten verfügbar.

Literatur:

REHBERG, F. (1995): Die langschwänzigen Salamander der Gattung *Eurycea*. 2. Teil: *Eurycea longicauda guttolineata*. – DATZ 48(10): 640–641.

– (1995): Die langschwänzigen Salamander der Gattung *Eurycea*. 3. Teil: *Eurycea lucifuga*, der Rote Höhlensalamander. – DATZ 48(11): 719–721.

Gyrinophilus porphyriticus (Quellensalamander Porphyrsalamander)

Kennzeichen: Glatter, glänzender Salamander mit rundlichem Körperbau, kurzen Extremitäten und seitlich abgeflachtem Schwanz. Die Oberseite zeigt eine lachsrosa bis bräunliche Grundfärbung mit kleinen schwarzen Flecken. Diese Art sieht dem Rotsalamander (*Pseudotriton ruber*) recht ähnlich.

Herkunft: Osten der Vereinigten Staaten, vor allem in den Appalachen. Die Tiere leben dort in der Nähe von Quellen, Höhlen und Gewässern, in Höhenlagen von 100–2.000 m ü. NN.

Größe und Geschlechtsunterschiede: Diese Salamander können bis zu 21 cm lang werden. Die Geschlechter lassen sich auf Grundlage äußerer Merkmale kaum unterscheiden.

Lebensweise: Quellensalamander kommen entsprechend ihres Namens in der Nähe von kleinen Bächen in eher kühlen Habitaten vor. Im Winter und Sommer ziehen sie sich ganz ins Gewässer zurück oder bewohnen Quellaustritte und nasse Steinhaufen, in denen das Wasser versickert (Sickerstellen). Ein Teil der Nahrung dieser Art besteht aus anderen Schwanzlurchen; manche Populationen sind berüchtigte Salamanderfresser.

Aquarium/Terrarium: Aquaterrarium mit großem Wasserteil. Ein Wasserstand von 10 cm genügt in der Regel.

Beckengröße: Mindestens 80 x 40 x 40 cm für eine Gruppe von 3–5 Tieren. Aggressionen zwischen Männchen und auch Paaren (zwischen Männchen und Weibchen) wurden bei dieser Art bereits beobachtet. Der Quellensalamander kann nicht mit anderen, v. a. kleine-

Gyrinophilus porphyriticus Foto: F. Pasmans

ren Salamandern zusammen gehalten werden. **Temperatur:** 15–20 °C, wobei vorübergehend auch Temperaturen bis 25 °C toleriert werden. **Überwinterung:** Je nach Herkunft der Tiere sollte eine 2–3 Monate dauernde kühle Überwinterung im Wasser oder an Land stattfinden (bei 3–10 °C).

Fortpflanzung: Die Fortpflanzung findet im Herbst oder Frühling statt – bei Exemplaren, die in Terrarien gehalten werden, im Oktober und März bei etwa 14 °C. Die Männchen suchen bei der Paarung gezielt nach Weibchen und reiben mit ihrem Schwanz an deren Kinn. Die bis maximal 104 Eier werden in der Regel im Frühsommer abgelegt; VOITEL (2010) beobachtete im Terrarium eine Ablage von 42 Eiern am 21. Mai. Die Eier werden in der Natur wahrscheinlich tief in unzugänglichen Stellen zwischen Felsen in Quellgebieten abgelegt. Die Gelege wurden manchmal auch schon an der Unterseite von Steinen im Wasser gefunden, oft mit einem Weibchen in der Nähe, das die Eier bewachte. Auch bei VOITEL (2010) blieb das Weibchen – ebenso wie das Männchen – in der Nähe der Eier. In menschlicher Obhut wurden außerdem schon Gelege unter einem Stück Holz abgelegt und vom Weibchen ebenfalls bis zum Schlupf bewacht. Die Larven haben sich in diesem Fall erst nach mehr als einem Jahr zu Salamandern umgewandelt. In der Natur kann die Larvalphase sogar bis zu vier Jahre dauern, wobei die Jungtiere bei einer Länge von 5,5–7 cm metamorphosieren. **Hinweise:** Ein schöner Salamander, der gelegentlich importiert und auch im Handel angeboten wird. Um diese Art erfolgreich zu halten, benötigt man relativ niedrige Temperaturbedingungen.

Literatur:

VOITEL, S. (2010): Zur Nachzucht des Porphyrsalamanders, *Gyrinophilus porphyriticus* (GREEN, 1827). – Elaphe 9(2): 12–17.

Hemidactylium scutatum (Vierzehensalamander)

Kennzeichen: Ein kleiner, rötlich brauner Salamander mit eher grau gefärbten Flanken, der aufgrund seiner besonderen Bauchzeichnung (weiß mit kleinen dunklen Punkten) kaum mit anderen Arten verwechselt werden kann. Wie der Name besagt, hat diese Art an den Hinterbeinen jeweils nur vier Zehen. Bei Stress können die Tiere ihren Schwanz abwerfen.

Herkunft: Der Vierzehensalamander hat ein ausgedehntes, aber nicht zusammenhängendes Verbreitungsgebiet, das sich im Osten der USA von Neuschottland bis an den Golf von Mexiko erstreckt. Er lebt dort in sumpfigen Gebieten mit Teichen und in Wäldern mit Kleingewässern.

Größe und Geschlechtsunterschiede: Diese Salamander sind im Durchschnitt nur 5–10 cm lang. Die Geschlechter können durch ihre Kopfform unterschieden werden: Bei adulten Männchen ist die Form eckig und erscheint „gestutzt", während sie bei den Weibchen deutlich runder ist. Weibchen sind im Allgemeinen auch größer und etwas kräftiger gebaut. Während der Fortpflanzungszeit bilden männliche Exemplare kräftige Kieferzähne, die auch bei geschlossenen Maul sichtbar sind.

Lebensweise: Außerhalb der Brutzeit leben diese Tiere sehr versteckt. Im Terrarium sind sie meist unter Holz, seltener unter Steinen anzutreffen.

Aquarium/Terrarium: Außerhalb der Fortpflanzungszeit sollte diese Art, die ein nasses Umfeld bevorzugt, in einem sehr feuchten Wald-Terrarium mit viel Moos, Holz und Laub gehalten werden. Vierzehensalamander ernähren sich von kleinen Wirbellosen und sind aufgrund ihrer sehr kleinen Kiefer nicht in der Lage, größere Beutetiere zu fressen; daran sollte man bei der Gabe entsprechenden Lebendfutters wie *Collembola* und *Drosophila* denken.

Hemidactylium scutatum Foto: S. Bogaerts

Das Einbringen von morschem Holz im Terrarium sorgt für das natürliche Auftreten kleiner wirbelloser Tiere, die als Nahrung dienen können. Für die Nachzucht sollten in einem Landterrarium stets genügend Moos und etwas Wasser in einem kleinen Kunststoffbehälter vorhanden sein.

Beckengröße: Mindestens 50 x 40 x 40 cm für eine Gruppe von 3–6 Tieren. Die Art scheint zeitweise territorial und etwas aggressiv gegenüber Artgenossen zu sein.

Temperatur: Gesicherte Angaben zu den optimalen Haltungstemperaturen liegen bislang nicht vor, Werte über 20 °C sollten jedoch vermieden werden. Als geeignet haben sich Temperaturen von 3–10 °C im Winter und 8–19 °C im Sommer erwiesen.

Überwinterung: Entsprechend der natürlichen Lebensweise und dem biologischen Rhythmus ist für diesen Salamander eine Überwinterung angebracht. Eine kühle Winterperiode ist vermutlich auch notwendig, um die Art zur Nachzucht zu bringen.

Fortpflanzung: Die Paarung findet im Herbst und im Winter statt, die Eiablage erfolgt erst im folgenden Frühjahr (Mitte März bis Mitte Mai). Pro Weibchen werden in der Natur im Durchschnitt 30–50 Eier in Form von kleinen Eigelegen auf nassem Moos abgelegt, das sich knapp oberhalb des Wasserspiegels stehender Gewässer befindet. Im Terrarium ist bemoostes, morsches Holz in einem Wassergefäß ideal, denn so finden die schlüpfenden Larven leicht ihren Weg ins Wasser. Wie bei anderen Salamandern hängt die Anzahl der Eier stark von der Größe des Weibchens ab. Die Larven zählen zum Teichtyp und mögen keine Wasserbewegung. Die winzigen, etwa 2 cm großen Jungtiere ertrinken leicht und müssen mit Kleinstfutter aufgezogen werden.

Literatur:

SZEPANSKI, K. (2014): *Hemidactylium scutatum* – Vierzehensalamander. – www.lungenlos.de/?id=43 (Zugriff: 1. März 2014).

Plethodon cinereus (Rotrücken-Waldsalamander)

Kennzeichen: Langer, sehr schlanker Salamander mit eidechsenähnlichem Aussehen und rundem Schwanz. Die Haut ist glatt und glänzend. Die Rückenfärbung und -zeichnung kann sehr variabel sein und reicht von Schwarz bis Rot, mit oder ohne Streifen. Die blaue Form ohne rote Dorsalstreifen wird im Amerikanischen als „Lead back"-Phase bezeichnet.

Herkunft: Nordamerika; nordöstliche USA und östliches Kanada.

Größe und Geschlechtsunterschiede: Dieser schlanke und zartgliedrige Landsalamander erreicht eine Länge von bis zu 12,5 cm. Die Geschlechter sind nicht immer leicht zu unterscheiden. Geschlechtsreife Männchen entwickeln zur Paarungszeit kräftig geschwollene Nasen-Lippendrüsen, eine Kinndrüse sowie verlängerte Prämaxillarzähne.

Lebensweise: Die Tiere verbringen ihr ganzes Leben an Land, bevorzugt in der Bodenschicht von Waldgebieten, wo sie vor allem in und unter morschem, nassem Holz gefunden werden. Diese Art bevorzugt tiefe Böden ohne Staunässe in alten, ungestörten Wäldern. Rotrücken-Waldsalamander sind sehr territorial und markieren ihr Revier mit Kot und Duftsekreten.

Aquarium/Terrarium: Reines Landterrarium. Um Aggressionen zu vermeiden, muss eine ausreichende Zahl an Versteckplätzen zur Verfügung stehen. Die Nahrung der Salamander besteht vor allem aus kleinen Insekten. Große Beutetiere wie Regenwürmer und Schnecken werden in der Regel nicht gefressen, weil sie nicht durch die sehr enge Mundöffnung dieser Tiere passen.

Plethodon cinereus Foto: F. Pasmans

Der verwandte Silbersalamander, *Plethodon glutinosus* Foto: F. Pasmans

Beckengröße: Mindestens 60 x 30 x 30 cm für eine Gruppe von 3–5 Tieren.
Temperatur: 15–20 °C.
Überwinterung: Obligatorisch bei 2–6 °C.
Fortpflanzung: Über eine Fortpflanzung dieser Art wurde in Europa bisher noch nicht berichtet – die Nachzucht wurde aber höchstwahrscheinlich auch nicht allzu häufig versucht. Fortpflanzungsaktivitäten in der Natur finden im Herbst, Winter und Frühjahr statt. Das Männchen ritzt hierbei kleine Wunden in die Haut des Weibchens, in die es Pheromone aus seinen Kinndrüsen reibt. Das Paarungsverhalten umfasst den für diese Salamander typischen „Tail-straddle Walk", bei dem das Weibchen dicht hinter dem Männchen kriecht und sich mit seinem Kinn an dessen Schwanzansatz schmiegt. Im späten Frühjahr legen die Weibchen 6–9, manchmal bis zu 14 Eier mit Durchmessern von bis zu 5 mm, die zumeist an der Höhlendecke hängen und um die sich die Weibchen herumschlingen; sechs Wochen später schlüpfen die Jungtiere. Das brutpflegende Weibchen verhält sich äußerst aggressiv gegenüber Artgenossen und wird am besten allein mit seinem Gelege im Terrarium gepflegt. Eine verwandte Art (*Plethodon vehiculum*) wurde in Europa schon nachgezüchtet. Die Eier wurden bei diesen Tieren an einem feuchten Ort an Land abgelegt, und das Weibchen legte sich ebenfalls eng um das Gelege. Aus den Eiern schlüpfen voll entwickelte kleine Salamander.
Hinweise: Es handelt sich um einen recht einfach zu haltenden Landsalamander mit einer versteckten Lebensweise. Nachzuchten dieser Art stehen derzeit nicht zur Verfügung, aber andere Arten der Gattung *Plethodon* (z. B. *P. glutinosus*) werden gelegentlich angeboten und können in ähnlicher Weise gepflegt werden.

Pseudoeurycea cephalica (Mexiko-Salamander)

Kennzeichen: Ein relativ kleiner, bodenlebender Salamander mit rundem Schwanz und einer deutlichen Einschnürung am Schwanzansatz. Die Finger sind teilweise mit Spannhäuten versehen. Die Oberseite ist dunkelgrau bis lackschwarz mit unregelmäßiger weißlicher Zeichnung auf dem Schwanz und auch am Bauch.

Herkunft: In den vulkanischen Gebirgszügen Zentral-Mexikos (Staaten Hidalgo, Veracruz, Puebla, Tamaulipas, Morelos und Estado de México).

Größe und Geschlechtsunterschiede: Die Tiere können eine Gesamtlänge von bis zu 12 cm erreichen. Adulte geschlechtsaktive Männchen sind von den Weibchen durch ihre deutlich hervortretenden Kinndrüsen zu unterscheiden.

Lebensweise: Die Tiere leben das ganze Jahr über terrestrisch am Waldboden, wobei sie Pinien-, Eichen- und Nebelwälder in Höhenlagen von 1.100–3.000 m ü. NN bevorzugen.

Aquarium/Terrarium: Die folgenden Angaben stammen von A. Jamin (pers. Mittlg.), der diese Art erfolgreich gehalten und nachgezüchtet hat. Mexiko-Salamander können während des ganzen Jahres in einem Landterrarium gehalten werden, das etwas feuchter gehalten wird als zum Beispiel für *Aneides lugubris*, aber keinen Wasserbehälter enthalten muss. Über eine Bodenlage aus Kies kommt eine Mischung aus Eichenblättern, totem Holz und Moos. Die Tiefe dieses Untergrunds sollte 20 cm betragen, um einen guten Feuchtigkeitsgradienten im Boden zu ermöglichen. Als Futtertiere eignen sich kleinere Wirbellose wie kleine Heimchen, Asseln, Maden und kleine

Pseudoeurycea leprosa Foto: A. Jamin

Pseudoeurycea cephalica Foto: A. Jamin

Regenwürmer. Aggressivität zwischen einzelnen Tieren wurde nicht beobachtet.

Beckengröße: Ein Terrarium mit den Maßen 120 x 40 x 40 cm genügt für eine Gruppe von sechs Tieren.

Temperatur: Die Temperaturen sollten zwischen 8 und 20 °C variieren, können während der Sommermonate aber auch bis auf 25 °C ansteigen.

Überwinterung: Die Temperaturen bei A. Jamin (pers. Mittlg.) betrugen im Winter im Durchschnitt etwa 8 °C (niedrigste Temperaturen ca. 5 °C). Während der Wintermonate sollten die Tiere außerdem etwas trockener gehalten werden.

Fortpflanzung: Reichliche Fütterung und jahreszeitliche Schwankungen der Temperatur und Feuchtigkeit stimulieren die Fortpflanzung. Ein Weibchen bei Bille (pers. Mittlg.) bewachte im Freiland im Juli 22 Eier. Jamin (pers. Mittlg.) fand winzige, etwa 6 mm lange Jungtiere im September im Terrarium. Innerhalb von drei Jahren können die Jungtiere geschlechtsreif sein.

Hinweise: Andere Arten der Gattung können ähnlich gehalten werden (Jamin, pers. Mittlg.). Hochlandarten aus Höhenlagen oberhalb von 2.000 m ü. NN sollten bei Temperaturen zwischen 0 und 18 °C gehalten werden. Arten aus geringeren Höhenlagen (etwa 500–1.000 m ü. NN) können bei Temperaturen zwischen 12 und 25 °C gepflegt werden, während Arten aus dem Tiefland niemals unter 15 °C gehalten werden sollten.

Pseudotriton ruber (Rotsalamander, Roter Wiesensalamander)

Kennzeichen: Ein glatter, glänzender Salamander mit rundem Körperquerschnitt und abgeflachtem Schwanz. Die Grundfärbung ist Braun bis leuchtend Rot mit schwarzen Flekken. Ältere Tiere sind weniger hell gefärbt und wirken eher bräunlich.

Herkunft: Westen der Vereinigten Staaten, mit Ausnahme der Atlantikebene von Virginia bis Florida. Die Tiere leben dort in der Nähe von Bächen auf Höhen von 0–1.500 m ü. NN.

Größe und Geschlechtsunterschiede: Diese Tiere können bis zu 18 cm lang werden. Basierend auf rein äußerlichen Merkmalen sind die Geschlechter praktisch nicht zu unterscheiden.

Lebensweise: Rotsalamander leben in der Natur in und an kleinen, kühlen Bächen, wo sie im Wasser oder oft auch in der angrenzenden Laubstreuschicht anzutreffen sind.

Aquarium/Terrarium: Aquaterrarium mit großem Wasserteil. Diese Art sollte nicht mit anderen Salamanderarten vergesellschaftet werden, weil sie sich in der Natur gelegentlich von anderen Schwanzlurchen ernährt. Voitel (2007) pflegte eine Gruppe von fünf Tieren in einem Aquaterrarium mit 60 x 70 cm Grundfläche, bei einem Wasserstand von 12 cm und täglicher, automatischer Frischwasserzufuhr (1/3 des Wasserinhalts). Loch- und ein Firstziegel dienten als Unterschlupf und bildeten eine Insel, die zusätzlich mit Korkrindenstücken abgedeckt wurde. Die Tiere fraßen vorzugsweise Regenwürmer.

Beckengröße: Mindestens 80 x 40 x 30 cm für eine Gruppe von 3–5 Tieren. Diese Salamander sind nicht aggressiv gegeneinander.

Temperatur: 15–20 °C. Auch Temperaturen bis 24 °C werden vorübergehend ertragen.

Überwinterung: Je nach Herkunftsgebiet der Tiere sollten Rotsalamander eine Winterruhe bei etwa 5–10 °C halten – bei Exemplaren aus südlichen Gebieten ist diese allerdings nicht nötig. Die Überwinterung erfolgt in der Regel im Wasser.

Pseudotriton ruber Foto: J. Nerz

Fortpflanzung: Abhängig von der Herkunft der Tiere kann die Fortpflanzung zu jeder Jahreszeit stattfinden, mit Ausnahme der kältesten Wintermonate. Bei Voitel (2007) verpaarten sich die Tiere in Oktober bei 17–18 °C. Bei der Paarung umwerben die Männchen die Weibchen durch Reiben der Schnauze am Kopf ihrer Partnerin. Das Weibchen wiederum antwortet mit Kinnreiben am Schwanz des Männchens und dem für viele Plethodontiden typischen „Tail-straddle Walk“ (siehe *Plethodon cinereus*). Die bis 130 Eier werden wahrscheinlich von Herbst bis Frühjahr an unzugänglichen Stellen, tief zwischen Steinen in den Quellbereichen von Bächen abgelegt. Das Weibchen bewacht seine Gelege. Bei 17–18 °C schlüpfen die Larven bereits nach vier Wochen, bei 15–16 °C erst nach sieben Wochen. Die Larven haben sich bei Voitel (2007) nach rund 15 Monaten verwandelt.

Hinweise: Diese begehrten Salamander werden nur gelegentlich im Handel angeboten. Obwohl es nicht schwierig ist, sie lange im Terrarium zu halten, gelingt ihre Zucht nur sporadisch.

Literatur:

Voitel, S. (2007): Nachzucht von *Pseudotriton ruber* (Sonnini, 1802). – Amphibia 6(1): 25–29.

Speleomantes imperialis (Duftender Höhlensalamander)

Kennzeichen: Glänzender Landsalamander mit großen Augen, ausgedehnten Schwimmhäuten zwischen Fingern und Zehen und einem im Querschnitt runden Schwanz. Die Oberseite ist sehr variabel gezeichnet und zeigt meist eine schwarze bis braune Grundfärbung mit gelben bis grünlichen Zeichnungselementen. Beim Umgang mit diesen Salamandern wird manchmal ein starker Geruch abgesondert, der zu dem deutschen Namen führte.

Herkunft: Karstgebiete im zentralen Südosten von Sardinien, wo Bereiche von Meeresspiegelhöhe bis auf 1.200 m ü. NN besiedelt werden.

Größe und Geschlechtsunterschiede: Dieser Lungenlose Salamander wird bis zu 15 cm lang. Die Männchen können durch das Auftreten einer drüsenartigen Verdickung unter dem Kinn (Kinndrüse) leicht von den Weibchen unterschieden werden.

Lebensweise: Die europäischen Höhlensalamander leben vor allem in Karstgebieten, wo sie sich im Sommer tief an kühle, feuchte Stellen im Boden zurückziehen. Besonders in den Sommermonaten kann man die Tiere meist nur noch in feuchten Höhlen antreffen. Erst wenn der Boden während der Winterregenfälle genügend Feuchtigkeit aufweist, sind die Tiere auch an der Oberfläche aktiv.

Aquarium/Terrarium: Es gibt bisher nur eine Veröffentlichung über einen erfolgreichen Zuchtversuch mit dieser Art. Die Höhlensalamander wurden hierbei auf einem Boden aus feuchtem Ton mit schräg stehenden Steinplatten als Versteckplätzen gehalten. Die Luftfeuchtigkeit im Terrarium wurde durch das Abdecken mit einer Glasscheibe kontinuierlich bei 100 % gehalten. Tote Beutetiere und Kot wurden sofort entfernt, um Schimmelbildung zu verhindern.

Beckengröße: Mindestens 60 x 30 x 30 cm für ein Paar. Wahrscheinlich sind die Männ-

Der Duftende Höhlensalamander (*Speleomantes imperialis*) aus Sardinien Foto: F. Pasmans

Speleomantes ambrosii ist eine eng verwandte Art aus Italien Foto: F. Pasmans

Auch _Speleomantes flavus_ gehört zu den ansprechend gefärbten sardischen Schleuderzungen- oder Höhlensalamandern
Foto: F. Pasmans

Speleomantes genei, ein relativ kleiner Vertreter der sardischen Höhlensalamander Foto: F. Pasmans

Speleomantes imperialis gibt bei Bedrohung einen scharfen, streng riechenden Geruch ab Foto: F. Pasmans

Speleomantes italicus, der Italienische Höhlensalamander Foto: F. Pasmans

chen territorial und reagieren gegenüber Vertretern ihrer eigenen Art aggressiv, auch wenn bei MUTZ (1998) zwei Männchen problemlos im gleichen Terrarium zusammen lebten.

Temperatur: 8–17 °C. Höhlensalamander reagieren empfindlich auf zu hohe Temperaturen. Lufttemperaturen von über 17 °C sind auf Dauer tödlich. Ein kühler Kellerraum hat sich für die dauerhafte Haltung von Höhlensalamandern hervorragend bewährt.

Überwinterung: In den Wintermonaten sollten die Tiere bei verringerten Temperaturen von 8–10 °C gehalten werden.

Fortpflanzung: Die Eiablage erfolgt im Frühjahr. Bei der Balz kratzen die Männchen die Haut der Weibchen mit ihren vergrößerten Oberkieferzähnen auf und verteilen in den entstehenden kleinen Wunden ein Sekret aus ihrer Kinndrüse. Den für viele Plethodontiden charakteristischen „Tail-straddle Walk“ (siehe *Plethodon cinereus*) beobachtete PASMANS (pers. Beob.) auch bei dem eng verwandten Höhlensala-

Der Sarrabus-Höhlensalamander (*Speleomantes sarrabusensis*) dürfte lebendgebärend sein Foto: F. Pasmans

mander *Speleomantes strinatii.* Bei Mutz (1998) setzte das Weibchen sechs relativ große Eier ab (ca. 5 mm Durchmesser), aus denen bei 15 °C nach etwa sechs Monaten vier 26 mm lange Salamander schlüpften. Die beiden anderen Eier wurden von der Mutter gefressen. Das Weibchen blieb während der ersten sechs Monate stets in engem Kontakt zum Gelege. Dieses Verhalten schützt die Eier vermutlich vor Infektionen. Aber auch die jungen Salamander blieben in den ersten drei Wochen eng bei ihrer Mutter.

Hinweise: Höhlensalamander sind in Europa streng geschützt. Sie sind nicht einfach zu halten und müssen bei niedrigen Temperaturen gepflegt werden. Die anderen europäischen Arten der Gattung auf dem italienischen Festland (*S. strinatii*, *S. ambrosii* und *S. italicus*) sowie auf Sardinien (*S. sarrabusensis*, *S. supramontis*, *S. flavus* und *S. genei*) zeigen eine sehr ähnliche Lebensweise und dürften in der gleichen Art und Weise zu halten sein.

Literatur:

Mutz, T. (1998): Haltung und Zucht der Sardischen Höhlensalamanders *Hydromantes imperialis* (Stefani, 1969) und einige Beobachtungen zur Ökologie der Europäischen Höhlensalamander. – Salamandra 34(2): 167–180.

Farblich ansprechend ist auch der Ligurische Höhlensalamander (*Speleomantes strinatii*) Foto: F. Pasmans

Es ist nicht klar, warum von der IUCN unter den Höhlensalamandern ausgerechnet die Art *Speleomantes supramontis* als „endangered" (gefährdet) gelistet wird Foto: F. Pasmans

Winkelzahnmolche, Familie Hynobiidae

Hynobius boulengeri (Boulengers Winkelzahnmolch)

Kennzeichen: Ziemlich großer und kräftiger Winkelzahnmolch, der wie alle *Hynobius*-Arten einfarbig dunkelbraun bis schwarz gefärbt ist und eine glatte, glänzende Haut aufweist. Namensgebend für Winkelzahnmolche sind die Zähne im Gaumenbereich, die in einem V-förmigen Winkel angeordnet sind.

Herkunft: Honshu, Japan.

Größe und Geschlechtsunterschiede: Es handelt sich um die größte *Hynobius*-Art. Sie kann bis zu 25 cm lang werden, die meisten Tiere werden aber nicht größer als 21 cm. Geschlechtsspezifische Unterschiede sind außerhalb der Fortpflanzungszeit nicht erkennbar.

Hynobius boulengeri
Foto: H. Wallays

Lebensweise: Diese Molche verbringen ihr ganzes Leben in Waldbächen oder im direkten Bereich von Böden, die vom Spritzwasser der Bäche durchnässt sind. Winkelzahnmolche gehören zu jener Gruppe von Schwanzlurchen, die zur Fortpflanzung auf fließendes, kaltes, sauerstoffreiches Bachwasser angewiesen sind. Die Tiere setzen dort ihre Eisäcke mit bis zu 47 hellen Eiern an der Unterseite von Steinen und Felsen ab. Das Larvenstadium kann mehrere Jahre andauern.

Aquarium/Terrarium: Die folgenden Angaben zur Terrarienhaltung stammen von H. Wallays (pers. Mittlg.). Wie andere Winkelzahnmolche der Gattung *Hynobius* hat auch diese Art einen sehr hohen Feuchtigkeitsbedarf. Außerhalb der Fortpflanzungszeit sollten die Tiere in einem feuchten Waldterrarium, eingerichtet mit viel Laub, Erde, Steinen und Moos, gehalten werden. Für Nachzuchtversuche eignet sich ein größeres, vollständig mit Wasser befülltes Aquarium, in dem eine Tauchpumpe für die notwendige Durchströmung sorgt. Mehrere Steinplatten sollten so aufgeschichtet werden, dass die oberen Platten die unteren Steine etwas überragen und beschatten. Die Strömungspumpe wird am besten so ausgerichtet, dass sie das Wasser von der Beckenrückseite nach vorne fließen lässt, dann lassen sich die Molche dort am besten beobachten.

Beckengröße: Mindestens 80 x 30 x 30 cm für eine Gruppe von 3–5 Tieren. Bei adulten Tieren im Aquarium wurden bisher weder Aggressionen noch Bisswunden beobachtet.

Temperatur: 5–20 °C. Die größte Aktivität zeigen diese Molche bei 6–15 °C, ansonsten sind sie oft inaktiv. Auch wenn Bacharten meist mit geringen Wassertemperaturen in Verbindung gebracht werden, verlief bei einem japanischen Molchzüchter die Larvenaufzucht von *H. boulengeri* selbst bei hohen Temperaturen von 25 °C problemlos.

Überwinterung: Eine Ruhephase im Winter ist obligatorisch (bei 0–6 °C). Die meisten Molche überwintern an Land, aber einige Tiere bleiben während dieser Zeit auch im Wasser.

Fortpflanzung: Wie bei vielen Winkelzahn- und auch manchen Querzahnmolchen werden von dieser Art fast ausschließlich männliche Tiere im Handel angeboten. Nach unseren Erfahrungen mit einigen jungen und adulten Tieren scheint diese Art recht einfach zu pflegen zu sein, doch konnten wir wegen fehlender Weibchen bisher leider keine eigenen Zuchtversuche unternehmen.

Hinweise: Das Fehlen weiblicher Tiere im Handel liegt v. a. wohl daran, dass sich die Männchen zuerst in den Brutgewässern einfinden, wo sie in der Regel einfacher gefangen werden können und worin sie auch länger verweilen. Die Weibchen hingegen kommen erst später ins Gewässer, und auch ihre Verweildauer im Wasser ist sehr viel kürzer.

Hynobius dunni (Dunns Winkelzahnmolch)

Kennzeichen: Gedrungener, stämmig gebauter Winkelzahnmolch mit seitlich abgeflachtem Schwanz und typisch kurzem Kopf. Die Haut ist glatt und glänzend, die Farbe der Oberseite meist ein Braungrün, übersät mit runden, schwarzen Flecken. Jungtiere besitzen an den Seiten meist noch zahlreiche blaue Punkte, die aber verschwinden, sobald die Molche älter werden.

Herkunft: Japan, Inseln Shikoku (Kouchi -ken) und Kyushu (Ohita -ken , Miyazaki -ken, Kumamoto -ken).

Größe und Geschlechtsunterschiede: Diese Winkelzahnmolche können bis zu 16 cm Länge erreichen. Außerhalb der Fortpflanzungszeit sind geschlechtsspezifische Unterschiede nicht erkennbar.

Lebensweise: Diese Molche verbringen außerhalb der Paarungszeit ihr ganzes Leben an Land, vor allem in Waldgebieten im Bereich von Bächen und auf Bodenflächen, die vom Spritzwasser dauerhaft nass sind. Im Frühjahr begeben sich die Tiere in stehende oder leicht fließende Gewässer, um sich darin fortzupflanzen.

Aquarium/Terrarium: Die Angaben zur Haltung und Zucht von *H. dunni* stammen von H. WALLAYS (pers. Mittlg.). Landterrarium mit einem kleinen Wasserteil (zwei Drittel Land); diese Tiere haben einen erhöhten Feuchtigkeitsbedarf. Ein größeres Wassergefäß mit wenigen Zentimetern Wasserstand sowie einige aufeinandergeschichtete Steinplatten mit Moos und weiteren Versteckplätzen in einem feuchten Terrarium sind für die Pflege am besten geeignet. Junge Winkelzahnmolche verstecken sich in der Natur gerne in großen Wurmgängen und Löchern im Boden, daher sind im Terrarium entsprechend enge Hohlräume unter flachen Steinen oder in PVC-Rohren als Einrichtungsgegenstände wichtig.

Männchen von *Hynobius dunni* zwischen Zweigen am Paarungsplatz Foto: H. Wallays

Hynobius nebulosus Foto: M. Sparreboom

Beckengröße: Mindestens 60 x 30 x 30 cm für eine Gruppe von 3–5 Tieren. Diese Molche sind nicht aggressiv untereinander. Die Männchen bedrohen sich zwar manchmal während der Fortpflanzungszeit gegenseitig mit offenem Mund, aber es kommt zu keinen Beißereien.

Temperatur: 6–20 °C, Aktivitäten zeigen die Tiere vor allem bei 6–15 °C, ansonsten sind sie meist inaktiv.

Überwinterung: Obligatorisch bei Temperaturen von 0–6 °C.

Fortpflanzung: Die Zucht ist schon mehrfach in menschlicher Obhut gelungen. Die Paarungszeit beginnt im Dezember und kann bis April andauern. Die Männchen vollführen einen Balztanz, worauf die Weibchen kleine Eisäcke an Äste und Steine knapp unter der Wasseroberfläche heften. Diese Eisäcke werden anschließend gemeinsam von mehreren konkurrierenden Männchen umklammert und dabei befruchtet. In den folgenden Tagen schwillt der Kokon durch Wassereinlagerung stark an. Jeder Eisack kann bis zu 140 Eier enthalten, aus denen nach 5–7 Wochen die Larven schlüpfen und bei Körperlängen von 5–5,7 cm metamorphosieren.

Hinweise: Es handelt sich um einen ziemlich einfach zu haltenden Molch mit einer versteckten Lebensweise. Nachzuchten sind für Interessierte in Europa zurzeit in ausreichenden Mengen erhältlich. Bei der Fütterung ist zu beachten, dass diese Tiere Nacktschnekken als Nahrung verweigern. Andere *Hynobius*-Arten, die in stehenden Gewässern ablaichen, wie *H. nebulosus*, *H. lichenatus* und *H. tokyoensis*, können in der gleichen Art und Weise wie *H. dunni* gehalten werden. Unter ähnlichen Bedingungen wie *H. dunni* wurde in menschlicher Obhut auch schon *H. tokyoensis* mehrfach nachgezüchtet. Diese Art, die in der Natur als gefährdet gilt, legt ihre Eisäcke direkt am Boden ab. Die Aufzucht der Larven aller Winkelzahnmolche, die in der Natur stehende Gewässer bewohnen, ist relativ einfach. Die kritischste Phase ist der Moment, in dem die Larven das Ei verlassen.

Hynobius okiensis (Oki-Winkelzahnmolch)

Kennzeichen: Ein bräunlich bis rötlich gefärbter Winkelzahnmolch mit sehr variabler Zeichnung, bestehend aus teilweise zusammenhängenden, bräunlich gelben Punkten und Flecken am ganzen Körper. Die Musterung ist in einigen Fällen recht auffällig, es sind aber auch Tiere bekannt, bei denen sie ganz fehlt. Die Unterseite der Molche ist gleichmäßig grau. Ihre Haut ist glänzend und glatt.

Herkunft: Diese Art ist nur von der Insel Oki in Japan bekannt und gilt durch das kleine Gesamtverbreitungsgebiet als stark bedroht. Zudem benötigt der Oki-Winkelzahnmolch äußerst sauberes Wasser, was einen weiteren Bedrohungsfaktor darstellt.

Größe und Geschlechtsunterschiede: Länge bis 13,3 cm. Auch bei diesem Winkelzahnmolch sind die Geschlechter außerhalb der Fortpflanzungszeit nicht unterscheidbar.

Lebensweise: Diese Art gehört zu den feuchtigkeitsliebenden *Hynobius*-Arten, deren Lebensweise bei *H. boulengeri* näher beschrieben wird.

Aquarium/Terrarium: Angaben zur Haltung und Zucht stammen von H. Wallays (pers. Mittlg.). Aus der glatten Hautstruktur dieser Molche lässt sich schon ableiten, dass es sich um eine Art mit erhöhtem Feuchtigkeitsbedarf handelt. Die Tiere sollten das ganze Jahr über bei hoher Luftfeuchtigkeit in einem Terrarium mit ausreichend großem Wasserteil gepflegt werden, das mit Farnen und aufeinandergeschichteten, moosüberzogenen Steinplatten eingerichtet ist. Ein Beckenabschnitt mit fließendem Wasser ist für einen Zuchtversuch empfehlenswert, aber nicht zwingend notwendig – ebenso wenig wie für die Haltung adulter Exemplare. Wie die meisten *Hynobius*-Arten sind auch diese Molche in Bezug auf die Nahrung nicht wählerisch; sie fressen sowohl Mückenlarven und verschiedene andere Larven als auch Buffalo-, Mehl- oder Regenwürmer.

Beckengröße: Mindestens 80 x 30 x 30 cm für eine Gruppe von fünf Tieren. In menschlicher Obhut konnte bisher keine Aggression festgestellt werden, doch muss man einschränkend hinzufügen, dass sich in der beobachteten Zuchtgruppe auch keine zwei adulten Männchen befanden.

Temperatur: 10–20 °C.

Überwinterung: Ein Ruhezustand bei tiefen Temperaturen (0–8 °C) ist obligatorisch.

Fortpflanzung: Während der Fortpflanzungszeit sollte am besten der Wasserstand im Wasserteil auf mindestens 15 cm angehoben werden. Ein kräftiger Wasserwechsel im Frühjahr, wobei auch der Landteil reichlich bewässert werden muss, stimuliert die Männchen; sie kriechen bald unruhig auf dem Boden umher, ständig auf der Suche nach Weibchen und einem geeigneten Laichplatz. Während dieser Zeit entwikkeln die Männchen einen breiteren Kopf, und ihre Kinnunterseite wird etwas heller und weißer. Im Aquarium legte eine kleine Zuchtgruppe aus drei Tieren ein befruchtetes Eipaket unter aufgeschichteten Steinen im Wasser ab. Die Eier entwickelten sich aber leider nicht.

Hynobius okiensis Foto: H. Wallays

Hynobius quelpaertensis (Jeju-Winkelzahnmolch)

Kennzeichen: Ein orange bis braun gefärbter Molch, dessen Körper mit schwarzen und manchmal auch blauen Sprenkeln bedeckt ist. Vor allem die Jungtiere zeigen, wie bei den meisten Winkelzahnmolchen, eine temporäre Zeichnung aus fluor-blauen Flecken, die im Alter allmählich verschwinden.

Herkunft: Südliches Südkorea.

Größe und Geschlechtsunterschiede: Dieser Winkelzahnmolch ist 10–12 cm lang (maximal bis 14 cm). Wie bei den meisten *Hynobius*-Arten lassen sich die Männchen nur während der Fortpflanzungszeit durch ihre größere Kloake, den stärker verdickten Kopf und weiße Flecken an der Kehle erkennen. Außerhalb dieses Zeitraums lassen sich die Geschlechter kaum unterscheiden.

Lebensweise: Bis vor kurzem wurde dieser Winkelzahnmolch noch als lokal verbreitete Variante innerhalb der *H.-leechii*-Gruppe angesehen, wodurch Informationen zu seiner Lebensweise spärlich blieben. Zwar bevorzugen fast alle Vertreter in dieser Verwandtschaftsgruppe Fließgewässer, doch ließen erste Terrarienbeobachtungen annehmen, dass sich *H. quelpaertensis* in der Natur eher in stehendem als fließendem Wasser aufhält. Inzwischen hat sich tatsächlich bestätigt, dass diese Art eine gewisse Zwischenstellung zwischen beiden Gewässertypen einnimmt: Die hohe Anzahl der Eier, ihre dunkle Färbung und sogenannte Balancer-Strukturen am Kopf der Larven lassen eher auf den larvalen „Stehgewässer-Typ" schließen, die Wahl des Ablageorts für das Eipaket allerdings auf den „Fließgewässer-Typ". Adulte Tiere bevorzugen stehende Gewässer.

Aquarium/Terrarium: Diese Molche werden am besten in einem Bachterrarium gehalten, das viele Steine und feuchte Versteckplätze an Land (wie Holz, Moose oder Farne) aufweisen sollte. Zusätzlich ist auf eine gute Belüftung und leichte Strömung im Wasserteil zu achten. Diese Molche sind wie die meisten *Hynobius*-Arten nicht sehr mobil und bewegen sich nur zur Futtersuche oder wenn sie sich fortpflanzen.

Beckengröße: Mindestens 60 x 40 x 40 cm für eine Gruppe von 4–6 Tieren. Von Aggressionen ist bisher nicht berichtet worden, und angesichts des geringen Bewegungsdrangs dieser Molche ist die Zahl der Versteckplätze im Becken wichtiger als die insgesamt zur Verfügung stehende Fläche. Nicht vergessen darf man jedoch die stets notwendige Hygiene.

Hynobius quelpaertensis Foto: H. Wallays

Temperatur: 10–20 °C; bevorzugt werden etwa 15 °C, vorübergehend höhere Temperaturen bis 25 °C werden aber ohne Probleme toleriert.

Überwinterung: Eine Überwinterung an Land bei Temperaturen von knapp unter 10 °C ist zu empfehlen, um die Geschlechter auf die folgende Fortpflanzungsperiode einzustimmen. Man kann die Temperatur sogar bis auf wenige Grad über Null absenken, dies ist aber nicht notwendig.

Fortpflanzung: Die Tiere gehen bei sinkenden Temperaturen (unter 12 °C) schon im Spätherbst ins Wasser. Paarungsaktivitäten beginnen bei Temperaturen unterhalb von 10 °C. Die Eier werden in Eisäcken mit 30–75 Eiern pro Sack abgesetzt, meist an der Unterseite von Steinen in Bachabschnitten mit starker Wasserbewegung oder in Hohlräumen zwischen den Felsen, in denen noch etwas Strömung auftritt. Im Aquarium werden die Eisäkke auch an Zweige geheftet. Nach etwa 3–4 Monaten wandeln sich die Larven bei einer Gesamtlänge von etwa 48 mm um. Bereits im ersten Jahr nach der Metamorphose können die Molche sich fortpflanzen.

Hinweise: Diese leicht zu pflegende und auch gut zu züchtende Art ist seit mehr als 20 Jahren in Terrarianerkreisen präsent. Alle derzeit gehaltenen Tiere entstammen einem einzigen Eikokon von der südkoreanischen Insel Jeju (die früher Quelpart genannt wurde, daher der wissenschaftliche Name), aus dem sich damals die ersten Jungtiere entwickelten.

Literatur:

Van Leeuwen, F. & R. Vos (1991): Einige ervaringen met de Hoektandsalamander van Leech (*Hynobius leechii*) in het terrarium. – Lacerta 50(2): 66–73.

Bouwman, A. (1995): Temperatuur en kweeksucces met de hoektandsalamander van Leech (*Hynobius leechii*). – Lacerta 53(3): 91–95.

Hynobius retardatus (Brauner Winkelzahnmolch)

Kennzeichen: Schlicht gefärbter Schwanzlurch mit glatter Haut und zumeist eintönig brauner Körperfarbe. Manche Tiere zeigen vor allem während der Paarungszeit auch kupferfarbene Flecken.

Herkunft: Insel Hokkaido, Japan.

Größe und Geschlechtsunterschiede: Diese Molche werden bis zu 19 cm lang. Außerhalb der Fortpflanzungszeit sind die Geschlechter sehr schwer zu unterscheiden. Während der Fortpflanzungsperiode hingegen sind die Männchen an der größeren Kloake, dem vergrößerten Kopf und einem weißen Fleck an der Kehle zu erkennen.

Lebensweise: Die untereinander nicht aggressiven Molche pflanzen sich während des Frühjahrs im Wasser fort, meist in Stillgewässern, zum Teil aber auch in Bächen. Außerhalb der Fortpflanzungszeit leben die Tiere in der Regel an Land.

Aquarium/Terrarium: Die folgenden Angaben zur Haltung und Zucht stammen von H. Wallays (pers. Mittlg.). Großes Terrarium für terrestrische Salamander, das im Frühjahr einen größeren Wasserteil (etwa 10–20 cm tief) aufweisen sollte. Obwohl die Tiere in der Natur Stillgewässer bevorzugen, wird ihre Fortpflanzung nachweislich stimuliert durch den Einsatz einer Tauchpumpe, die für eine geringe Wasserbewegung sorgt. Der Landteil muss genügend Versteckmöglichkeiten (unter Steinen, Rindenstücken etc.) und sowohl trockene als auch feuchte Stellen aufweisen; auf diese Weise können die Molche ihre Körpertemperatur besser regulieren (durch Abkühlen über Verdunstung der Feuchtigkeit auf der Haut). Die Jungtiere von *H. retardatus* scheinen im Vergleich zu anderen Arten zu nasse Stellen und Spritzwasserbereiche im Terrarium generell zu meiden. In menschlicher Obhut sind sie, im Gegensatz zu anderen *Hynobius*-Arten, die ein relativ verborgenes Leben führen, oft gut zu be-

Der Braune Winkelzahnmolch, *Hynobius retardatus* Foto: F. Pasmans

obachten. Besonders in der Dämmerung werden sie aktiv und gehen auf die Suche nach Futter.

Beckengröße: Mindestens 80 x 40 x 40 cm für eine Gruppe von 3–6 Tieren.

Temperatur: 15–25 °C, vorzugsweise jedoch unter 20 °C.

Überwinterung: Notwendig über etwa drei Monate bei 0–6 °C. Bei diesen geringen Temperaturen sind die Tiere deutlich weniger aktiv, fressen aber meist trotzdem.

Fortpflanzung: Um die Molche zur Fortpflanzung zu bringen, sollten sie im Herbst, bevor die Temperaturen fallen, gut gefüttert werden. Dies ermöglicht den Tieren, Reserven aufzubauen, die sie im Frühjahr in die Fortpflanzung investieren können. Ein mehrmaliger (teilweiser) Wasserwechsel, um Regenfälle zu simulieren, regt im Frühjahr die Paarung an. Bei ansteigender Temperatur suchen die Molche das Wasser auf, um sich darin fortzupflanzen. Geeignete Ablageplätze für die Eipakete bietet das Einsetzen toter Äste in den Wasserteil. Die Weibchen heften bei Temperaturen um 10 °C die Eier in den für die Gattung *Hynobius* typischen bananenförmigen Eisäcken an diese Äste oder an Steine. Direkt nach der Ablage umklammern die Männchen die Eisäcke und befruchten sie. Die Säcke, von denen jeder bis zu 102 Eier enthalten kann, sind anfangs klein, quellen aber durch Wasseraufnahme auf und werden schließlich über 22 cm lang und 3 cm breit. Teilweise fressen die Männchen die Eisäcke, sobald die Larven darin anfangen, sich zu bewegen, sodass die Elterntiere alleine aus diesem Grund besser aus dem Aquarium entfernt werden sollten. Doch auch zwischen den heranwachsenden Larven kommt es zu extremen Größenunterschieden – häufig treten Exemplare mit einem deutlich größeren Maul auf –, sodass die Larven am besten in Gruppen mit ähnlichen Größen aufgezogen werden, um Kannibalismus zu vermeiden. Die Jungtiere können schon 40–50 Tage nach dem Schlupf bei Gesamtlängen von 55–64 mm metamorphosieren.

Hinweise: Diese Art wird seit 2001 erfolgreich in menschlicher Obhut nachgezüchtet. Aus der Natur sind neotene Tiere bekannt, und auch in Terrarien traten schon zweimal weiße neotene Tiere auf. *Hynobius tsuensis* kann in der gleichen Weise wie *H. retardatus* gehalten werden. Die Nachzucht dieser Art ist aber bisher noch nicht geglückt.

Pachyhynobius shangchengensis (Shangcheng-Winkelzahnmolch)

Kennzeichen: Adulte Exemplare des Shangcheng-Winkelzahnmolchs sind einheitlich schwarzbraun gefärbt, jüngere Tiere dunkelbraun mit kleinen blauen Flecken. Die Tiere haben die typische Form eines Bachsalamanders, nämlich einen langen, länglich runden Körper mit einem am Ansatz im Querschnitt ebenfalls runden Schwanz, der sich nach hinten zunehmend stärker fahnenartig abflacht. Die Beine sind kurz, und die vier Finger und fünf Zehen weisen verhornte Krallen auf, die es den Tieren ermöglichen, im schnell fließenden Wasser Halt zu finden.

Herkunft: Dieser ungewöhnliche Molch kommt nur in Ostchina, in der Provinz Henan, vor.

Größe und Geschlechtsunterschiede: Diese Winkelzahnmolche sind im Durchschnitt 16–18 cm lang; das größte jemals vermessene Tier, ein Weibchen, maß 20,1 cm. Der auffälligste Unterschied zwischen den Geschlechtern ist der kräftiger entwickelte Kopf adulter Männchen.

Lebensweise: Die Tiere leben ganzjährig aquatisch in Bächen der Mittelgebirgsregion auf einer Höhe von 380–780 m ü. NN.

Aquarium/Terrarium: Dieser Molch lässt sich am besten in einem Aquarium mit sorgfältig arrangierten Steinhöhlen und Unterschlupfmöglichkeiten in Felsaufbauten halten. Ein Wasserstand von 10 cm reicht aus; eine geringe Wasserbewegung kann durch eine Pumpe erzeugt werden, ist aber nicht unbedingt nötig. Im Aquarium sind diese Tiere vorwiegend nachtaktiv. Obwohl die großen Winkelzahnmolche meist friedlich nebeneinander leben, kommt es auch öfter zu Aggressionen. Besonders zur Paarungszeit im Frühjahr reagieren die Männchen selbst gegenüber den Weibchen aggressiv. Dies führt häufig zu schweren Verletzungen, bei denen nicht nur die Hautoberfläche, sondern auch die Muskulatur beschädigt wird. Sobald ein verletztes Tier einzeln gehalten wird, heilen die Verletzungen aber meist ohne Probleme aus. Angesichts ihres Aggressionsverhaltens werden diese Molche am besten paarweise untergebracht oder auch einzeln gehalten. Die Tiere können selbst ihrem Pfleger blutende Wunden zufügen.

***Pachyhynobius shangchengensis* (Männchen)** Foto: F. Pasmans

Beckengröße: Mindestens 90 x 40 x 40 cm für ein Paar.

Temperatur: Obwohl diese Molche aus Gebirgsbächen kommen, tolerieren sie doch auch höhere Temperaturen. Im Sommer sollte die Wassertemperatur idealerweise um 15–20 °C, im Winter bei 2–5 °C liegen. Doch selbst Wassertemperaturen bis 27 °C wurden über mehrere Wochen ohne Probleme toleriert.

Überwinterung: Bei Pasmans (pers. Beob.) fand die Nachzucht im Aquarium nach einer fünfmonatigen Winterruhe bei Temperaturen von 2–5 °C statt.

Fortpflanzung: Die Nachzucht glückte Ende Mai, als ein Weibchen bei geringen Wassertemperaturen von etwa 12 °C zwei Eisäcke absetzte, die vom Männchen extern (außerhalb des weiblichen Körpers) befruchtet wurden. Die geschlüpften Larven metamorphosierten nach etwa einem Jahr bei Längen von 9 cm. Auch nach der Metamorphose lebten die Molche weiterhin aquatisch. Erst nach vier Jahren begannen sich sekundäre Geschlechtsmerkmale abzuzeichnen.

Hinweise: An sich ist diese Art recht einfach zu pflegen, sofern man ihre teilweise aggressive Verhaltensweise beachtet. Adulte, geschlechtsreife Tiere, die 13 Jahre zuvor importiert worden waren, befanden sich Anfang 2014 noch in bester Gesundheit, waren zu diesem Zeitpunkt also vermutlich mindestens 18 Jahre alt. Diese Art taucht nur sporadisch im Handel auf – und dann nur als Wildfang. Über den Gefährdungsstatus ihrer Populationen in der Natur ist nichts bekannt.

Derzeit werden auch andere chinesische Winkelzahnmolche manchmal im Zoofachhandel angeboten, u. a. unter den Namen *Batrachuperus* sp. oder *Liua shihi*. Vom Kauf dieser Tiere ist in der Regel abzuraten, denn diese Tiere leben in sehr kalten Gebirgsbächen, sodass wahrscheinlich Temperaturen über 18 °C nicht toleriert werden.

Paradactylodon mustersi (Afghanischer Gebirgsbachsalamander)

Kennzeichen: Ein Winkelzahnmolch mit glatter Haut und 14 Hautfalten zwischen den Rippen an den Flanken; der Schwanz ist im Durchmesser oval und zum Ende hin abgeflacht. Die Oberseite ist dunkelgraubraun, olivgrün bis manchmal ockergelb, die Unterseite grau mit undeutlichen dunklen Flecken und Marmorierungen. Der Kopf ist breit und hat eine stumpfe Schnauzenform. Vier Zehen und vier Finger tragen verhornte Spitzen.

Herkunft: Afghanistan, im Paghman-Tal westlich von Kabul.

Größe und Geschlechtsunterschiede: Länge zwischen 12 und 19 cm. Die Geschlechter sind nicht einfach zu unterscheiden: Die Kloake der männlichen Exemplare weist eine V-förmige Öffnung und eine Längsfalte auf, die der weiblichen Tiere ist eher abgerundet und leicht angeschwollen.

Lebensweise: Die Art lebt in Bächen bei Wassertemperaturen von 0–14 °C in den Bergen oberhalb 2.400 m ü. NN. Die Tiere verstecken sich dort unter Steinen und pflanzen sich im Frühjahr fort.

Aquarium/Terrarium: Diese Art kann ganzjährig in einem Aquarium gepflegt werden. Das Wasser sollte konstant von einer Pumpe in Bewegung gehalten und mittels Kühlaggregat gekühlt werden. Unter guten Bedingungen kann dieser Winkelzahnmolch vorübergehend auch etwas höhere Temperaturen ertragen. Das Becken muss mit genügend Versteckplätzen wie flachen Steinaufbauten eingerichtet sein, unter denen die Tiere Rückzugsmöglichkeiten finden. Es kommt regelmäßig zu Beißereien.

Beckengröße: Mindestens 60 x 30 x 30 cm für ein oder zwei Paare.

Temperatur: Vorzugsweise 0–14 °C. Das Aquarium wird am besten in einen Kühlschrank gestellt oder mittels Kühlaggregat kühl gehalten.

Überwinterung: Es ist empfehlenswert, die Tiere für 2–4 Monate bei 2–10 °C zu überwintern. Sie bleiben aktiv und fressen auch noch bei einer Temperatur von 3 °C.

Fortpflanzung: Die Eier werden in Eisäcken an der Unterseite von Steinen im Wasser abgelegt (15–25 Eier pro Eisack). Die Entwicklung der Larven bis zur Metamorphose kann über ein Jahr dauern.

Hinweise: Von dieser Art hört man seit Jahren nichts mehr; es ist anzunehmen, dass sie in der Natur mittlerweile ernsthaft bedroht ist. Angesichts der speziellen Lebensraumansprüche und der ernsten Gefährdung sollten Liebhaber freiwillig darauf verzichten, diese Art zu pflegen, auch wenn sie im Grunde nicht schwierig zu halten ist, sofern man ihre Hauptanforderung an fließendes Wasser und Kühlung umsetzen kann. In menschlicher Obhut fressen diese Winkelzahnmolche Wasserinsekten und Mückenlarven, sie haben aber Schwierigkeiten bei der Verdauung von Regenwürmern.

Paradactylodon mustersi **ist ein in der Natur vermutlich stark bedrohter Gebirgsbachmolch, der nur in einem kleinen Gebiet in Afghanistan vorkommt** Foto: M. Sparreboom

Furchenmolche und Olme, Proteidae

Necturus maculosus (Gefleckter Furchenmolch)

Kennzeichen: Ein großer, sehr langgestreckter, im Querschnitt runder Schwanzlurch mit abgeflachtem Schwanz und nur vier Zehen an den Hinterbeinen. Der Kopf dieser neotenen Tiere (Dauerlarven) ist groß und hundeartig, an beiden Seiten befinden sich drei Paar äußerer Kiemen. Ihre Oberseite variiert von Hell- bis Dunkelbraun oder Grau mit dunklen Flecken. Die Unterart *N. m. louisianensis* hat eine hellere Farbe als die Nominatform.

Herkunft: Die Tiere bewohnen Flüsse, Kanäle, Bäche und Seen im östlichen Teil der USA.

Größe und Geschlechtsunterschiede: Sehr große Tiere, die bis 50 cm Länge erreichen können; die meisten Exemplare bleiben aber etwa 30 cm lang. Die Männchen sind vor allem während der Paarungszeit recht einfach an den beiden rückwärts gerichteten Papillen der Kloake zu erkennen.

Lebensweise: Furchenmolche sind nachtaktiv und verbringen ihr gesamtes Leben im Wasser. Tagsüber verstecken sie sich in Höhlen oder unter Steinen und Baumstämmen.

Aquarium/Terrarium: Muss dauerhaft in einem entsprechend großen Aquarium gehalten werden. Die großen Molche können mit Wirbellosen, aber auch mit Fischen gefüttert werden.

Beckengröße: Mindestens 50 Liter Wasser pro Tier. Die Tiere sind auch im Aquarium territorial.

Temperatur: 15–20 °C.

Überwinterung: Die Wassertemperatur sollte im Winter auf 5 °C (bei nördlichen Populationen) bzw. 10 °C (bei südlichen Populationen) abfallen. Die Tiere bleiben auch bei diesen niedrigen Temperaturen noch aktiv.

Fortpflanzung: Exemplare der nördlichen Populationen paaren sich in der Regel im Herbst und setzen ihre Eigelege im Frühjahr oder Frühsommer an der Unterseite von Steinen ab. Tiere aus den südlichen Populationen paaren sich vor allem in den Wintermonaten. Nach Absetzen der Gelege aus bis zu 193 Eiern bewachen die Weibchen das Nest und verteidigen es vor Räubern, bis die Jungen schlüpfen. Furchenmolche sind nach etwa fünf Jahren geschlechtsreif.

Hinweise: Die Zucht in menschlicher Obhut ist möglich, aber bisher nur sehr selten gelungen. Die Tiere reagieren besonders empfindlich auf schlechte Wasserqualität und Pilzinfektionen (*Saprolegnia*). Alles in allem ein schwierig zu haltender Schwanzlurch. Gelegentlich werden kleinere *Necturus*-Arten wie „*Necturus* cf. *beyeri*“ importiert. Sofern man gesunde Tiere erhält, lässt sich diese Art einfacher pflegen, am besten in einem Aquarium von 90 x 40 x 30 cm für zwei Tiere bei Temperaturen zwischen 10 °C im Winter und 24 °C im Sommer (PASMANS, pers. Beob.).

Literatur:

RAFFAËLLI, J. (2000): Observations sur la reproduction de *Necturus m. maculosus* (RAFINESQUE) en captivité. – Bull. Soc. Herp. Fr. 94: 25–27.

Der Gefleckte Furchenmolch, *Necturus maculosus* Foto: H. Wallays

***Necturus* cf. *beyeri* (auch bekannt als *N. lodingi*) ist eine kleinbleibende Art der Furchenmolche** Foto: F. Pasmans

Proteus anguinus (Grottenolm)

Kennzeichen: Ein in der Regel pigmentloser, großer, sehr langgestreckter (aalartiger) neotener Schwanzlurch mit seitlich zusammengedrücktem Schwanz und nur drei Fingern an den Vorderbeinen und zwei Zehen an den Hinterbeinen. Der stark abgeflachte Kopf weist die Form eines Entenschnabels auf; seitlich befinden sich drei Paar äußerer Kiemen. Adulte Grottenolme der Nominatform sind fleischfarben und haben funktionslose, zurückgebildete Augen, die bis zum Alter von 2–3 Jahren noch erkennbar sind. Die Unterart *P. anguinus parkelj* hingegen ist pigmentiert und soll funktionsfähige Augen besitzen.

Herkunft: Grottenolme bewohnen unterirdische Gewässer in Karstgebieten im äußersten Nordosten von Italien (Istrien), Slowenien, Kroatien und Bosnien-Herzegowina.

Größe und Geschlechtsunterschiede: Großer, neotener Schwanzlurch, der Längen bis zu

Grottenolm (*Proteus anguinus*) Foto: J. Nerz

35 cm erreichen kann; die meisten Tiere sind etwa 25 Zentimeter lang. Erwachsene Weibchen tragen Eier, die durch die Körperwand zu sehen sind, während bei geschlechtsreifen Männchen der Samenleiter als weiße Linie durch die Körperwand erkennbar ist. Während der Paarungszeit ist die Kloake angeschwollen, bei männlichen Exemplaren eher länglich oval, bei Weibchen rund.

Lebensweise: Die meisten Populationen der Grottenolme verbringen ihr ganzes Leben in unterirdischen Karstgewässern bei relativ konstanten Temperatur um etwa 10 °C. Sowohl Wasserstand als auch -temperatur werden aber von klimatischen Einflüssen außerhalb der Unterwasserwelt beeinflusst. Das Wasser ist leicht alkalisch (pH-Wert etwa 8) und hart.

Aquarium/Terrarium: Muss dauerhaft in einem stets abgedunkelten Aquarium gehalten werden. Die Wasserqualität muss immer optimal, das Wasser alkalisch und hart sein. Ausreichende Verstecke in Form von Steinaufbauten sollten ebenfalls vorhanden sein.

Beckengröße: Mindestens 50 Liter Wasser pro Tier. Da geschlechtsreife Männchen Territorien besetzen, die sie mit Duftspuren und Kot markieren und gegen andere Männchen verteidigen, sollte nur ein Männchen pro Becken gehalten werden, um Beißereien zu vermeiden. Noch nicht geschlechtsreife Tiere neigen hingegen dazu, Gruppen zu bilden.

Temperatur: 10–12 °C; Temperaturen unter 5 °C und über 14 °C sollten vermieden werden.

Überwinterung: Die Temperaturen in den unterirdischen Gewässern bleiben auch im Winter ziemlich konstant.

Fortpflanzung: In freier Natur wurde bisher noch nicht beobachtet, wie und wo genau sich Grottenolme reproduzieren. Alle diesbezüglichen Beobachtungen wurden in einer künstlich angesiedelten Population in den französischen Pyrenäen, in den Höhlen von Moulis, gemacht. Bei der Balz fächelt das Männchen mit seinem Schwanz vor dem Weibchen. Sobald die Partnerin Interesse zeigt, setzt das Männchen eine Spermatophore am Boden ab und führt das Weibchen so über die Ablagestelle, dass es diese mit seiner Kloake aufnehmen kann. Später werden 30–60 relativ große Eier (Durchmesser 4–5 mm) an der Unterseite eines Steines abgesetzt. Das Weibchen bewacht seine Eier (auch gegenüber Artgenossen), bis die Larven nach etwa vier Monaten schlüpfen. Während dieser Zeit sorgt es durch konstante Fächelbewegungen mit dem Schwanz dafür, dass permanent frisches Wasser über das Gelege strömt. Nach dem Schlupf dauert es weitere vier Monate, bis der Dottersack aufgebraucht ist und die Larven zu fressen beginnen; zu diesem Zeitpunkt sind sie etwa 4 cm lang. Grottenolme werden erst nach 11 Jahren (Männchen) bzw. 15 Jahren (Weibchen) geschlechtsreif. Ein weiblicher Grottenolm pflanzt sich über etwa 20–30 Jahre hinweg nur alle sechs Jahre fort.

Hinweise: Der Grottenolm ist eine stark gefährdete Art. Die Haltung dieser Tiere stellt sehr hohe technische Anforderungen und ist nicht zu empfehlen. Abgesehen davon wurden bisher noch nie Tiere legal angeboten.

Literatur:

JUBERTHIE, C., J. DURAND & M. DUPUY (1996): La reproduction des Protées (*Proteus anguinus*): bilan de 35 ans d'élevage dans les grottes-laboratoires de Moulis et Aulignac (France). – Mémoires de Biospéologie 23: 53–56.

Armmolche, Sirenidae

Pseudobranchus axanthus (Südlicher Zwergarmmolch)

Kennzeichen: Aalartiger Schwanzlurch mit glatter Haut und zwei Vorderbeinen, die jeweils drei Finger aufweisen; keine Hinterbeine. Es handelt sich um eine neotene Art (Dauerlarve), deren äußere Kiemen ein Leben lang erhalten bleiben. Je nach Unterart zeigen sich auf der dunklen Rückengrundfärbung unterschiedlich bräunlich gefärbte Längsstreifen, die vom Kopf bis zur Schwanzspitze reichen.
Herkunft: Der Südliche Zwergarmmolch kommt in Florida vor.

Größe und Geschlechtsunterschiede: Diese schlanken, langgestreckten Schwanzlurche werden bis zu 25 cm lang. Die Weibchen sind etwas größer als die Männchen, aber es sind keine äußeren Geschlechtsunterschiede erkennbar.

Lebensweise: Zwergarmmolche verbringen ihr ganzes Leben im Wasser – oft findet man sie zwischen dichten Matten (eingeschleppter) Wasserhyazinthen – sowohl in permanenten als auch temporären Gewässern. Wenn ihr Teich im Sommer austrocknet, ziehen sie sich tief in den Untergrund zurück, wo sie über Monate im Schlamm ausharren können.

Aquarium/Terrarium: Diese eigentümlichen Schwanzlurche können zu mehreren gemeinsam in einem Aquarium gehalten werden, da sie gegeneinander nicht aggressiv auftreten. Sie schätzen allerdings eine mehr oder weniger dichte Bepflanzung und eine große Zahl von Versteckmöglichkeiten (wie PVC-Rohre). Obwohl die Tiere nicht an Land gehen, muss das Aquarium doch mit einem dicht schließenden Deckel versehen werden.

Der Nördliche Zwergarmmolch, *Pseudobranchus striatus*, ein sehr enger Verwandter von *P. axanthus* Foto: H. Wallays

***Siren intermedia* ist ein weiterer Vertreter der Armmolche** Foto: F. Pasmans

Beckengröße: Mindestens 60 x 30 x 30 cm für drei Tiere.

Temperatur: Die Temperatur sollte bei 21–27 °C liegen.

Überwinterung: Diese Molche stammen aus einer Region mit subtropischem Klima. Eine Abkühlung auf 18 °C im Winter genügt daher vollauf.

Fortpflanzung: Es liegen nur wenige Daten zum Fortpflanzungs- oder Paarungsverhalten vor. In der Natur werden die Eier in den Wintermonaten von November bis März abgesetzt; auch im Aquarium wurde schon eine Eiablage bei 18 °C im Winter beobachtet. Um die Nachzucht einzuleiten, sollten die Wassertemperaturen auf 22 °C erhöht und zugleich die tägliche Lichtdauer auf 12 Stunden verlängert werden. Die bis zu 36 Eier werden einzeln an Pflanzen abgelegt. Auch wenn dies nicht ganz sicher ist, befruchtet das Männchen die Eier vermutlich erst, nachdem sie abgelegt wurden (Kowalski 2004). Die Larven schlüpfen bei 22 °C nach etwa 24 Tagen aus dem Ei und messen dann 1,5 cm.

Hinweise: Südliche Zwergarmmolche werden nur sporadisch importiert, sind aber nicht schwierig zu halten. Vor kurzem haben Reinhard et al. (2013) über die Nachzucht eines anderen Armmolchs berichtet: *Siren intermedia*. Bei dieser Art besitzen die Männchen eine kräftiger entwickelte Kopfmuskulatur. Sie kann sehr ähnlich wie *P. axanthus* gepflegt werden, wird aber wesentlich größer (bis 69 cm für die Unterart *S. i. texana*, bis 38 cm für die westliche Unterart *S. i. intermedia*) und sollte in dementsprechend größeren Aquarien (100 x 40 x 40 cm für ein adultes Paar) bei Wassertemperaturen von 12–15 °C im Winter und 22–24 °C im Sommer gehalten werden. Diese Tiere können manchmal sehr aggressiv auftreten und sollten dann vorübergehend einzeln gepflegt werden. Die Männchen bauen eine Nistgrube, in der die Weibchen bis zu 1.506 Eier ablegen – und die Eier und jungen Larven bewachen. Diese Art kann im ausgetrockneten Teichboden monatelang in einem Kokon aus trockenem Schleim überdauern (Übersommerung).

Literatur:

Kowalski, E. (2004). Husbandry and breeding of the narrow-striped dwarf siren (*Pseudobranchus axanthus*). – Caudata.org Magazine 1: 40–43 (www.caudata.org/magazine/caudata_magazine_issue_1.pdf).

Reinhard, S., S. Voitel & A. Kupfer (2013): External fertilisation and paternal care in the paedomorphic salamander *Siren intermedia* Barnes, 1826 (Urodela: Sirenidae). – Zoologischer Anzeiger 253: 1–5.

Riesensalamander, Cryptobranchidae

Andrias davidianus (Chinesischer Riesensalamander)

Kennzeichen: Der größte Schwanzlurch der Welt ist eng verwandt mit dem Japanischen Riesensalamander (*A. japonicus*), der ebenfalls mehr als 1 m lang wird. Kopf abgeflacht, mit kleinen, runden Knopfaugen ohne Augenlider. Auch der Körper ist etwas abgeflacht; er trägt kurze Gliedmaßen und weist seitlich deutliche Hautfalten auf. Oberseite variabel braun, schwarz oder grünlich mit unregelmäßiger dunkler oder grauer Marmorierung. Glatte Haut mit Falten und Warzen.

Herkunft: Diese Riesensalamander werden in den mittleren und unteren Nebenflüssen des Chang Jiang (Jangtsekiang), Huang He (Gelber Fluss) und Zhu Jiang (Pearl River oder Perlstrom) in China gefunden.

Größe und Geschlechtsunterschiede: Gesamtlänge über 100 cm; aus der älteren Literatur sind Exemplare von maximal 180 cm bekannt. Ein Exemplar mit 134 cm Länge wiegt etwa 20 kg. Heutzutage sind Tiere von mehr als 1 m Länge nicht mehr allzu häufig zu finden. Während der Paarungszeit schwellen die Kloakenränder des Männchens „donutartig" an. Darüber hinaus gibt es keine äußeren Geschlechtsunterschiede.

Lebensweise: Riesensalamander sind nachtaktiv und verbringen ihr ganzes Leben im Wasser. Ihr Lebensraum besteht aus felsigen Bergbächen und Seen mit klarem, sauerstoffreichem Wasser mittlerer Höhenlagen (unterhalb 1.500 m ü. NN, v. a. zwischen 300 und 800 m ü. NN), wo die Tiere Vertiefungen, Spalten und Hohlräume im Boden bewohnen. Ihre Nahrung besteht aus Krebsen, Fischen, Fröschen, Insekten und Würmern.

Aquarium/Terrarium: Riesensalamander verlassen das Wasser praktisch nie und müssen in einem großen Aquarium mit durchströmtem, gefiltertem Wasser und einer starker Abdeckung gehalten werden. Die Tiere verhalten sich ausgesprochen intolerant gegeneinander, vor allem während der Brutzeit reagiert das Männchen äußerst aggressiv. Durch Angriffe und Bisse vertreibt es dann alle Tiere, die sich der Bruthöhle nähern oder in sie eindringen wollen. Kleinere Exemplare der eigenen Art können dabei gefressen werden.

Beckengröße: Für jeden Riesensalamander ist eine Beckenlänge von mindestens 1–2 m einzuplanen. Im Prinzip können zwei Exemplare zusammen gehalten werden, vorausgesetzt sie haben die gleiche Größe und die Tiere bekämpfen sich nicht gegenseitig. Wichtig ist eine geräumige Höhle bzw. ein ausreichend dimensionierter Versteckplatz, in den sich jedes Tier alleine zurückziehen kann. Es ist besser, Riesensalamander bis auf die Fortpflanzungszeit im August/September getrennt zu halten.

Temperatur: Klaus Haker (1997), der Chinesische Riesensalamander erfolgreich nachgezüchtet hat, hatte in seiner Anlage im Winter Temperaturen von 5–10 °C und im Sommer von 16–25 °C.

Überwinterung: Eine Reduzierung der Wassertemperatur auf 5–10 °C im Winter ist als Ruhephase nötig.

Fortpflanzung: Die Paarung und Eiablage erfolgen in einer Bruthöhle, die vom Männchen verteidigt wird. Bei der Paarung setzt das Weibchen ein Gelege aus ca. 500 Eiern mit Durchmessern von 19,2–22 mm ab. Die Eier werden äußerlich befruchtet und vom Männchen bewacht, bis nach 50–60 Tagen die Larven mit einer Länge von 30 mm schlüpfen und nach weiteren 30 Tagen an-

Chinesischer Riesensalamander, *Andrias davidianus* Foto: S. Bogaerts

fangen, Nahrung aufzunehmen. Die Rückbildung der Kiemen und damit der Beginn der Metamorphose setzen bei einer Gesamtlänge der Larven von 200–250 mm ein.

Hinweise: Form und Größe der Bruthöhlen sind von großer Bedeutung für die erfolgreiche Fortpflanzung. Die Höhlen sollten im Idealfall eine Öffnung aufweisen, die kaum breiter als der Kopf des Männchens ist. Auch in den Hohlräumen sollte möglichst eine Wasserströmung herrschen. Entsprechend den Erfahrungen bei der Aufzucht Japanischer Riesensalamander im Asa-Zoo von Hiroshima bot HAKER (1997) auch seinen Chinesischen Riesensalamandern vielfältige Versteckplätze in Form verschachtelter Hohlräume an und konnte sie, ausgelöst durch die natürliche Lichtperiodik, im Jahr 1995 erfolgreich zur Nachzucht bringen.

Im Asa-Zoo werden Japanische Riesensalamander heute in der dritten Generation erfolgreich nachgezogen, und in China wird *A. davidianus* im großen Stil kommerziell gezüchtet; es ist allerdings schwierig, genaue Daten hierüber zu erhalten. Auch im Artis-Zoo in Amsterdam hat sich ein Japanischer Riesensalamander fortgepflanzt, der dort über 50 Jahre lebte. Obwohl Riesensalamander also schon seit vielen Jahrzehnten in menschlicher Obhut gehalten werden, ist ihre Nachzucht noch immer nicht selbstverständlich. Für Anfänger und normale Liebhaber sind beide Arten nicht zu empfehlen – nicht nur wegen der aufwändigen Unterbringung der Tiere in sehr großen Becken und der Notwendigkeit starker Wasserfilter und Pumpen, sondern vor allem auch deshalb, weil Riesensalamander in Japan und China unter strengem gesetzlichem Schutz stehen und auch international zu den geschützten Arten (CITES) gehören.

Literatur:

HAKER, K. (1997): Haltung und Zucht des Chinesischen Riesensalamanders, *Andrias davidianus*. – Salamandra 33(1): 69–74.

KUWABARA, K., N. SUZUKI, S. WAKABAYASHI, H. ASHIKAGA, T. INOUE & J. KOBARA (1989): Breeding of the Japanese Giant salamander *Andrias japonicus* at Asa Zoological Park. – Int. Zoo. Yb. 28: 22–31.

Aalmolche, Amphiumidae

Amphiuma tridactylum (Dreizehen-Aalmolch)

Kennzeichen: Aalartiger Schwanzlurch mit glatter Haut und rudimentären Vorder- und Hinterbeinen. An jedem der Hinterbeine finden sich, entsprechend dem Namen, drei winzige Zehen. Es handelt sich um eine neotene Art, deren Kiemen während des gesamten Lebens erhalten bleiben, auch wenn auf beiden Seiten des Kopfes nur ein Kiemenschlitz erkennbar ist. Die Oberseite der Tiere ist dunkelbraun bis schwarz, die Unterseite blaugrau.

Herkunft: Dieser Aalmolch kommt im Südosten der Vereinigten Staaten vor, von Osttexas bis zum westlichen Alabama sowie im Süden bis zum Golf von Mexiko und ins nördliche Missouri.

Größe und Geschlechtsunterschiede: Diese Aalmolche gehören zu den größten Schwanzlurcharten und erreichen eine Länge von bis zu 106 cm. Die Geschlechter sind (allerdings nicht so einfach) am Aussehen der Kloake zu unterscheiden: Während die Kloakenhaut der Männchen blass und mit Knötchen versehen ist, erscheint sie bei den Weibchen dunkel und glatt. Während der Brutzeit schwillt die Kloake des Männchens außerdem an.

Lebensweise: Aalmolche bewohnen eine Vielzahl dauerhafter, aber auch temporärer, meist dicht bewachsener Gewässer. Während des Tages verstecken sie sich in Höhlen und im Schlammboden, nachts sind sie aktiv. Wenn ein Gewässer im Sommer austrocknet, ziehen sich Aalmolche tief in den Untergrund zurück und können dort über Monate ausharren.

Dreizehen-Aalmolch, ***Amphiuma tridactylum*** Foto: J. Nerz

Aquarium/Terrarium: Diese ungewöhnlichen Molche sollten in einem großen Aquarium mit einer Mindestlänge von 150 cm gehalten werden, besser noch von 200 cm Länge. Starke Rivalitäten unter den Tieren sind keine Seltenheit, vor allem während der Paarungszeit beißen sich die Männchen oft gegenseitig. Ein Wasserstand von 30–40 cm ist ausreichend, die Tiere schätzen eine mehr oder weniger dichte Vegetation im Aquarium. Als Unterstände und Versteckplätze können umgedrehte Blumentöpfe oder PVC-Rohre eingesetzt werden; ein tiefes Substrat aus abgestorbenen Blättern und großen Baumwurzeln dient den Tieren zusätzlich als Rückzugsmöglichkeit. Obwohl die Tiere nur an Land kommen, um ihre Eier abzulegen, sollte das Aquarium mit einer starken Abdeckung dicht verschlossen werden. Auch wenn die Tiere in der Natur oft in organisch belastetem Wasser angetroffen werden, sollte für ihre Haltung in menschlicher Obhut sichergestellt sein, dass die Wasserqualität optimal ist. Aalmolche haben eine Vorliebe für eher weiches Wasser.

Beckengröße: Mindestens 100 Liter für jedes ausgewachsene Tier.

Temperatur: Abhängig von der Herkunft dieser Molche, die in der Regel leider nicht genau bekannt ist, sollte die Wassertemperatur im Sommer etwa 18–24 °C und im Winter 10–15 °C betragen.

Überwinterung: Wegen der meist unsicheren Herkunft der Tiere sollte die Temperatur im Winter besser nicht unter 10 °C absinken.

Fortpflanzung: Die Paarungszeit ist abhängig vom Lebensraum der Tiere: In südlichen Gefilden pflanzen sich Aalmolche im Winter und Frühjahr fort. Während der Paarung werden die Spermien des Männchens durch direkten Kloakenkontakt zum Weibchen übertragen, welches später 100–150 Eier in Form einer Laichschnur ablegt und sie bewacht (Brutpflege). Oft sinkt der Wasserstand im Sommer so, dass die Nester trockenfallen und man brutpflegende Weibchen am Ufer unter Holz findet. Nach 4–5 Monaten schlüpfen die ca. 5 cm großen Larven. Aalmolche sind nach 3–4 Jahren geschlechtsreif.

Hinweise: Diese Tiere werden nur sehr selten importiert und bei uns in Aquarien gepflegt. Es gibt keine Hinweise darauf, dass Aalmolche jemals in menschlicher Obhut nachgezüchtet worden wären. Bei der Handhabung dieser Tiere ist Vorsicht geboten: Es hat sich nämlich gezeigt, dass Aalmolche fest zubeißen und durch das Drehen um ihre eigene Längsachse dann tiefe Wunden verursachen können.

Literatur:

Nerz, J. (2010): Amphiumidae: Eine der ungewöhnlichsten rezenten Salamanderfamilien. – Elaphe 9(2): 19–31.

Artbeschreibungen der Blindwühlen (Gymnophiona)

Hautwühlen, Dermophiidae

Geotrypetes seraphini (Westafrikanische Streifenwühle)

Kennzeichen: Diese terrestrisch lebenden Blindwühlen sind in der Regel dunkelblau mit hellblauen Ringen. Im Gegensatz zu *Herpele squalostoma*, einer ähnlichen, aber augenlosen Art einer anderen Familie (Herpelidae), die in Handel oft mit der Westafrikanischen Streifenwühle zusammen angeboten wird, besitzt die Westafrikanische Streifenwühle winzige schwarze Augen. Unterhalb am Kopf befinden sich etwas hinter der Nasenöffnung kleine Tentakel. In der vorderen Körperhälfte besitzen diese Tiere zahlreiche unvollständig ausgebildete Hautfalten bzw. -ringe (primäre Annuli); auch das hintere Körperdrittel weist solche unvollständigen Ringe um den Körper herum auf, dazwischen finden sich kleinere sekundäre Annuli. Erst ganz am Körperende (auf den letzten 4 cm) sind alle Ringe vollständig ausgebildet.
Herkunft: Sierra Leone, Guinea und Liberia bis Kamerun, Gabun und in die Demokratische Republik Kongo hinein. Die Tiere im Zoohandel stammen fast ausnahmslos aus Kamerun.
Größe und Geschlechtsunterschiede: Diese Blindwühlen können bis etwa 30 cm lang wer-

Geotrypetes seraphini Foto: H. Wallays

den. Die Geschlechter sind schwer zu unterscheiden, normalerweise sind die Weibchen aber etwas größer und kräftiger gebaut.

Lebensweise: Wie bei nahezu allen Blindwühlen ist auch über die Lebensweise dieser Tiere sehr wenig bekannt. Sie leben im Untergrund tropischer Tieflandwälder, aber auch der Kulturlandschaft. Streifenwühlen sind mit Einbruch der Dämmerung aktiv und kommen oft nachts mit ihren Köpfen an die Bodenoberfläche, um sich bei der geringsten Erschütterung sofort in den Boden zurückzuziehen (Wallays, pers. Mittlg.).

Aquarium/Terrarium: Die Angaben zur Haltung dieser Art stammen von H. Wallays (pers. Mittlg.). Diese Amphibien können recht einfach in einem gut schließenden tropischen Landterrarium gehalten werden. Die Temperaturen sollten zwischen 22 und 27 °C variieren, wobei abrupte Temperaturschwankungen strikt zu vermeiden sind. Soweit man bisher feststellen konnte, leben diese Blindwühlen nicht territorial. Dennoch gilt: Je größer die Fläche und je tiefer der Bodengrund, desto besser ist es für die Tiere. Staunässe im Boden gilt es unbedingt zu vermeiden. Einige feuchte Rinden- und Moosstücke auf der Bodenoberfläche bieten weitere Versteckmöglichkeiten im Terrarium und erhöhen die Chance auf eine Beobachtung (sonst wird man die unterirdisch lebenden Tiere fast nie sehen). Die Nahrung besteht im Terrarium vor allem aus Regenwürmern, in der Natur ist die Ernährung aber sicherlich abwechslungsreicher. Jungtiere zeigen bei adäquater Fütterung ein starkes Wachstum. Im Gegensatz zu *Herpele squalostoma* scheint sich *Geotrypetes seraphini* auch in flachem Wasser wohlzufühlen. Das Entweichen aus dem Terrarium und eine Dehydrierung außerhalb des Beckens bilden wohl die größten Gefahrenquellen bei der Pflege.

Beckengröße: Mindestens 60 x 40 x 40 cm für eine Gruppe von 2–3 Tieren.

Überwinterung: Aufgrund ihrer tropischen Verbreitung benötigt die Art keine Winterruhe oder kühlere Periode.

Fortpflanzung: Die Westafrikanische Streifenwühle ist eine vivipare (lebendgebärende) Art. Bei der Geburt messen die Jungtiere etwa 5,5–8 cm. Das Weibchen sorgt auch nach der Geburt noch für seine Jungen, indem es sie mit eigenen Hautsekreten füttert.

Hinweise: Die ähnliche Art *Herpele squalostoma* kann im Terrarium vergleichbar gepflegt werden, ist aber ovipar (eierlegend). Die Weibchen bewachen ihre Gelege aus bis zu 16 Eiern in einem Nest, das sich 20 cm tief unter der Bodenoberfläche, oft in der Nähe eines Gewässers, befindet. Etwa 8–12 cm große Jungtiere wurden schon mit Weibchen im Nest gefunden. Vermutlich werden die Jungtiere dieser Art ebenfalls mit Hautsekreten gefüttert.

Literatur:

Koute, M.T., E.S. Ndeme & D.J. Gower (2013): Further observations of reproduction and confirmation of oviparity in *Herpele squalostoma* (Stutchburt, 1836) (Amphibia: Gymnophiona: Herpelidae). – Herpetology Notes 6: 583–586.

Fischwühlen, Ichthyophiidae

Ichthyophis kohtaoensis (Koa-Tao-Blindwühle)

Kennzeichen: Eine mittelgroße Blindwühle mit zwei auffälligen gelben Längsbändern an den Flanken. Der Rest des Körpers ist dunkelbraun bis schwarz. Die Unterscheidung der verschiedenen Arten der Gattung *Ichthyophis* ist sehr schwierig.

Herkunft: Diese Art kommt in Vietnam, Thailand, Kambodscha, Laos und Myanmar vor.

Größe und Geschlechtsunterschiede: Diese Tiere können bis zu 50 cm lang werden. Die Geschlechter sind ab einer Länge von ca. 25 cm durch die Form ihrer Kloake unterscheidbar: Männchen weisen kurz vor der Kloake zwei sichtbare Tuberkel auf, während die Weibchen eine größere und flachere Kloakenform haben, mit länglichen Verdickungen auf jeder Seite. Bei trächtigen Weibchen sind außerdem die Eier durch die Körperwand hindurch sichtbar.

Lebensweise: Diese Blindwühlen leben als adulte Exemplare vor allem im Boden. Geeignete Biotope reichen von Primärwäldern bis zu Reisfeldern, Kokosnuss-Plantagen und Gärten, von Meereshöhe bis auf 2.000 m ü. NN. Entscheidend scheint zu sein, dass die Erde feucht genug und diese Feuchtigkeit auch dauerhaft vorhanden ist, um die Entwicklung der Larven zu gewährleisten.

Aquarium/Terrarium: Diese Blindwühlen kann man zu mehreren in einem Terrarium mit großem Wasserteil oder in einem Aquaterrarium halten. Es ist nur wenig über Territorialität bekannt, vermutlich aber vertreiben die Männchen die Weibchen unmittelbar nach der Paarung. Es ist wichtig, dass das Becken ein tiefes (mindestens 10 cm, vorzugsweise 20 cm), lockeres Bodensubstrat enthält, in dem sich die Tiere mit typischen Bewegungen eingraben können. Ein fest schließender Deckel ist ebenfalls notwendig, um Ausbruchsversuche zu verhindern.

Beckengröße: Ein Aquaterrarium von 100 x 50 x 50 cm reicht aus für eine Gruppe von maximal drei erwachsenen Tieren.

Temperatur: Koa-Tao-Blindwühlen können bei relativ hohen Temperaturen von 27–29 °C gehalten werden. Angesichts des großen Verbreitungsgebiets, in dem die Tiere in der Natur vorkommen, umfassen die Lebensräume verschiedene Klimazonen: von dauerhaft feuchtwarmen Gebieten im Süden bis zu Regionen im Norden mit einer ausgeprägt kühlen und trockenen Periode. Wenn die Herkunft der Tiere bekannt ist, sollten Sie dies unbedingt berücksichtigen.

Überwinterung: Je nach Herkunft der Tiere kann eine kurze Ruhephase angebracht sein. Vor allem Tiere aus dem Norden benötigen kühlere und trockenere Wintermonate bei ca. 15–20 °C.

Fortpflanzung: Diese Fischwühlen wurden schon in menschlicher Obhut gezüchtet. Paarungen fanden zwischen März und Mai statt, wobei die Männchen danach teils Verletzungen der Kloake und des Phallodeums (männliches Fortpflanzungsorgan) aufwiesen. Nach erfolgter Eiablage schlüpfen die Larven während der Regenzeit. Im Terrarium wurden Eier im November und Dezember abgesetzt. Die 9–47 Eier (im Durchschnitt 27 Eier) werden, wie Perlen an einer Schnur, in einer Höhlung im Boden abgelegt. Danach legt sich das Weibchen um diese zu einer Art Kugel aufgewickelte „Eierperlenkette". Das weibliche Brutverhalten scheint notwendig, um Schimmelbildung an den Eiern zu verhindern. Während der Inkubationsdauer fressen die Weibchen nicht, nehmen aber vielleicht unbefruchtete oder verdorbene Eier auf. Die Larven schlüpfen bei 29 °C Tempera-

Die Fischwühle *Ichthyophis kohtaoensis* Foto: H. Wallays

tur nach etwa zwei Monaten mit Längen von ca. 7 cm und suchen aktiv das Wasser auf. Sie besitzen Kiemenspalten und ein Seitenlinienorgan, aber keine Tentakeln. Die Larven leben in kleinen Gruppen und verstecken sich tagsüber gemeinsam an geeigneten Plätzen an Land, um nicht von ausgewachsenen Blindwühlen gefressen zu werden; nachts gehen sie wieder ins Wasser. Nach 10–14 Monaten wandeln sich die Larven mit Längen von 14–18 cm um: Das Seitenlinienorgan und die Kiemenspalten verschwinden, die Tentakel und die gelben Streifen beginnen sich zu entwickeln. Es dauert 3–4 Jahre, bis die Tiere geschlechtsreif sind.

Hinweise: Diese Blindwühlen sind nicht schwer zu halten und haben eine interessante Lebensweise. Ihr größter Nachteil ist jedoch, dass sie im Becken kaum sichtbar und daher nur für spezialisierte Liebhaber zu empfehlen sind. Wie viele andere Blindwühlen nimmt auch diese Art tote Nahrung problemlos an, z. B. in Streifen geschnittenes Fleisch. Regenwürmer werden leider manchmal verschmäht, vor allem wenn Tiere der Gattung *Eisenia* angeboten werden.

Literatur:

HIMSTEDT, W. (1996): Die Blindwühlen. – Westarp Wissenschaften, Magdeburg.

KRAMER, A., A. KUPFER & W. HIMSTEDT (2001): Haltung und Zucht der thailändischen Blindwühle *Ichthyophis kohtaoensis* (Amphibia: Gymnophiona; Ichthyophiidae). – Salamandra 37(1): 1–10.

Schwimmwühlen, Typhlonectidae

Typhlonectes natans (Schwimmwühle)

Kennzeichen: Eine große, graublaue Schwimmwühle ohne Kiemen. Der Körper dieser Tiere ist rund, am Hinterende aber im Querschnitt dreieckig. Augen sind rudimentär vorhanden, wenn auch kaum sichtbar. Im Gegensatz zu anderen Blindwühlen besitzt diese Art keine Tentakeln am Kopf.

Herkunft: Von West- und Nordkolumbien bis nach Venezuela.

Größe und Geschlechtsunterschiede: Diese Tiere können bis zu 45 cm lang werden. Die Geschlechter werden aufgrund der Körpergröße und der Kloakenform unterschieden: Die Weibchen sind größer und kräftiger, sie werden am Ende der Tragzeit sehr dick. Auf der Bauchunterseite dieser Wühlen befindet sich im Kloakenbereich ein typischer weißer Fleck. Dieser Kloakenfleck ist bei den Männchen recht groß, bei den Weibchen viel kleiner.

Lebensweise: Es sind dämmerungs- und nachtaktive Tiere. Tagsüber ziehen sie sich in Höhlen oder andere geeignete Versteckplätze zurück. Nur von Zeit zu Zeit kommen sie zum Atmen an die Wasseroberfläche. Mit ihrem kräftigen Kopf sind sie in der Lage, im Bodengrund sehr gut zu wühlen. Sie verhalten sich wie Aasfresser, besitzen ein geringes Sehvermögen, aber einen ausgezeichneten Geruchssinn, durch den sie tote Tiere aufspüren. Schwimmwühlen scheinen relativ sozial zu sein und leben friedlich zusammen; teilweise „verflechten" sich mehrere Tiere sogar zu einer Art lebender Ball. Möglicherweise ist dieses Verhalten als Anpassung zum Schutz gegenüber Fressfeinden zu deuten.

Aquarium/Terrarium: Angaben zur Haltung der Art stammen von H. Wallays (pers. Mittlg.). Diese Tiere benötigen ein tropisches Aquarium, das mit einer Abdeckung fest verschlossen ist. Schon die kleinste Öffnung wird von den Tieren für einen oft folgenreichen Ausflug genutzt. Das Vorhandensein vieler Versteckplätze in Form von Moorkienwurzeln o. Ä. ist wichtig. Auch ein umgedrehter Blumentopf ist hervorragend geeignet; er wird ausgiebig untersucht und eignet sich bestens für die Wühlen, um darin mit ihren Körperschlingen einen lebenden Ball zu bilden. In Anbetracht ihrer Kraft und Grabfähigkeiten ist für diese Tiere ein schön bepflanztes Aquarium keine gute Idee, denn sie verwandeln ein solches Becken in kürzester Zeit in ein komplettes Chaos. In Aquarien mit abgeteiltem Biofilter nutzen die Tiere diesen häufig als Rückzugsplatz; ein solches „Abteil" ist auch ideal für die Nachkommenschaft: Die Jungtiere halten sich gerne im flachen Filterteil auf und haben dort gute Chancen, nicht zu ertrinken. Generell sollte die maximale Wasserhöhe des Beckens maximal zwei Drittel der Gesamtkörperlänge der Tiere betragen, was besonders bei jungen Tieren zu beachten ist. Schwimmwühlen fressen größere lebende Beutetiere, vor allem Würmer, sind aber auch im Aufspüren toter Nahrung sehr geschickt. Im Aquarium fressen sie gerne aufgetaute Fisch- oder Fleischstückchen, aber auch geeignete Futterpellets für tropische Fische; Kunstfutter sollte hierbei einen höheren tierischen als pflanzlichen Anteil aufweisen.

Beckengröße: Mindestens 60 x 40 x 40 cm für eine Gruppe von vier Tieren. Obwohl Schwimmwühlen sehr tolerant in Bezug auf die Wasserqualität sind, ist ein ausreichend dimensionierter Filter doch notwendig, weil die Tiere viel Futter umsetzen und damit eine starke organische Belastung des Wassers einhergeht.

Temperatur: Diese Schwimmwühlen leben in einer tropischen Umgebung, sind aber auch in der Lage, kurzzeitig geringere Wassertemperaturen zu ertragen. Die am besten geeigneten Werte liegen zwischen 23 und 27 °C. Es ist zu empfehlen, im Luftraum direkt über dem Aquarium für eine zugfreie Luftschicht zu sorgen, die etwas wärmer als das Wasser ist, um Atemwegserkrankungen zu vermeiden.

Überwinterung: Dauerhaft warm.

Fortpflanzung: In den Monaten September bis Oktober werden die Tiere oft plötzlich sehr aktiv, und man kann vermehrt Paarungen beobachten. Die Tragzeit der Weibchen beträgt etwa neun Monate. Die Art ist lebendgebärend, und am Ende der Trächtigkeit wirft das Weibchen bis zu elf Jungtiere, die noch wenige Stunden nach der Geburt seitlich am Kopf zwei weiße Lappenkiemen haben. Die jungen Schwimmwühlen können in der gleichen Art und Weise wie die erwachsenen Tiere gehalten werden.

Hinweise: Diese Amphibien wurden in der Vergangenheit regelmäßig zusammen mit tropischen Fischen importiert und oft als „Aale" verkauft. Häufiger wurden sie auch unter dem wissenschaftlichen Namen der eng verwandten Art *T. compressicauda* angeboten. Nach unserem Kenntnisstand wird in menschlicher Obhut allerdings nur *T. natans* gehalten. In den letzten paar Jahren haben die Importe von Schwimmwühlen deutlich abgenommen. Erfreulich ist allerdings der Umstand, dass diese Art schon seit über 25 Jahren erfolgreich in Aquarien gepflegt und nachgezogen wird.

***Typhlonectes* sp.** Foto: M. Sparreboom

Weitere Informationen

Zur Vertiefung der in diesem Buch gegebenen Informationen und zum weiteren Einblick in terraristische und herpetologische Themenbereiche empfehlen sich die Mitgliedschaft in einem Verein gleichgesinnter Terrarianer sowie ein intensives Literaturstudium. Die folgenden Auflistungen sollen dabei behilflich sein, einen Einstieg in die Thematik zu finden, können aber natürlich nur einen kleinen Ausschnitt aufzeigen.

Vereine und Interessengruppen

Deutsche Gesellschaft für Herpetologie und Terrarienkunde (DGHT)

Die Deutsche Gesellschaft für Herpetologie und Terrarienkunde ist mit etwa 7.000 Mitgliedern die weltweit größte Gesellschaft ihrer Art und bringt Wissenschaftler und Hobby-Terrarianer zusammen. Mitglieder erhalten zweimonatlich verschiedene herpetologisch/terraristische Zeitschriften wie die „TERRARIA/elaphe" und/oder „Salamandra".
DGHT-Geschäftsstelle
N4, 1, 68055 Mannheim
Tel.: 0621-86256490
Email: gs@dght.de
www.dght.de

Arbeitsgruppe Urodela der DGHT (www.ag-urodela.de)

Innerhalb der DGHT existiert die AG Urodela (www.ag-urodela.de), deren Mitglieder sich vor allem mit Schwanzlurchen beschäftigen. Die AG leistet einen wichtigen Beitrag zum Artenschutz, insbesondere auch durch die Unterstützung von Erhaltungsnachzuchten. Sie gibt halbjährlich die eigene Zeitschrift „amphibia" heraus und veranstaltet jährliche Fachtagungen mit eigenen Börsen.
Leiter der AG Urodela:
Dr. Uwe Gerlach
Im Heideck 30
65795 Hattersheim
E-Mail: duamger@yahoo.de

Salamandervereniging Nederland (www.salamanders.nl)

Die niederländische Salamandervereinigung befasst sich ebenfalls mit Schwanzlurchen.

Zeitschriften

REPTILIA, TERRARIA/elaphe

Terraristik-Fachmagazine
erscheinen je sechs Mal jährlich,
mit Internetportal für Kleinanzeigen
Natur und Tier - Verlag GmbH
An der Kleimannbrücke 39/41
48157 Münster
Tel.: 0251-133390
E-Mail: verlag@ms-verlag.de
www.reptilia.de

DRACO

Terraristik-Themenheft
erscheint vier Mal jährlich
Natur und Tier - Verlag, s. o.

Sauria

Terraristik und Herpetologie
erscheint vier Mal jährlich
Terrariengemeinschaft Berlin e.V.
Bruno Treu, Gardes-du-Corps 12
14059 Berlin
E-Mail: abo@sauria.de
www.sauria.de

Artenschutzfragen

Bundesamt für Naturschutz
Artenschutzvollzug
Konstantinstr. 110
53179 Bonn
Tel.: 0228-8491-1311
E-Mail: citesma@bfn.de, www.bfn.de

Untersuchungsstellen

Kotproben, Sektionen und andere Untersuchungen können von spezialisierten Tierärzten oder von veterinärmedizinischen Untersuchungsstellen, die es in vielen Städten gibt, vorgenommen werden. Eine Liste mit Tierärzten, die sich mit Reptilien und Amphibien beschäftigen, kann über die DGHT bezogen oder auf www.dght.de eingesehen werden. Überregional bekannt sind z. B. folgende Einrichtungen:

Landesbetrieb Hessisches Landeslabor
Abteilung Veterinärmedizin
Schubertstraße 60 – Haus 13, 35392 Gießen
0641-48005219
E-Mail: tobias.eisenberg@lhl.hessen.de
www.lhl.hessen.de

Exomed
Postfach 600164, 10251 Berlin
Tel.: 030/51067701
E-Mail: labor@exomed.de
www.exomed.de

Chemisches und Veterinäruntersuchungsamt Ostwestfalen-Lippe
Westerfeldstr. 1, 32758 Detmold
Tel.: 05231-9119
E-Mail: poststelle@cvua-detmold.nrw.de
www.cvua-owl.nrw.de

Vet Med Labor GmbH
Mörikestraße 28/3, 71636 Ludwigsburg
Tel.: 01802-838633
E-Mail: info@vetmedlabor.de
www.vetmedlabor.de
(für privat nur über Ihren Tierarzt)

Clinic and Diagnostic Laboratory for Exotic Animals and Wildlife
Division of Zoological Medicine
Faculty of Veterinary Medicine
Ghent University
Salisburylaan 133, B9820 Merelbeke, Belgien
Tel: 0032-92647441,
E-Mail: an.martel@ugent.be
ugent.be/di/di05/nl/dienstverlening/kliniek

Webseiten und Foren

- amphibiaweb.org: Eine Webseite mit vielen Informationen zu Taxonomie und Naturschutz von Salamandern, mit hervorragenden Grafiken und Fotos.
- research.amnh.org/herpetology/amphibia/index.php: Die Webseite des American Museum of Natural History (Frost) und die Referenz für die Taxonomie von Amphibien.
- salamanders.nl: Die Webseite der niederländischen Salamandervereinigung.
- caudata.org: Diese Webseite, die von John Clare erstellt wurde, gilt als das zentrale, globale Forum für Salamanderliebhaber.
- caudataculture.org: Eine Unterabteilung von caudata.org, enthält viele interessante „care sheets“ (Haltungs- und Zuchtanleitungen) über Schwanzlurche.
- gymnophiona.org: Dies ist die einzige Webseite, die sich exklusiv mit Blindwühlen beschäftigt.
- salamanderland.at: Diese Webseite von einem der bekanntesten Salamanderzüchter Europas, Günther Schultschik, enthält viele interessante Steckbriefe, wird aber wegen Betriebsaufgabe nicht mehr aktualisiert.
- ag-urodela.de: Die Webseite der Arbeitsgemeinschaft Urodela der DGHT.

Verwendete und weiterführende Literatur

Nachzuchtberichte über einzelne Schwanzlurcharten, die in speziellen Artikeln diverser Fachmagazine publiziert wurde, befinden sich am Ende der jeweiligen Artporträts. Weitere Literaturhinweise finden Sie nachstehend aufgelistet: (A) Zeitschriftenbeiträge mit allgemeinen Informationen über die Aufzucht von Schwanzlurchen; (B) gute allgemeinverständliche Bücher über Amphibien; (C) speziellere Monografien über Salamander und Molche.

A. Zeitschriftenbeiträge zur Aufzucht von Schwanzlurchen

RIMPP, K. (1994): Urodelen-Aufzuchtterrarium für Massen- oder Schnellaufzucht. – Elaphe (NF) 2(1): 15–17.

SCHULTSCHIK, G. (2006): Konzept einer Aufzuchtanlage für Schwanzlurche. – Amphibia 5(2): 13–15.

VOITEL, S. (2002): Rationelle Aufzucht verschiedener Urodelenlarven. – Amphibia 1(2): 21–25.

B. Allgemeinverständliche Bücher über Schwanzlurche (und andere Amphibien)

BOUWMAN, A. & S. BOGAERTS (Hrsg.) (2002): Salamanders. Jubileumbundel. – Salamandervereniging, Nijmegen.

BRUCE, R.C., R.G. JAEGER & L.D. HOUCK (Hrsg.) (2000): The Biology of Plethodontid Salamanders. – Kluwer Academic/Plenum Publishers, New York, Boston, Dordrecht, London, Moskau.

DUELLMAN, W.E. & L. TRUEB (1986): Biology of Amphibians. – The Johns Hopkins University Press, London.

GRIFFITHS, R.A. (1995): Newts and Salamanders of Europe. – Poyser Natural History, London.

GROSSE, W.-R. (1994): Molche und Salamander. – Urania Ratgeber Terrarium, Urania-Verlag, Leipzig-Jena-Berlin.

GROSSENBACHER, K. & B. THIESMEIER (1999): Handbuch der Reptilien und Amphibien Europas, Band 4/ I, Schwanzlurche (Urodela) I. – Aula-Verlag, Wiesbaden.

– & – (2003): Handbuch der Reptilien und Amphibien Europas, Band 4/ IIA, Schwanzlurche (Urodela) IIA. – Aula-Verlag, Wiesbaden.

HERRMANN, H.-J. (1994): Amphibien im Aquarium. – Eugen Ulmer, Stuttgart.

– (2001): Mergus Terrarien Atlas, Band 1. – Mergus Verlag, Melle.

HIMSTEDT, W. (1996): Die Blindwühlen. – Die neue Brehm-Bücherei, Magdeburg.

LIVIGNI, F. & F. LICATA (2009): Salamandre e tritoni. Guida completa all'allevamento degli urodeli. – Edizione Wild.

MASURAT, G. & W.-R. GROSSE (1991): Lurche. – Urania Verlag, Leipzig-Jena-Berlin.

MATTISON, C. (1993): Keeping and Breeding Amphibians. – Blandford, London.

MUTSCHMANN, F. (2009): Erkrankungen der Amphibien. – Enke Verlag, Stuttgart.

PETRANKA, J.W. (1998): Salamanders of the United States and Canada. – Smithsonian Institution Press, Washington.

RAFFAËLLI, J. (2013): Les Urodèles du Monde. 2. Auflage. – Penclen Edition, Frankreich.

RIMPP, K. (2003): Salamander und Molche. – Eugen Ulmer, Stuttgart.

SCHULTSCHIK, G. & W.-R. GROSSE (Hrsg.) (2013): Threatened Newts and Salamanders – Guidelines for Conservation Breeding. – Mertensiella 20e.

SEVER, D.M. (Hrsg.) (2003): Reproductive Biology and Phylogeny of Urodela. – Science Publishers, Inc., Enfield (NH), USA, Plymouth, UK.

SPARREBOOM, M. (2014): Salamanders of the Old World. - KNNV Publishing, Zeist.

STEBBINS, R.C. & N.W. COHEN (1995): A Natural History of Amphibians. – Princeton University Press.

STUART, S.N., M. HOFFMANN, J.S. CHANSON, N.A. COX, R.J. BERRIDGE, P. RAMANI & B.E. YOUNG (2008): Threatened Amphibians of the World. – Lynx Edicions, Barcelona.

STANISZEWSKI, M. (2011): Salamanders and Newts of Europe, North Africa and Western Asia. – Edition Chimaira, Terralog 21.

TAYLOR, E.H. (1968): The Caecilians of the World. A Taxonomic Review. – University of Kansas Press, USA.

THIESMEIER, B. & K. GROSSENBACHER (2004): Handbuch der Reptilien und Amphibien Europas, Band 4/ IIB, Schwanzlurche (Urodela) IIB. – Aula-Verlag, Wiesbaden.

THORN, R. (1969): Les salamandres d'Europe, d'Asie et d'Afrique du Nord. – Editions Paul Lechevalier, Paris.

– & J. RAFFAËLLI (2001): Les salamandres de l'ancien monde. – Société Nouvelle des Editions Boubée, Paris.

WELLS, K.D. (2007): The Ecology and Behavior of Amphibians. – The University of Chicago Press, Chicago.

WRIGHT, M. & B.R. WHITAKER (2001): Amphibian Medicine and Captive Husbandry. – Krieger Publishing Company, Florida.

C. Monografien über Salamander und Molche

ALJANCIC, M. (red.) (1993): *Proteus*, the Mysterious Ruler of Karst Darkness. – Vitrum Ltd, Ljubljana.

AMBROGIO A. & L. GILLI (1998): Il tritone alpestre. – Edizioni Planorbis, Cavriago.

ANDREONE F., P.E. BERGO & V. MERCURIO (2007): La Salamandra di Lanza *Salamandra lanzai*. Biologia, ecologia, conservazione di un Anfibio esclusivo delle Alpi. – Fusta editore, Parco del Po Cuneese.

DEGANI, G. (1996): *Salamandra salamandra* at the Southern Limit of its Distribution. – Kazrin, Israel.

DEUTI, K. & V.D. HRGDE (2007): Handbook on Himalayan Salamander. –Nature Books, New Delhi.

FRANZEN, M. & U. FRANZEN (2005): Feuerbauchmolche, Pflege und Zucht. – Herpeton Verlag Elke Köhler, Offenbach.

GROSSE, W.-R. (2011): Der Teichmolch. – Die neue Brehm Bücherei, Bd 117. Westarp Wissenschaften, Hohenwarsleben.

JEHLE, R., B. THIESMEIER & J. FOSTER (2011): The Crested Molch. A Dwindling Pond Dweller. – Laurenti Verlag, Bielefeld.

KARBE, D. (2012). Der Mandarin-Krokodilmolch, *Tylototriton shanjing*. – Natur und Tier - Verlag, Münster.

KLEWEN, R. (1988): Die Landsalamander Europas, Teil 1. – Die Neue Brehm-Bücherei, Wittenberg, Lutherstadt.

KUZMIN, S.L. (1995): The Clawed Salamanders of Asia. – Die Neue Brehm-Bücherei, Magdeburg.

– & B. THIESMEIER (2001): Mountain Salamanders of the Genus *Ranodon*. – Advances in Amphibian Research in the former Soviet Union, volume 6. Sofia, Moskau.

LANZA, B., C. PASTORELLI, P. LAGHI & R. CIMMARUTA (2006): A Review of Systematics, Taxonomy, Genetics, Biogeography and Natural History of the Genus *Speleomantes* DUBOIS, 1984 (Amphibia Caudata Plethodontidae). – Atti del museo civico di storia naturale di Trieste, supplemento al vol. 51 – 2005.

NICKERSON, M.A. & C.E. MAYS (1973): The Hellbenders: North American Giant Salamanders. – Milwaukee Public Museum.

NICOL, A. (1990): L'euprocte des Pyrénées. – Pau.

SCHORN, S. (2011): Der Spanische Rippenmolch, *Pleurodeles waltl*. – Natur und Tier - Verlag, Münster.

– & A. KWET (2010): Feuersalamander. – Natur und Tier - Verlag, Münster.

SCHULTSCHIK, G. & D. KARBE (2012). Der Zagros-Molch, *Neurergus kaiseri*. – Natur und Tier - Verlag, Münster.

THIESMEIER, B. (2004): Der Feuersalamander. – Laurenti-Verlag, Bielefeld.

– & U. SCHULTE (2010): Der Bergmolch. – Laurenti-Verlag, Bielefeld.

–, A. KUPFER & R. JEHLE (2009): Der Kammmolch. – Laurenti-Verlag, Bielefeld.

TWITTY, V.C. (1966): Of Scientists and Salamanders. – W.H. Freeman and Company, San Francisco & London.

WISNIEWSKI, P.J. (1989): Newts of the British Isles. – No. 47 in the Shire Natural History series.

WISTUBA, J. (2011): Axolotl. Lebensweise – Haltung – Nachzucht. 3. Auflage. – Natur und Tier - Verlag, Münster.

Bücher für Ihr Hobby

Feuersalamander

Salamandra algira, S. corsica, S. infraimmaculata & S. salamandra

Stephan Schorn & Axel Kwet

144 Seiten, 202 Farbfotos, 1 Karten, Format: 16,8 x 21,8 cm
ISBN: 978-3-86659-156-1, € 24,80

Feuersalamander machen einfach Spaß! Die sagenumwobenen, leuchtend gefärbten Sympathieträger zählen wegen ihres liebenswerten Wesens und der faszinierenden Lebensweise zu den Klassikern der Terraristik – nicht nur Kinder sind bei ihrem Anblick „Feuer und Flamme". Dieses praxisnahe Buch vermittelt Ihnen alles Wissenswerte rund um die erfolgreiche Haltung und Nachzucht der wundervollen Tiere. Darüber hinaus stellt es sämtliche Arten und Unterarten der Feuersalamander detailliert und mit prachtvollen Fotos vor.

Axolotl

Joachim Wistuba

96 Seiten, 86 Fotos, Format: 16,8 x 21,8 cm,
ISBN: 978-3-86659-086-1, € 19,80

Axolotl sind allseits bekannt als die Salamander, die sich im Larvenstadium vermehren können. Aber nicht nur diese biologische Besonderheit und ihr bizarres Aussehen machen sie zu beliebten Pfleglingen, sie sind auch sehr gut im Zimmeraquarium zu halten und nachzuzüchten.
Der Autor geht ausführlich auf die Herkunft, Haltung, Vermehrung und Krankheiten der Axolotl ein und erklärt außerdem die Biologie der faszinierenden „Wassermonster". Selbstverständlich werden alle Farbschläge und Hybridformen vorgestellt.
Joachim Wistuba ist Doktor der Biologie und arbeitet seit Jahren mit Axolotln. Mit diesem Buch vermittelt er sein langjähriges Wissen über die Pflege der Schwanzlurche und stellt erstmals in knapper allgemein verständlicher Form die zahllosen Forschungsergebnisse dieser ‚Laborhaustiere' zusammen.

Natur und Tier - Verlag GmbH
An der Kleimannbrücke 39/41 – 48157 Münster
☎ 0049-(0)251-13339-0 · 📠 0049-(0)251-13339-33
E-Mail: verlag@ms-verlag.de

www.ms-verlag.de